CAD/CAM 技术系列案例教程

机械 CAD/CAM 综合实践

主　编　边培莹
副主编　张运良　赵文忠　党会学　梁小明
参　编　张艳丽　袁　林　杨　波　王　玺
　　　　姚梓萌　柏　朗
主　审　邵晓东　李德信

机 械 工 业 出 版 社

本书以项目驱动的组织方式，详细介绍了CAD/CAM关键技术的实践应用。全书共分为4个模块、19个项目，内容包括计算机辅助设计（CAD）6个项目、计算机辅助工程（CAE）7个项目、计算机辅助工艺规程设计（CAPP）3个项目、计算机辅助制造（CAM）3个项目。通过这些项目的实践，可使读者获得较好的CAD/CAM中、高级操作能力。

本书所有项目都编排了具体的实施步骤，易于操作，并设计了工作页，方便进行学习评价与反思。

本书可作为机械设计制造类专业专科生、本科生的教材，还可作为从事CAD/CAM技术及应用的工程技术人员的参考资料或培训教材。

图书在版编目（CIP）数据

机械CAD/CAM综合实践/边培莹主编. —北京：机械工业出版社，2021.7（2025.1重印）

CAD/CAM技术系列案例教程

ISBN 978-7-111-68548-7

Ⅰ.①机…　Ⅱ.①边…　Ⅲ.①机械设计-计算机辅助设计-教材②机械制造-计算机辅助制造-教材　Ⅳ.①TH122②TH164

中国版本图书馆CIP数据核字（2021）第121205号

机械工业出版社（北京市百万庄大街22号　邮政编码100037）

策划编辑：王莉娜　责任编辑：王莉娜

责任校对：王　延　责任印制：李　昂

北京捷迅佳彩印刷有限公司印刷

2025年1月第1版第2次印刷

184mm×260mm · 14印张 · 317千字

标准书号：ISBN 978-7-111-68548-7

定价：45.00元

电话服务	网络服务
客服电话：010-88361066	机　工　官　网：www.cmpbook.com
010-88379833	机　工　官　博：weibo.com/cmp1952
010-68326294	金　　书　　网：www.golden-book.com
封底无防伪标均为盗版	机工教育服务网：www.cmpedu.com

前 言

随着现代设计与制造技术的发展，使用计算机作为辅助工具进行产品的设计、分析、工艺规划、加工、测量，大大提高了产品的质量、生产率与可靠性。它直接关系到企业是否适应面向用户的、单件小批量的产品设计及制造全过程。尤其是在以人工智能为牵引的智能制造兴起后，CAD/CAM作为其核心技术已经具有举足轻重的作用。所以，为适应先进智能制造的发展要求，工科学生必须具备CAD/CAM技术的相关实践能力。

本书针对应用型本科人才培养对CAD/CAM技术的应用要求，对目前的一些典型应用软件及应用案例进行了详细的讲解。本书的实践项目主要来自企业生产的实际案例，作为《机械CAD/CAM原理及应用》（边培莹 主编）的配套教材，本书具有很好的针对性与实用性。

全书共分为4个模块、19个项目，分别对CAD、CAE、CAPP、CAM（4C）的典型应用进行了介绍。模块1介绍了计算机辅助设计（CAD）的6个项目，模块2介绍了计算机辅助工程（CAE）的7个项目，模块3介绍了计算机辅助工艺规程设计（CAPP）的3个项目，模块4介绍了计算机辅助制造（CAM）的3个项目。这些项目基本上涵盖了机械相关领域常用的CAD/CAM操作，并配套了操作视频，以二维码的形式嵌入书中，方便读者学习。

本书由西安文理学院边培莹任主编，西安文理学院张运良、中电第二十研究所赵文忠、长安大学党会学、西安文理学院梁小明任副主编。其中，模块1主要由边培莹编写，模块2主要由党会学、梁小明编写，模块3主要由张运良编写，模块4主要由赵文忠编写，全书由边培莹统稿，由西安电子科技大学邵晓东、西安理工大学李德信主审。中电第二十研究所袁林、杨波、王玺以及西安文理学院张艳丽、姚梓萌、柏朗也参与了部分内容的编写。

由于编者水平有限，加之CAD/CAM相关技术（软件）更新日新月异，书中不足之处在所难免，敬请各位读者批评指正。

编　者

二维码索引

序号	名称	图形	页码	序号	名称	图形	页码
1	创建法兰草图		1	8	桥式吊架后处理操作		67
2	创建螺栓实体		5	9	联轴器建模		75
3	勺子曲面建模		11	10	联轴器后处理		80
4	减速器组件装配		17	11	悬臂梁振动响应分析		85
5	弹簧挠性化装配		29	12	悬臂梁振动响应分析后处理		91
6	绘制减速器下箱体工程图		37	13	导热管传热分析		95
7	桥式吊架模型建模		46	14	金属材料切削加工过程分析		117

（续）

序号	名称	图形	页码	序号	名称	图形	页码
15	圆筒焊缝滚压处理过程分析		130	18	轴类零件 CAM 实例 2		193
16	盒体类零件加工仿真		180	19	曲面类零件 CAM		200
17	轴类零件 CAM 实例 1		184				

目 录

模块1 计算机辅助设计（CAD）——基于Creo的CAD项目实践

项目1　创建法兰草图

【项目要求】

创建图 1-1 所示的法兰草图，单位为 mm。

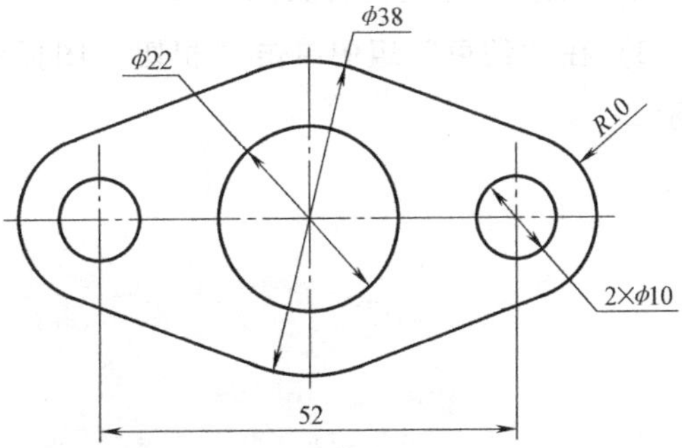

图 1-1　法兰

【项目实施】

1. 创建新文件

1）单击工具栏中的“新建”按钮，或者从菜单中选择“文件”|“新建”命令。

2）在弹出的“新建”对话框中选择类型为“草绘”。

3）输入草绘图名称，公用名称可以不填，然后单击“确定”按钮 确定 。

2. 绘制图形

1）在“操作”组中单击“中心线”图标 中心线，绘制两条相互垂直的中心线。

2）在“草绘”组中单击“圆”图标 圆，绘制 6 个圆，如图 1-2 所示。

创建法兰草图

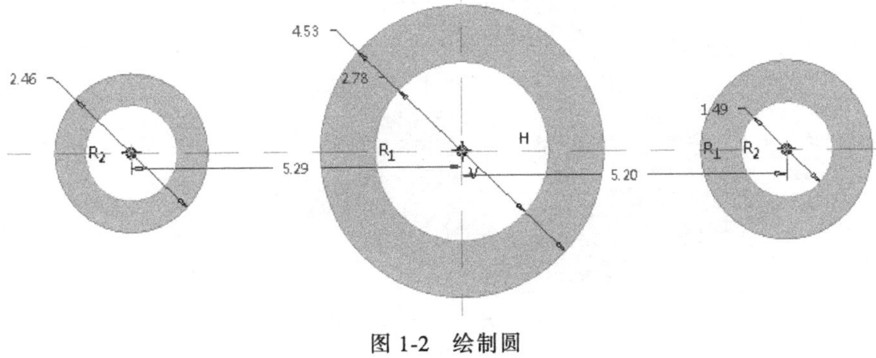

图 1-2　绘制圆

3）在“草绘”组中单击“线”图标，绘制切线，如图 1-3 所示。

4）在“编辑”组中单击“删除段”图标，删除不需要的圆弧和直线，如图 1-4 所示。

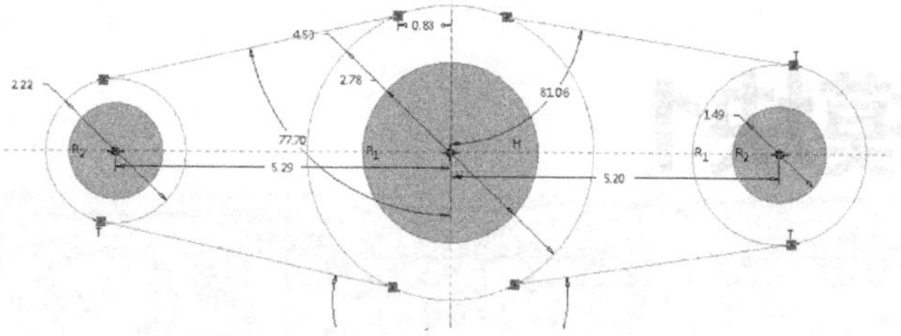

图 1-3　绘制切线

3. 创建约束

1）在“约束”组中单击“相等”图标，使左右两个圆和圆弧相等。

2）在“约束”组中单击“对称”图标，使左右两个圆相对于中间的大圆建立对称关系。

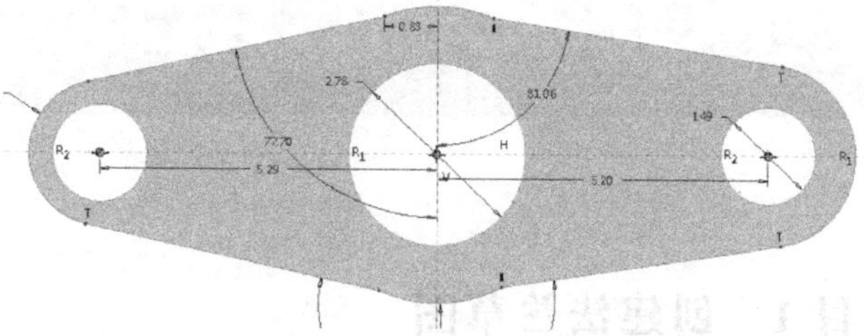

图 1-4　删除多余的线

3）在“约束”组中单击“相切”图标，使直线和圆弧建立相切关系，如图 1-5 所示。

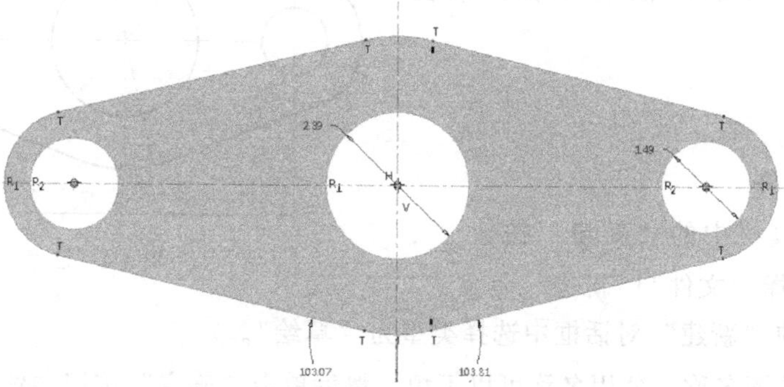

图 1-5　创建约束

4. 标注尺寸

在“尺寸”组中单击“法向”图标，给图中的几何图形标注尺寸，如图 1-6 所示。

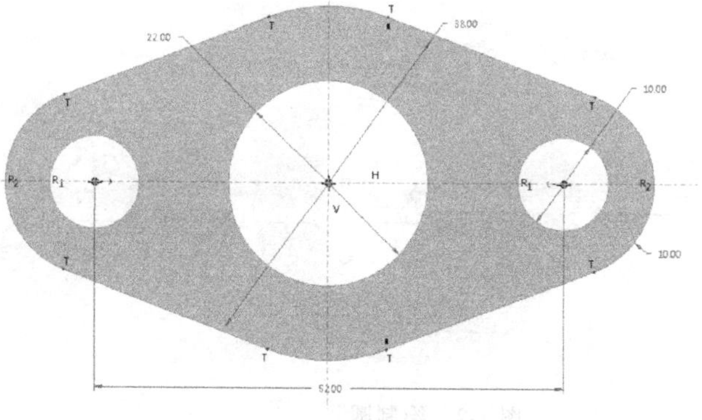

图 1-6　标注尺寸

[工作页 1-1]

项目名称	创建法兰草图		
班　级		姓　名	
地　点		日　期	
第__小组成员			

1. 收集信息

【引导问题】

法兰的分类____。

【查阅资料】

1）Creo 三维软件的认知。

2）Creo 软件中二维绘图及约束功能的使用。

2. 计划组织

小组组别	
设备工具	
组织安排	
准备工作	

3. 项目实施

作业内容	质量要求	完成情况	
		□完成	□未完成
		□完成	□未完成
		□完成	□未完成
		□完成	□未完成

4. 评价反思

在教师指导下，反思自己的工作方式和工作质量。

评价表					
项目	评价指标	自评		互评	
专业技能		□合格	□不合格	□合格	□不合格
		□合格	□不合格	□合格	□不合格
		□合格	□不合格	□合格	□不合格
工作态度		□合格	□不合格	□合格	□不合格
		□合格	□不合格	□合格	□不合格
		□合格	□不合格	□合格	□不合格
个人反思		完成项目的过程中，安全、质量等方面是否达到了最佳，请提出个人的改进建议			
教师评价	教师签字 年　月　日				

项目 2　创建螺栓实体

【项目要求】

创建图 1-7 所示的螺栓实体。

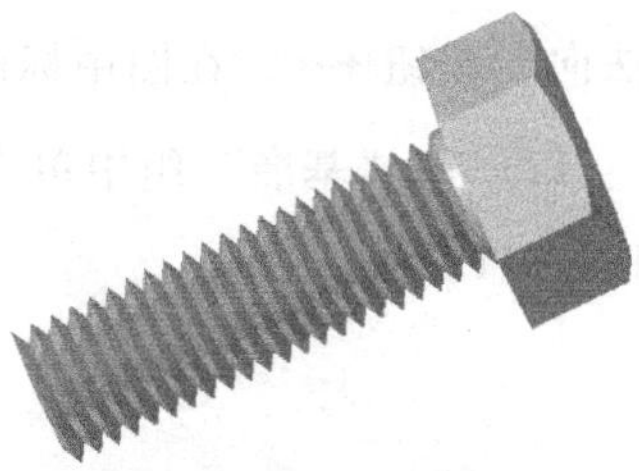

图 1-7　螺栓

【项目实施】

1. 创建新文件

1）单击工具栏中的“新建”按钮，或者从菜单中选择“文件”|“新建”命令。

2）在弹出的“新建”对话框中选择类型为“零件”，子类型选择“实体”。

3）输入零件图名称，公用名称可以不填，选择默认模板，然后单击“确定”按钮 确定 。

创建螺栓实体

2. 创建螺栓头部

1）在“形状”组中单击“拉伸”图标，弹出“拉伸”操控面板，进入拉伸绘图界面。

2）单击“放置”选项卡中的“定义”按钮 草绘 ● 选择 1 个项 定义... ，选择草绘平面和草绘方向，进入草绘界面，绘制拉伸截面。

3）在“草绘”组中单击“构造模式”图标，然后单击“圆”图标 圆 ，绘制六边形的外接圆。

4）在“草绘”组中取消构造模式，然后单击“线”图标 线 ，在构造圆中绘制六边形。

5）在“约束”组中单击“相等”图标 ═ 相等，约束六边形为等边六边形。

6）在“尺寸”组中单击“法向”图标，给图中的六边形外接圆标注直径 24，如图 1-8 所示。

7）单击“确定”按钮，退出草绘，指定拉伸高度为 10，单击“确定”按钮，完成拉伸。

8）在“形状”组中单击“旋转”图标 旋转 ，弹出“旋转”操控面板，进入旋转绘图界面。

9）单击“放置”选项卡中的“定义”按钮 草绘 ● 选择 1 个项 定义... ，选择草绘平面和草绘方向，进入草绘界面，绘制旋转截面，如图 1-9 所示。

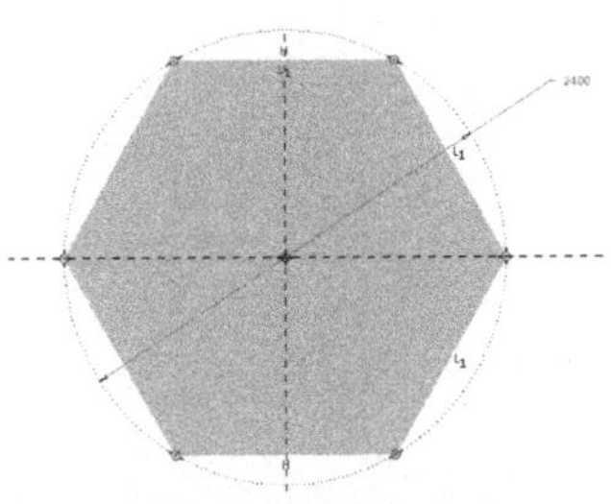

图 1-8　绘制六边形

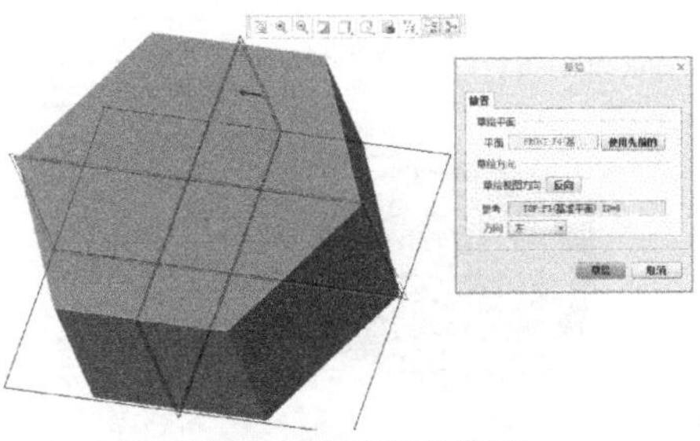

图 1-9　绘制旋转截面

10）在“设置”组中单击“参考”图标，然后选择六棱柱的一个面作为参考。

11）在“草绘”组中单击“线”图标，绘制三角形，然后在“尺寸”组中单击“法向”按钮，在图中标注尺寸，如图 1-10 所示。

12）在“基准”组中单击“中心线”图标，在六棱柱的中心绘制旋转中心线，如图 1-11 所示。

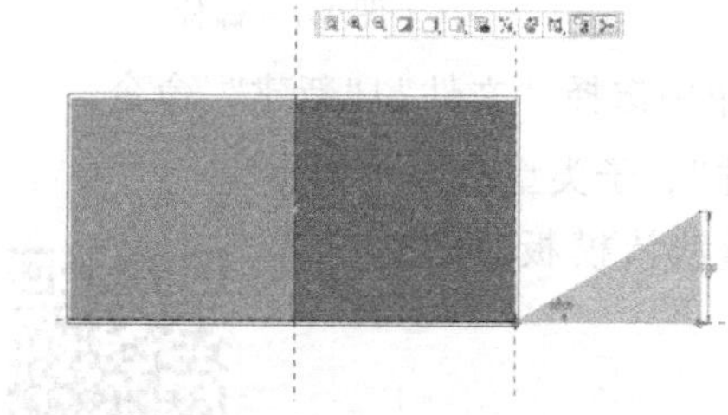

图 1-10　绘制三角形并标注尺寸

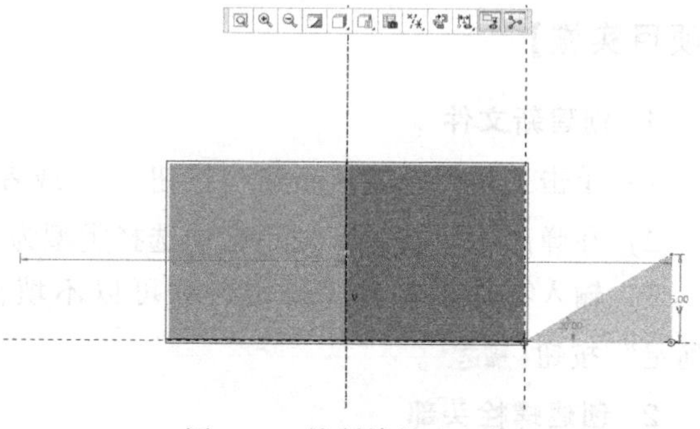

图 1-11　绘制旋转中心线

13）单击“确定”按钮，退出草绘，指定旋转角度为 360°，单击“移除材料”图标，单击“确定”按钮，完成旋转切除。

3. 创建螺杆部分

1）在“形状”组中单击“旋转”图标，弹出“旋转”操控面板，进入旋转绘图界面。

2）单击“放置”选项卡中的“定义”按钮，选择草绘平面和草绘方向，进入草绘界面，绘制螺杆平面，如图 1-12 所示。

3）在“设置”组中单击“参考”按钮，然后选择六棱柱的底面和对称面作为参考。

4）在“基准”组中单击“中心线”按钮，在六棱柱的中心绘制旋转中心线。

5）在“草绘”组中单击“矩形”按钮，绘制长方形，然后在“尺寸”组中单击“法向”图标，在图中标注尺寸，如图 1-13 所示。

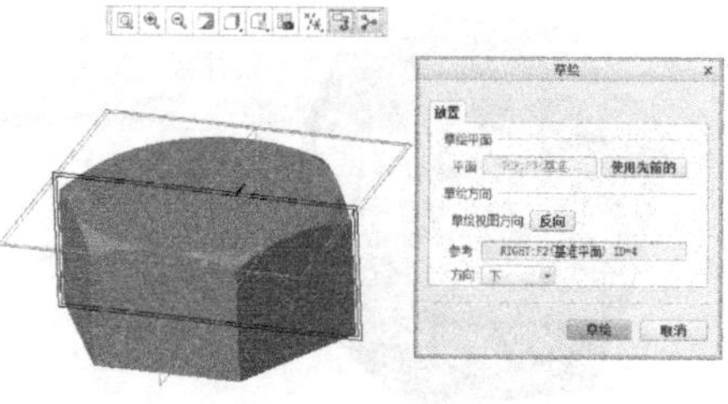

图 1-12　绘制螺杆平面

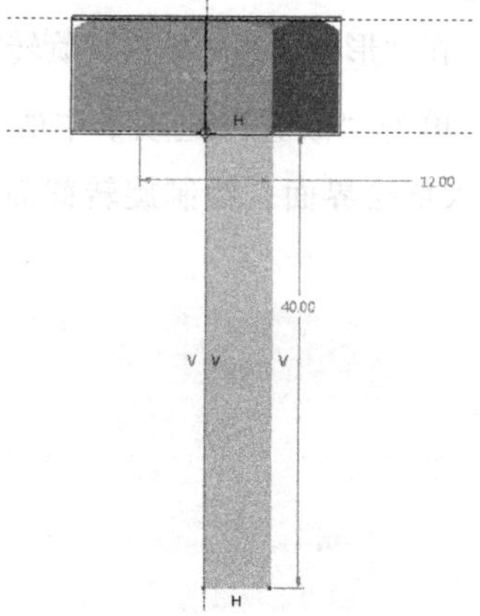

图 1-13　绘制螺杆截面图并标注尺寸

6）单击“确定”按钮，退出草绘，指定旋转角度为360°，单击“确定”按钮，完成旋转特征。

7）在“形状”组中单击“螺旋扫描”图标 螺旋扫描，弹出“螺旋扫描”操控面板，进入螺旋扫描绘图界面。

8）单击“参考”选项卡中的“定义”按钮 螺旋扫描轮廓 ● 选择 1 个项 定义...，选择草绘平面和草绘方向，进入草绘界面，绘制旋转截面，如图1-14所示。

9）在“设置”组中单击“参考”按钮，然后选择圆柱的底面、中心线和轮廓线作为参考。

10）在“草绘”组中单击“线”按钮 线，绘制扫描路径，如图1-15所示。

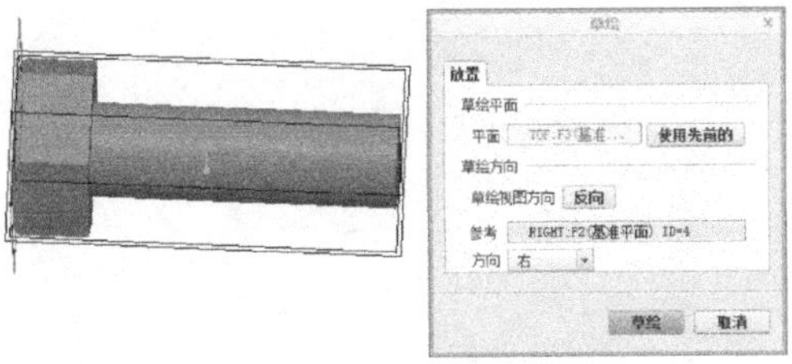

图1-14　绘制旋转截面

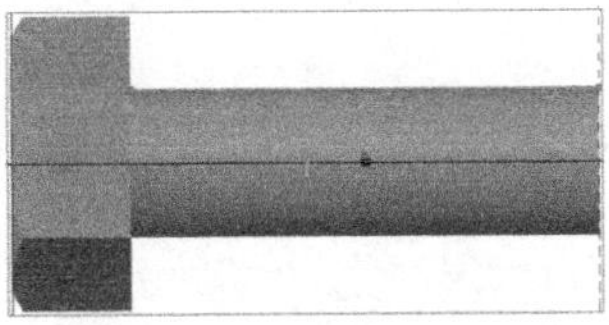

图1-15　绘制扫描路径

11）单击“确定”按钮，退出草绘。

12）在绘图窗口空白处单击鼠标右键，弹出快捷菜单，选择“螺旋横截面”命令，进入草绘界面，如图1-16所示。

13）在“基准”组中单击“中心线”图标 中心线，在圆柱的中心绘制旋转中心线。

14）在“草绘”组中单击“线”图标 线，绘制等边三角形，然后在“尺寸”组中单击“法向”图标，给图形标注尺寸，边长为1.75，如图1-17所示。

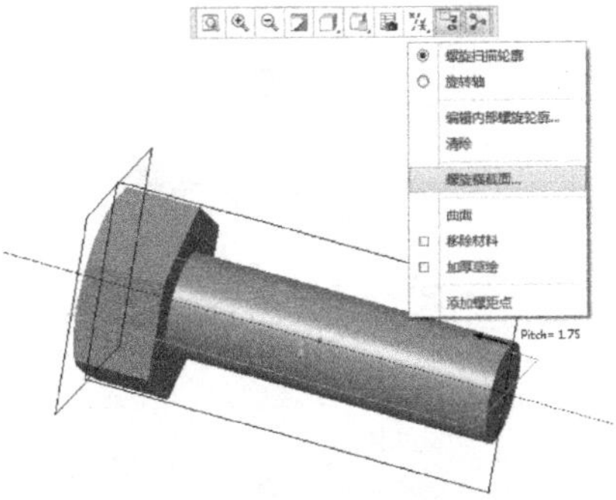

图1-16　选择“螺旋横截面”命令

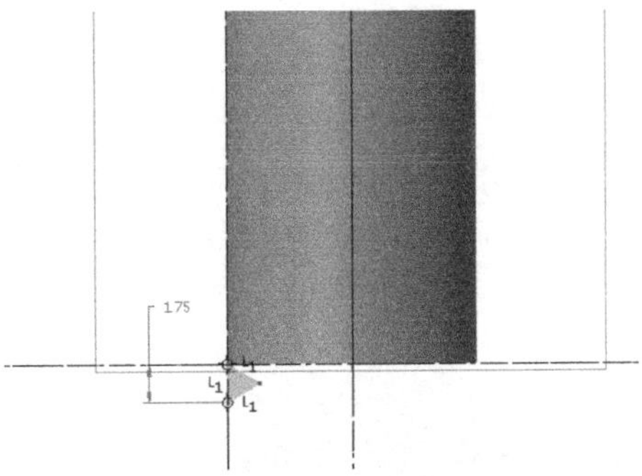

图1-17　绘制螺旋切除截面

15）单击“确定”按钮，退出草绘，选中移除材料，特征与材料侧相同，螺距为1.75，单击“确定”按钮，完成去除材料的螺旋扫描特征。

[工作页 1-2]

项目名称	创建螺栓实体		
班　级		姓　名	
地　点		日　期	
第__小组成员			

1. 收集信息

【引导问题】

螺栓的分类______________________________________。

【查阅资料】

1）Creo 三维建模的认知。

2）Creo 软件中基本建模工具的使用。

2. 计划组织

小组组别	
设备工具	
组织安排	
准备工作	

3. 项目实施

作业内容	质量要求	完成情况
		□完成　　□未完成
		□完成　　□未完成
		□完成　　□未完成
		□完成　　□未完成

4. 评价反思

在教师指导下，反思自己的工作方式和工作质量。

评价表			
项目	评价指标	自评	互评
专业技能		□合格　□不合格	□合格　□不合格
		□合格　□不合格	□合格　□不合格
		□合格　□不合格	□合格　□不合格
工作态度		□合格　□不合格	□合格　□不合格
		□合格　□不合格	□合格　□不合格
		□合格　□不合格	□合格　□不合格
个人反思		完成项目的过程中,安全、质量等方面是否达到了最佳,请提出个人的改进建议	
教师评价	教师签字 年　月　日		

项目3　勺子曲面建模

【项目要求】

通过边界混合创建图1-18所示的勺子。

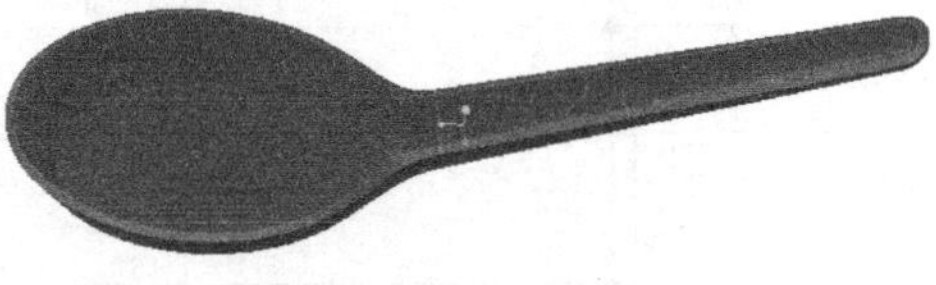

图1-18　勺子模型图

【项目实施】

1. 勺子轮廓线的绘制

1）单击工具栏中的“新建”按钮，或者从菜单中选择“文件”|“新建”命令。

2）在弹出的“新建”对话框中选择类型为“零件”，子类型选择“实体”。

3）输入零件图名称，公用名称可以不填，选择默认模板，然后单击“确定”按钮 确定 。

4）在“形状”组中单击“草绘”图标，选择草绘平面，在弹出的“草绘”窗口中单击“草绘”，如图1-19所示，进入草绘界面，然后单击“草绘视图”图标，草绘图形参数如图1-20所示。

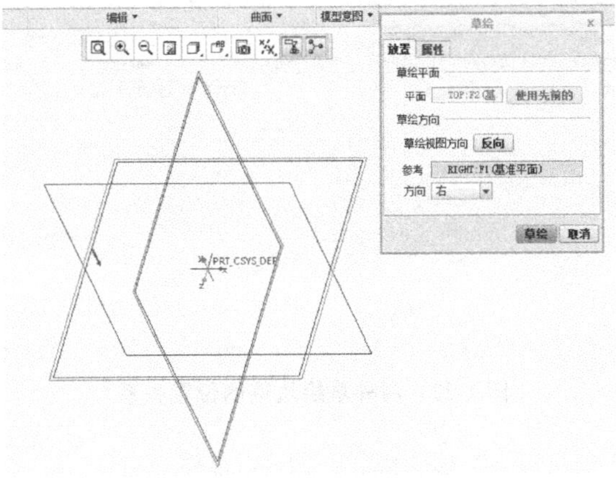

图1-19　选择草绘平面

勺子曲面建模

5）在垂直于草绘平面的基准平面中，草绘图形如图1-21所示，两种草绘轨迹的位置关系如图1-22所示。按住<Ctrl>键选择两种草绘轨迹线后单击“相交”图标按钮，相交后的轨迹线如图1-23所示。

6）选中相交后的轨迹，单击“镜像”图标按钮，再单击垂直于相交轨迹的平面，如图1-24所示，完成轨迹镜像。

7）单击“草绘”图标按钮，选择镜像平面为草绘平面，进入草绘界面，单击“参考”图标按钮，选中合并轨迹线，绘制草绘界面轨迹线，如图1-25所示，三维视图下的轨迹线如图1-26所示。

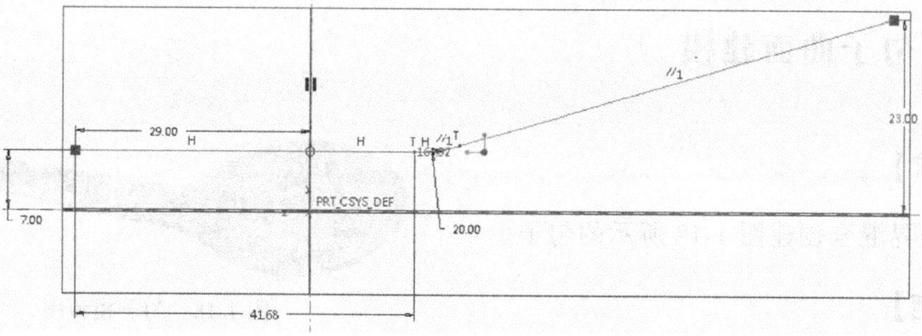

图 1-20　草绘图形参数

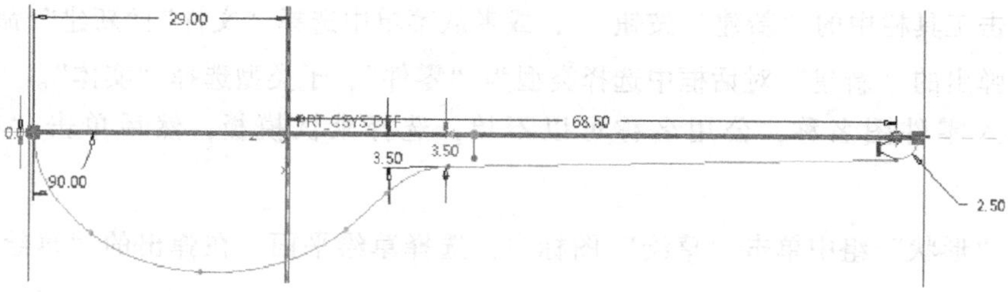

图 1-21　草绘图形

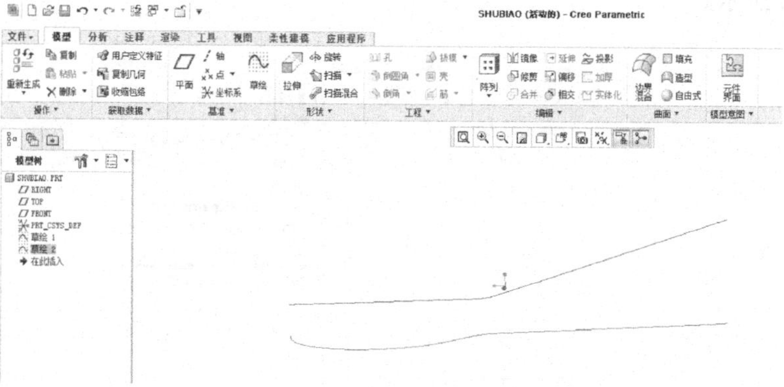

图 1-22　两种草绘轨迹的位置关系

2. 勺子曲面建模

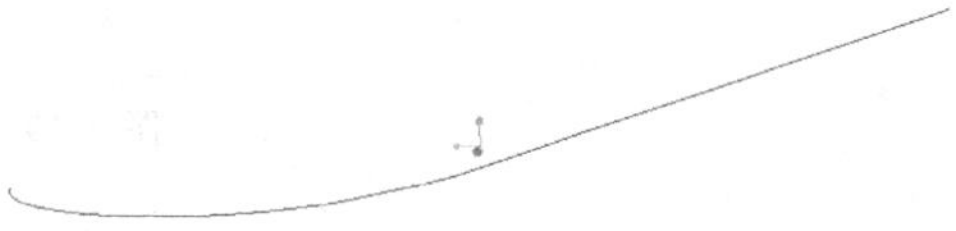

图 1-23　相交后的轨迹线

1）单击“边界混合”图标按钮，按<Ctrl>键依次选择轨迹线，如图 1-27 所示，完成后单击“确定”按钮。

2）单击“拉伸”图标按钮，进入“拉伸”界面，选择“曲面拉伸”、“双向拉伸”方式，拉伸长度设置为 28，单击选择镜像平面为草绘平面，在草绘视图下画一条直线，单击“确定”按钮，如图 1-28 和图 1-29 所示。

按<Ctrl>键选择勺体和拉伸曲面，单击“合并”按钮，并根据箭头方向选择合并后保留的部分，如图 1-30 所示，合并后勺体的形状如图 1-31 所示。

3）按<Ctrl>键选择勺体各部分，单击“加厚”按钮 加厚，进入“加厚”设置界面，设置加厚厚度为 1，加厚的方向向外侧，如图 1-32 所示，单击“确定”按钮。

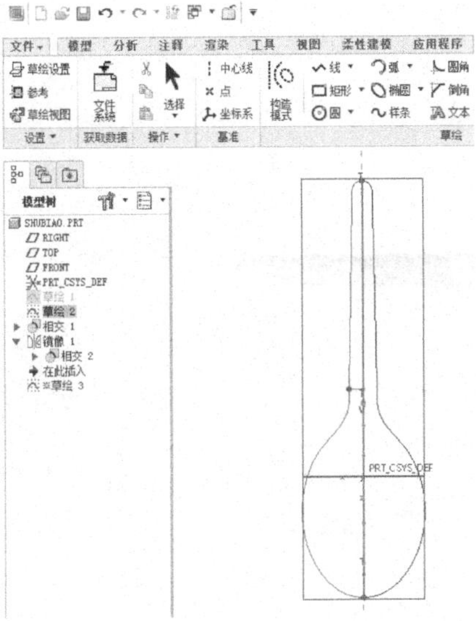

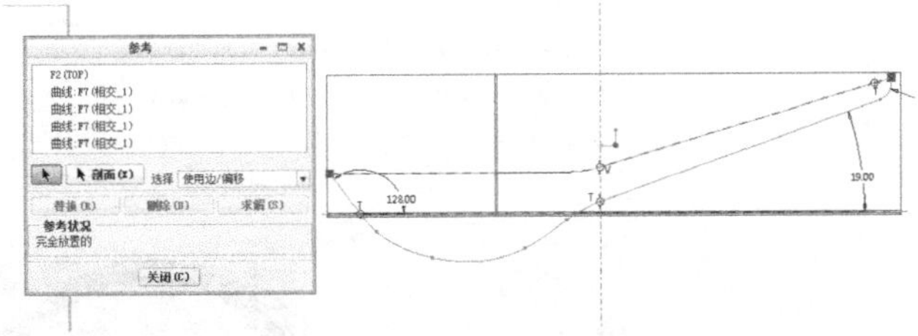

图 1-25　草绘界面轨迹线

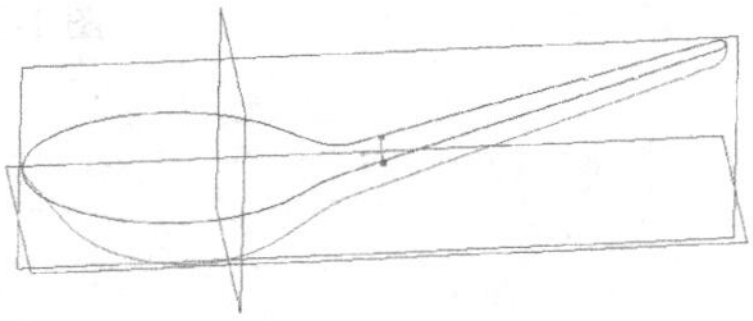

图 1-24　轨迹镜像

图 1-26　三维视图下的轨迹线

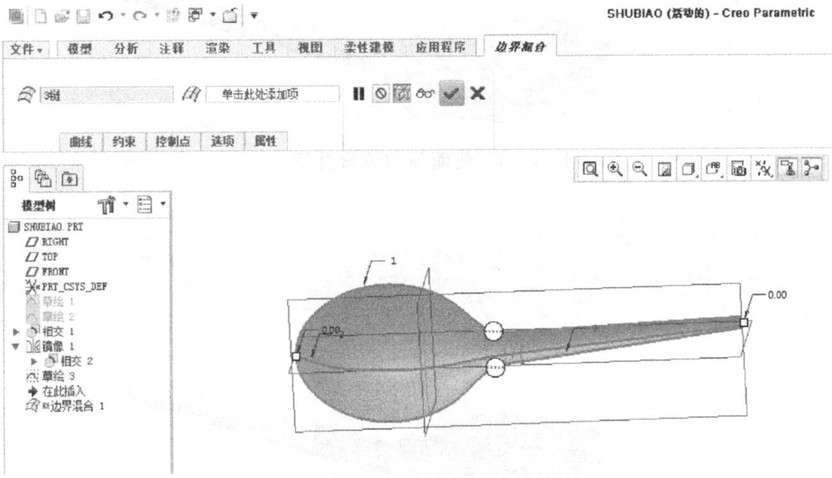

图 1-27　边界混合

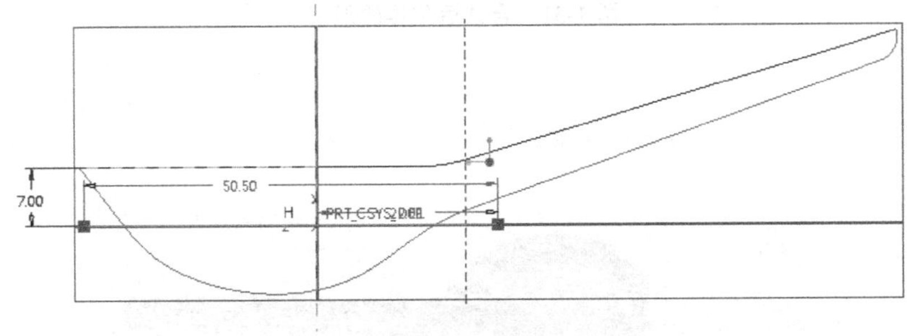

图 1-28　拉伸草绘

4）单击“渲染”按钮，选择“外观库”中的蓝色，出现选择对话框，光标变成毛笔形状，按<Ctrl>键选择勺体各部分，单击“确定”按钮，获得如图 1-18 所示渲染后的勺子。

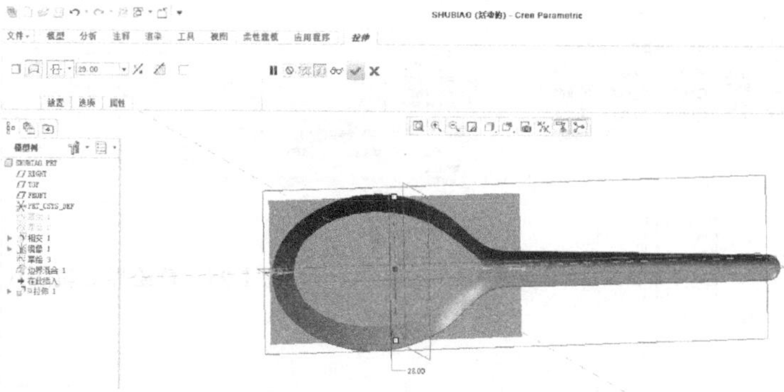

图 1-29　拉伸曲面

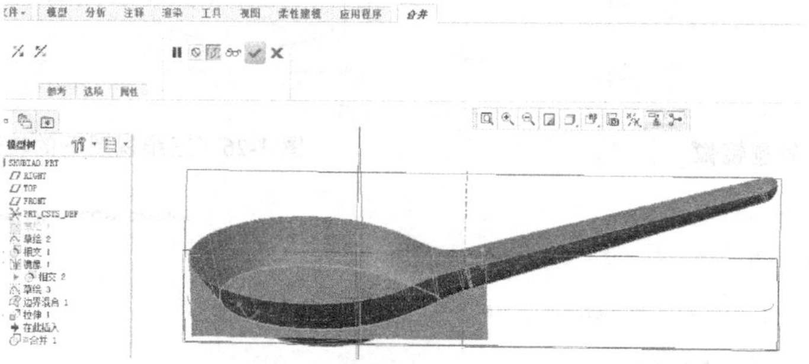

图 1-30　截面与勺体合并图

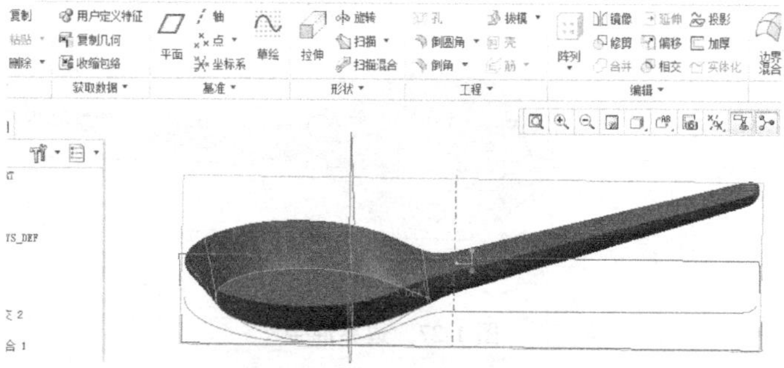

图 1-31　合并后勺体的形状

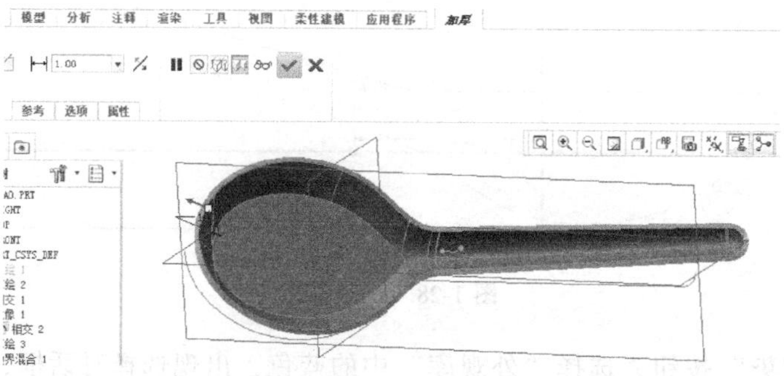

图 1-32　加厚设置

[工作页 1-3]

项目名称	勺子曲面建模		
班　级		姓　名	
地　点		日　期	
第__小组成员			

1. 收集信息

【引导问题】

至少举出三个实际生活中最常见的涉及曲面图形的实例________________________。

【查阅资料】

三维建模软件中曲面建模的基本思想与方法。

2. 计划组织

小组组别	
设备工具	
组织安排	
准备工作	

3. 项目实施

作业内容	质量要求	完成情况	
		□完成	□未完成
		□完成	□未完成
		□完成	□未完成
		□完成	□未完成

4. 评价反思

在教师指导下，反思自己的工作方式和工作质量。

评价表					
项目	评价指标	自评		互评	
专业技能		□合格	□不合格	□合格	□不合格
		□合格	□不合格	□合格	□不合格
		□合格	□不合格	□合格	□不合格
工作态度		□合格	□不合格	□合格	□不合格
		□合格	□不合格	□合格	□不合格
		□合格	□不合格	□合格	□不合格
个人反思		完成项目的过程中，安全、质量等方面是否达到了最佳，请提出个人的改进建议			
教师评价	教师签字 年　月　日				

项目 4　减速器组件装配

【项目要求】

按图 1-33 所示的装配树组装二级减速器，根据实际装配关系，二级减速器分两级装配。

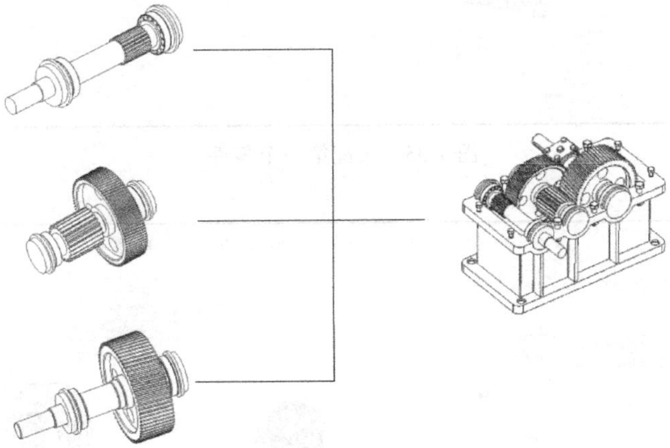

图 1-33　装配树

【项目实施】

减速器组件装配

1. 装配输入轴组件

1）单击工具栏中的“新建”按钮，或者从菜单中选择“文件”|“新建”命令。

2）在弹出的“新建”对话框中选择类型为“装配”，子类型选择“设计”。

3）输入装配体名称为 INPUT_SHAFT，公用名称可以不填，如图 1-34 所示，然后单击“确定”按钮 确定 。

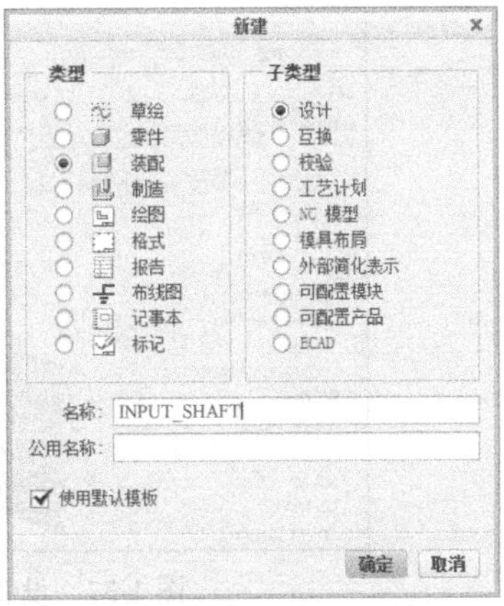

图 1-34　新建输入轴组件

4）单击工具栏中的“装配”按钮，选择装配第一个零件 INPUT_AXLE. PRT，选择“默认”约束类型，如图 1-35 所示。

5）单击工具栏中的“装配”按钮，选择装配第二个零件 BEAR_30207. PRT，设置轴承和轴装配圆柱面为重合约束，如图 1-36 所示。

6）增加约束关系，设置轴承的内圈端面和轴的台阶端面为重合约束，如图 1-37 所示。

7）使用“重复”命令完成另一侧的轴承装配，首先选择需要重复装配的轴承

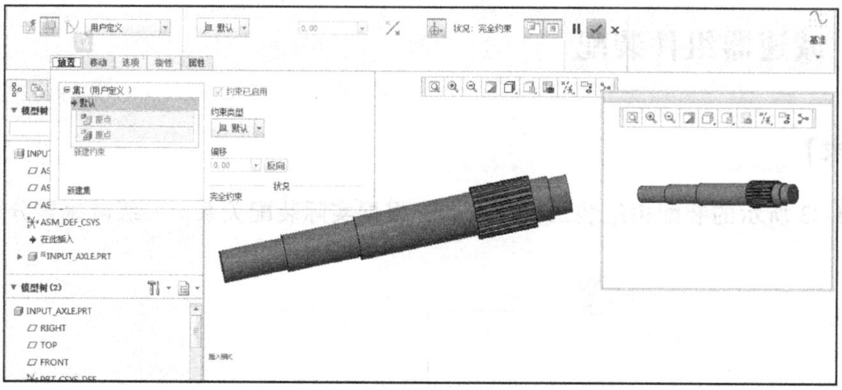

图 1-35　装配第一个零件

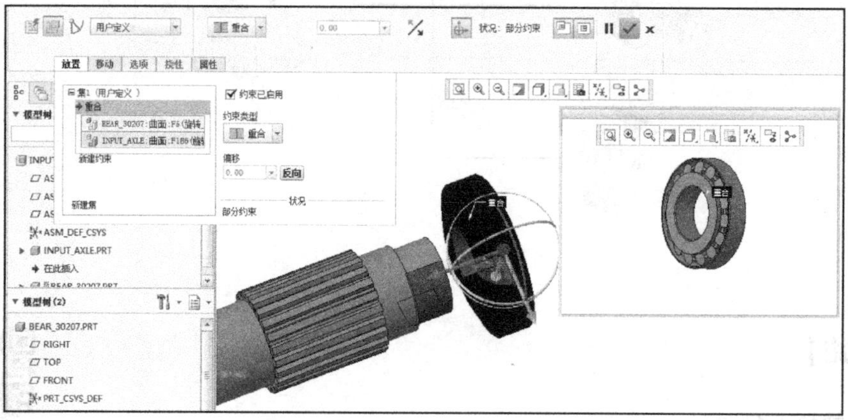

图 1-36　设置轴承和轴装配圆柱面为重合约束

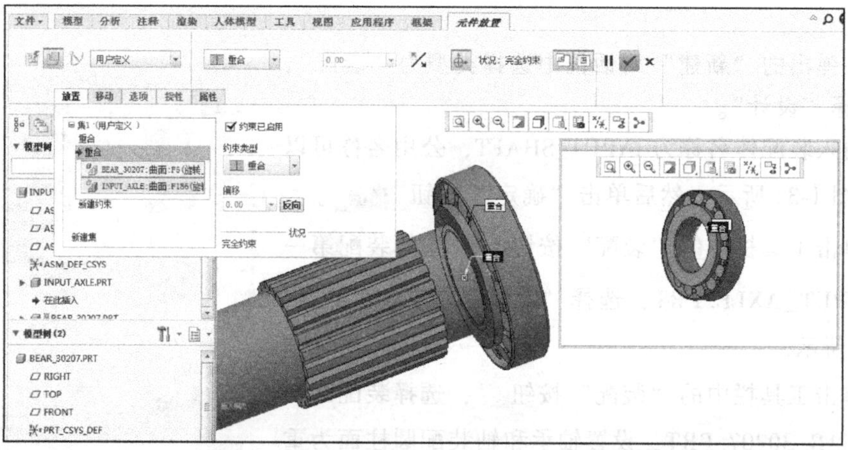

图 1-37　设置轴承的内圈端面和轴的台阶端面为重合约束

BEAR_30207.PRT，然后单击“重复”命令，在弹出的“重复元件”对话框的“可变装配参考”区域选择需要替换的参考，然后按顺序选择放置元件的参考，如图 1-38 所示，最后单击“确定”按钮。

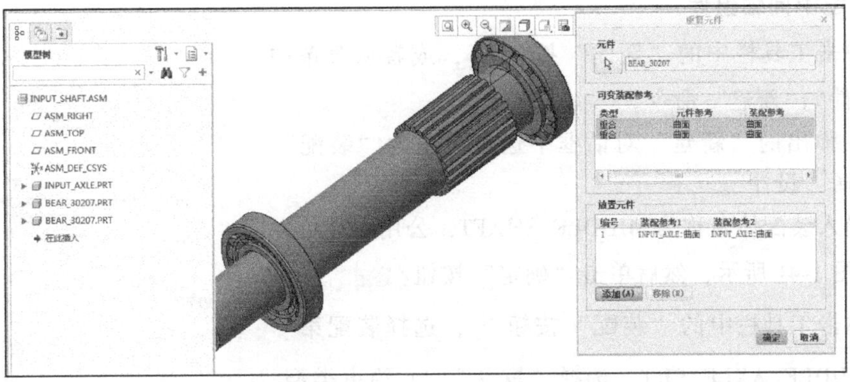

图 1-38 重复装配另一侧的轴承

8）单击工具栏中的“装配”按钮，选择装配零件 COVER_INPUT_01. PRT，设置圆柱面和端面为重合约束，如图 1-39 所示，确定后完成装配。

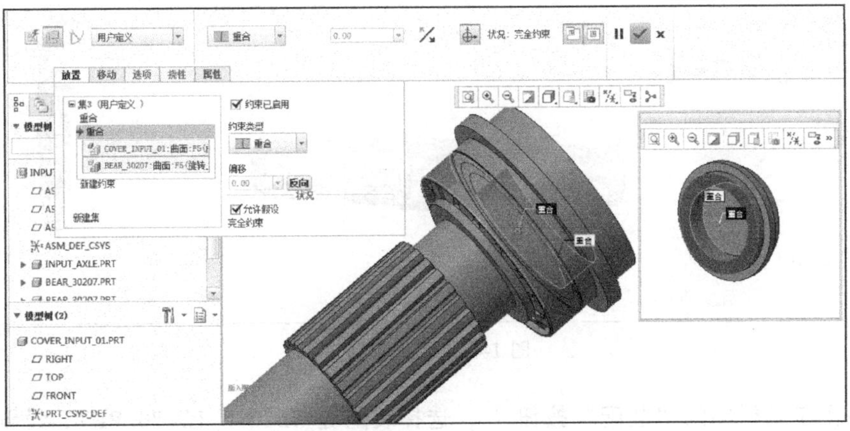

图 1-39 装配零件 COVER_INPUT_01. PRT

9）单击工具栏中的“装配”按钮，选择装配零件 COVER_INPUT_02. PRT，设置圆柱面和端面为重合约束，如图 1-40 所示，确定后完成装配。

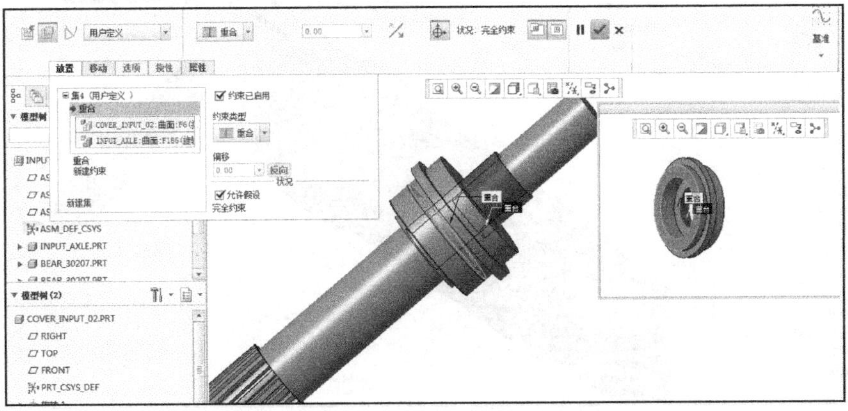

图 1-40 装配零件 COVER_INPUT_02. PRT

2. 装配中间轴组件

1）单击工具栏中的“新建”按钮，或者从菜单中选择“文件”|“新建”命令。

2）在弹出的“新建”对话框中选择类型为“装配”，子类型选择“设计”。

3）输入装配体名称为 MIDDLE_SHAFT，公用名称可以不填，如图 1-41 所示，然后单击“确定”按钮 确定 。

4）单击工具栏中的“装配”按钮，选择装配第一个零件 MIDDLE_AXLE. PRT，选择“默认”约束类型，如图 1-42 所示。

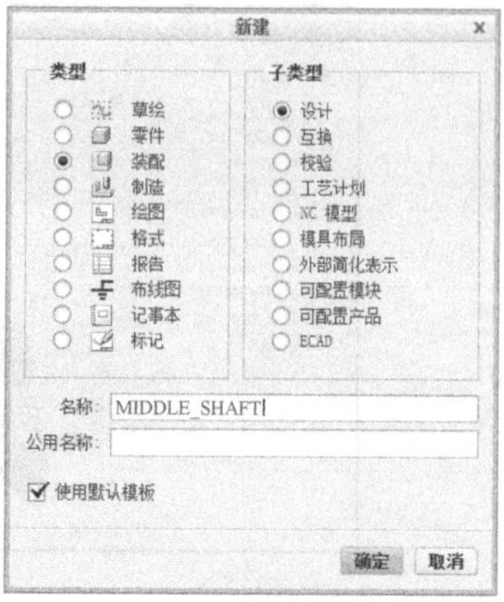

图 1-41 新建中间轴组件

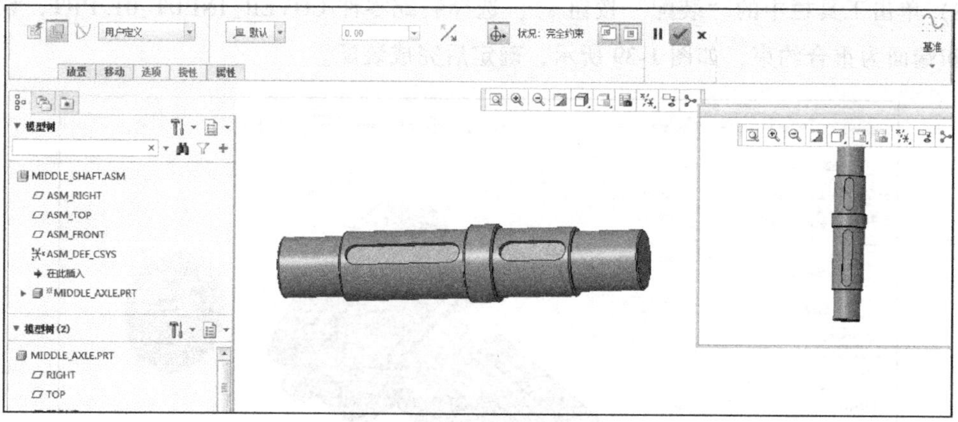

图 1-42 装入中间轴

5）单击工具栏中的“装配”按钮，选择装配键 GB1096_12×70. PRT，设置端面与一个圆弧面为重合约束，与另一个圆弧面为定向约束，如图 1-43 所示。

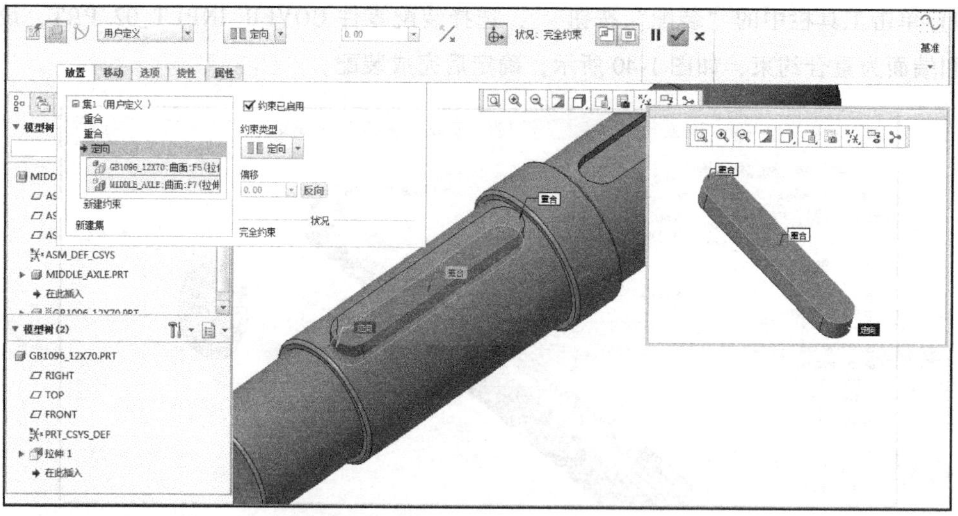

图 1-43 装入键 GB1096_12×70. PRT

1 MODULE

6）单击工具栏中的“装配”按钮，选择装配齿轮 GEAR_02. PRT，设置端面和圆柱面为重合约束，与键槽侧面为定向约束，如图 1-44 所示。

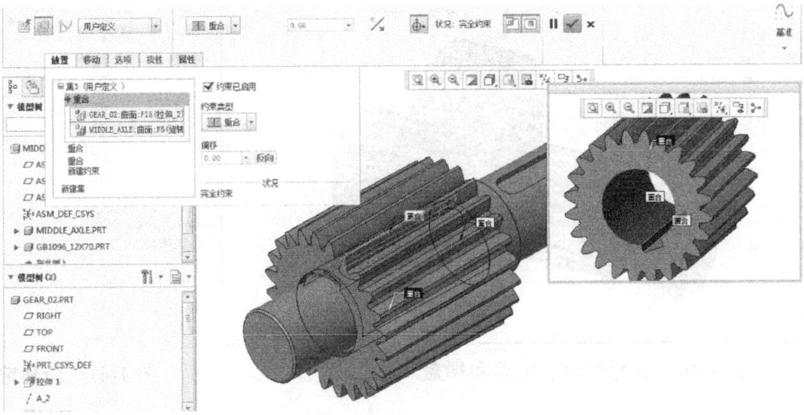

图 1-44　装配齿轮 GEAR_02. PRT

7）按照与上面相同的操作完成键 GB1096_12×40. PRT 和齿轮 GEAR_01. PRT 的装配，如图 1-45 所示。

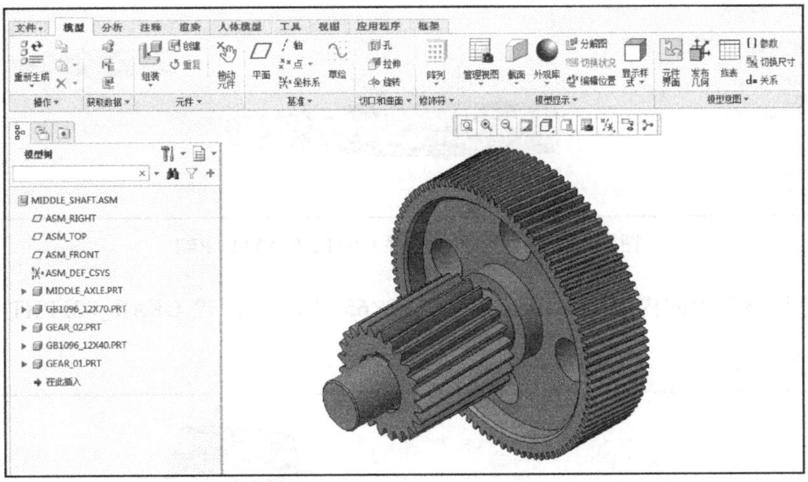

图 1-45　装配键 GB1096_12×40. PRT 和齿轮 GEAR_01. PRT

8）按照输入轴装配步骤完成两侧的轴套 AXLE_SLEEVE_01. PRT、轴承 BEAR_30207. PRT 及端盖 COVER_INPUT_01. PRT 的装配，如图 1-46 所示。

3. 装配输出轴组件

1）单击工具栏中的“新建”按钮，或者从菜单中选择“文件”|“新建”命令。

2）在弹出的“新建”对话框中选择类型为“装配”，子类型选择“设计”。

3）输入装配体名称为 OUTPUT_SHAFT，公用名称可以不填，如图 1-47 所示，然后单击“确定”按钮 确定 。

4）单击工具栏中的“装配”按钮，选择装配第一个零件 OUTPUT_AXLE. PRT，选择“默认”约束类型，如图 1-48 所示。

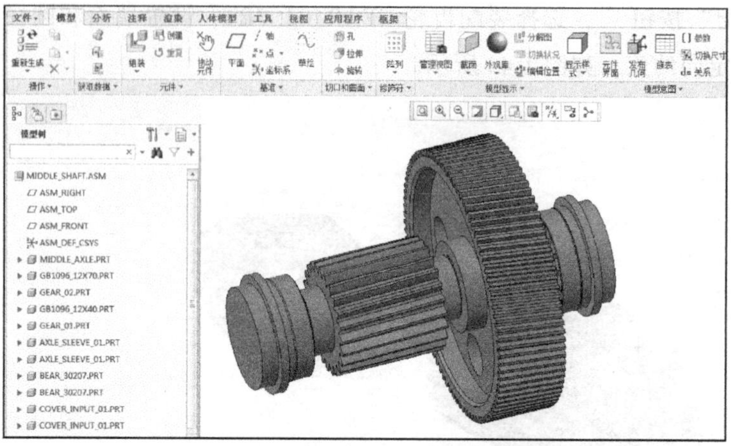

图 1-46　装配轴套、轴承和端盖

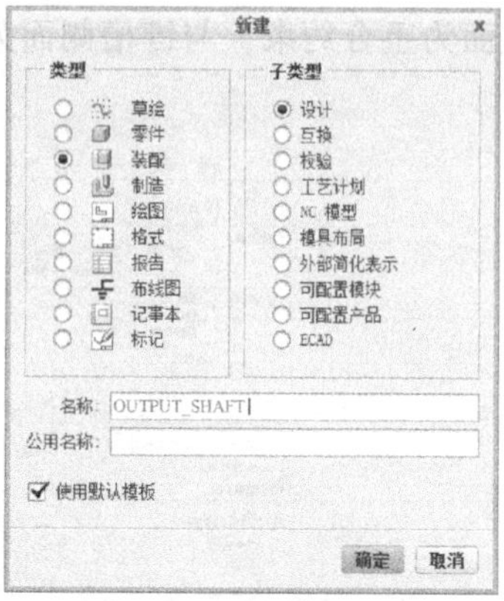

图 1-47　新建输出轴组件

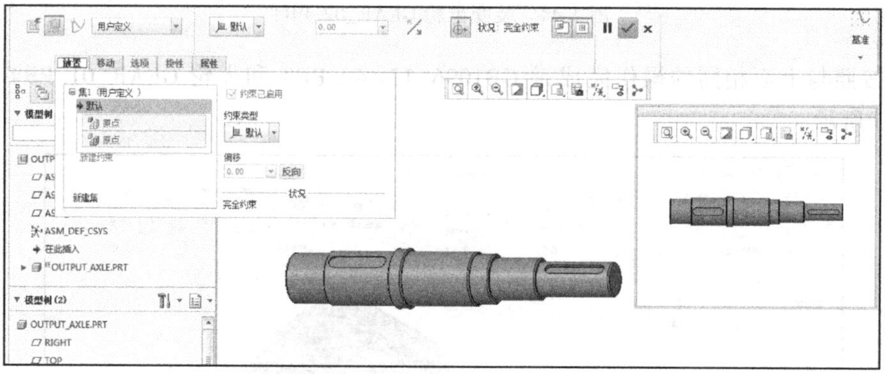

图 1-48　装配第一个零件 OUTPUT_AXLE. PRT

5）参考步骤 2 中的内容完成键 GB1096_14×65. PRT 和齿轮 GEAR_03. PRT 的装配，如图 1-49 所示。

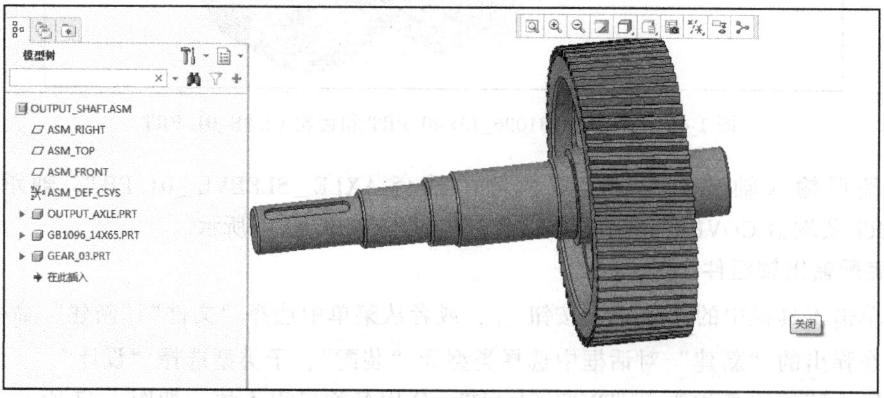

图 1-49　装配键 GB1096_14X65. PRT 和齿轮 GEAR_03. PRT

6）参考步骤 2 中的内容完成轴套 AXLE_SLEEVE_02. PRT、轴承 BEAR_30209. PRT，以及端盖 COVER_OUTPUT_01. PRT、COVER_OUTPUT_02. PRT 的装配，如图 1-50 所示。

1 MODULE

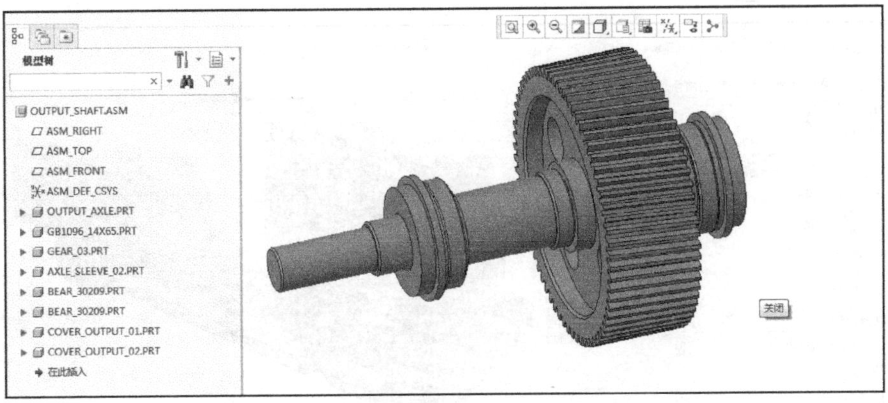

图 1-50　装配轴套、轴承及端盖

4. 装配二级减速箱组件

1）单击工具栏中的“新建”按钮，或者从菜单中选择“文件”|“新建”命令。

2）在弹出的“新建”对话框中选择类型为“装配”，子类型选择“设计”。

3）输入装配体名称为 ASSEMBLE，公用名称可以不填，然后单击“确定”按钮 确定 。

4）单击工具栏中的“装配”按钮，选择装配第一个零件下箱体 BASE. PRT，选择“默认” 约束类型，如图 1-51 所示。

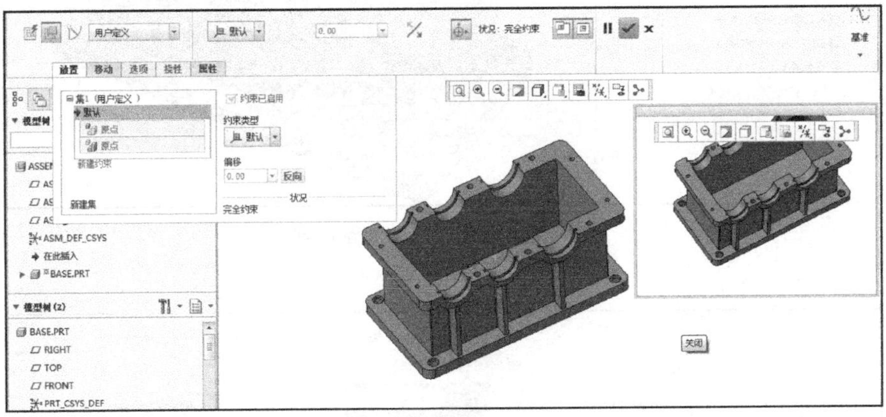

图 1-51　装配下箱体

5）单击工具栏中的“装配”按钮，选择装配输入轴 INPUT_SHAFT. ASM，设置端盖端面和圆弧面为重合约束，如图 1-52 所示。

6）根据上述 5）完成中间轴 MIDDLE_SHAFT. ASM 和输出轴 OUTPUT_SHAFT. ASM 的装配，如图 1-53 所示。

7）单击工具栏中的“装配”按钮，选择装配油尺 DIPSTICK. PRT，设置端面和圆柱面为重合约束，如图 1-54 所示。

8）完成螺塞 TAP. PRT 的装配，如图 1-55 所示。

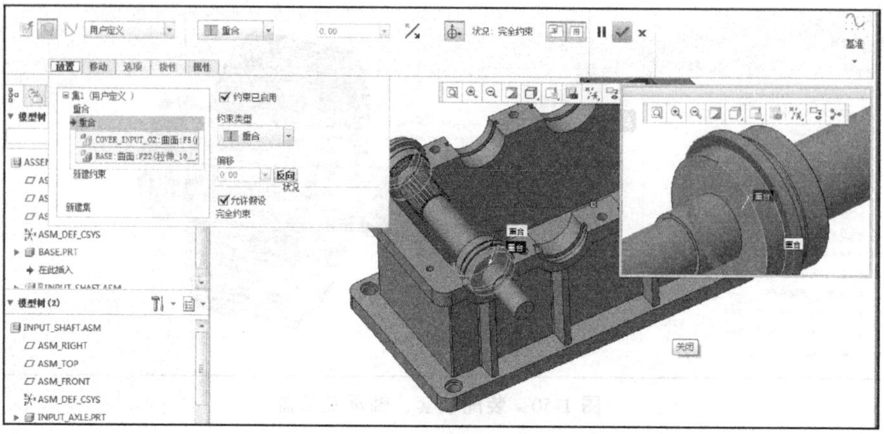

图 1-52　装配输入轴

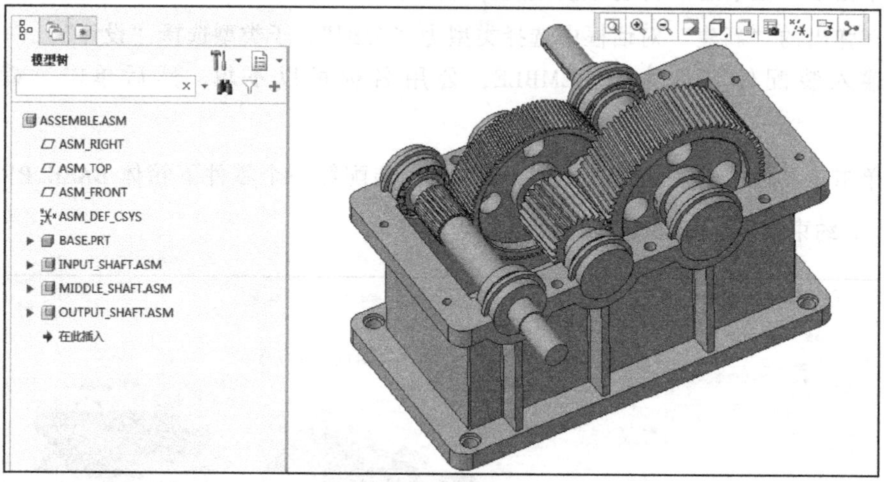

图 1-53　装配中间轴和输出轴

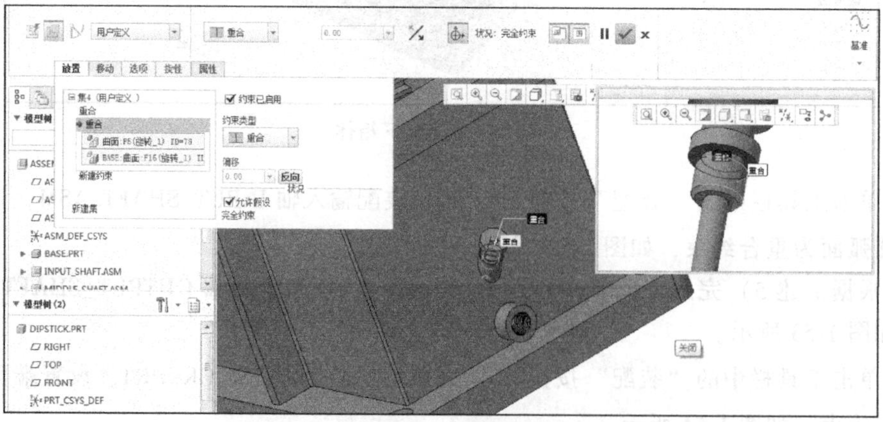

图 1-54　装配油尺

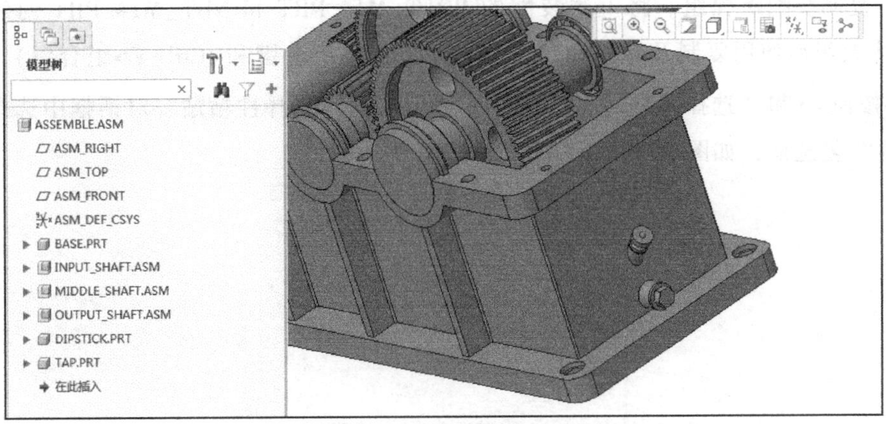

图 1-55　装配螺塞

9）单击工具栏中的“装配”按钮，选择上箱体 COVER. PRT，设置端面和一个螺栓过孔的圆柱面为重合约束，与另一个螺栓过孔的圆柱面为定向约束，如图 1-56 所示。

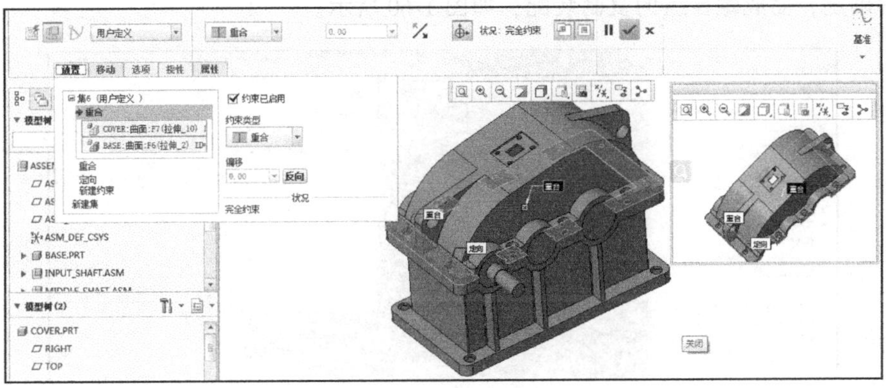

图 1-56　装配上箱体

10）完成一套螺栓（包括 BOLT_M14. PRT 和 NUT_M14. PRT）的装配，如图 1-57 所示。

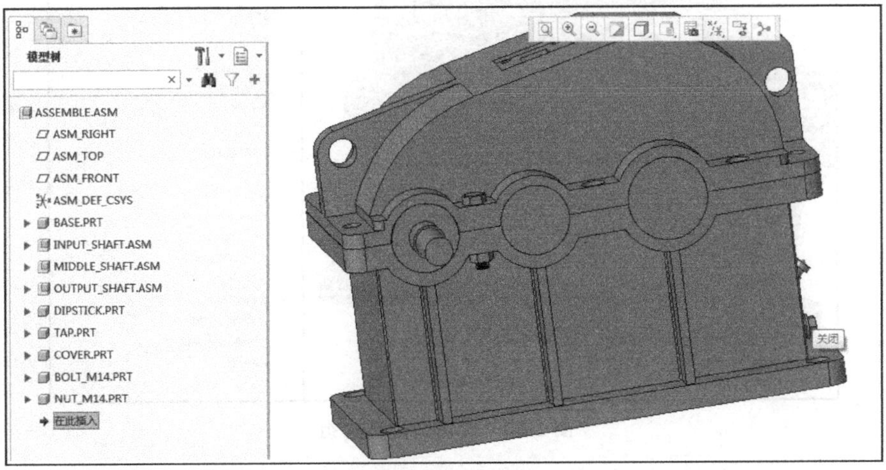

图 1-57　装配螺栓

11）复制装配螺栓组。将上述装配的 BOLT_M14. PRT 和 NUT_M14. PRT 创建一个组，选中改组后使用复制及粘贴命令（或按<Ctrl+C>组合键和<Ctrl+V>组合键），或单击“复制”按钮和“选择性粘贴”按钮，在弹出的“选择性粘贴”对话框中选择“高级参考配置”复选框，如图 1-58 所示。

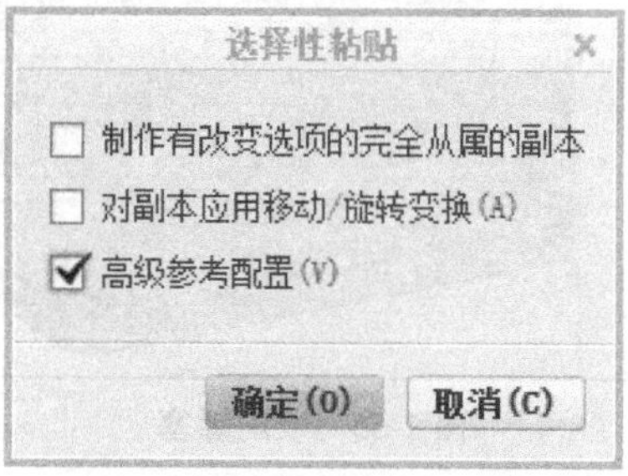

图 1-58 “选择性粘贴”对话框

此时弹出“高级参考配置”对话框，如图 1-59 所示，根据提示为组件选择新的放置位置，然后确定，完成螺栓组的复制装配，如图 1-60 所示。

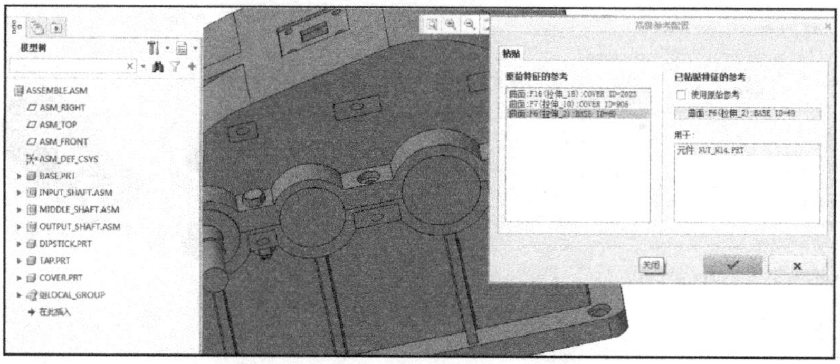

图 1-59 “高级参考配置”对话框

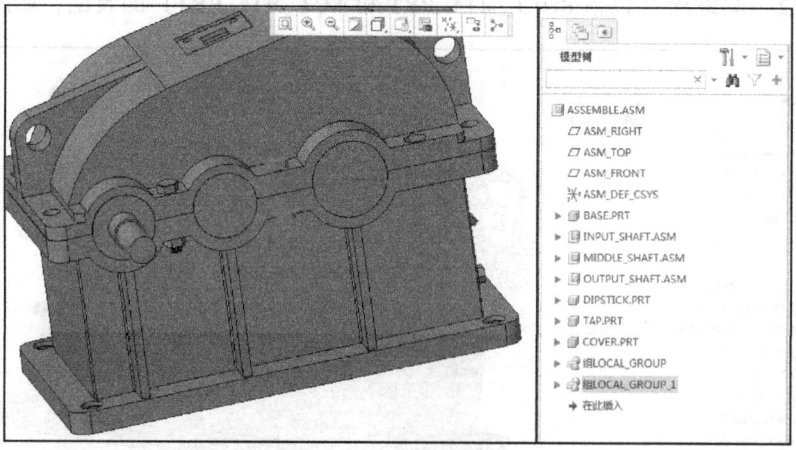

图 1-60 复制装配螺栓组

12）完成所有螺栓组的装配。

1 MODULE

[工作页 1-4]

项目名称	减速器组件装配		
班　级		姓　名	
地　点		日　期	
第__小组成员			

1. 收集信息

【引导问题】

装配关系的分类____。

【查阅资料】

1）Creo 三维装配的认知。

2）Creo 软件中零件装配过程及装配关系的建立。

2. 计划组织

小组组别	
设备工具	
组织安排	
准备工作	

3. 项目实施

作业内容	质量要求	完成情况	
		□完成	□未完成
		□完成	□未完成
		□完成	□未完成
		□完成	□未完成

4. 评价反思

在教师指导下，反思自己的工作方式和工作质量。

评价表

项目	评价指标	自评		互评	
专业技能		□合格	□不合格	□合格	□不合格
		□合格	□不合格	□合格	□不合格
		□合格	□不合格	□合格	□不合格
工作态度		□合格	□不合格	□合格	□不合格
		□合格	□不合格	□合格	□不合格
		□合格	□不合格	□合格	□不合格
个人反思		完成项目的过程中，安全、质量等方面是否达到了最佳，请提出个人的改进建议			
教师评价	教师签字 年　月　日				

项目 5　弹簧挠性化装配

【项目要求】

按图 1-61 所示对弹簧进行挠性化装配。根据弹簧的工作原理，当上盖与底座间的距离发生变化时，弹簧的长度也随之发生变化。

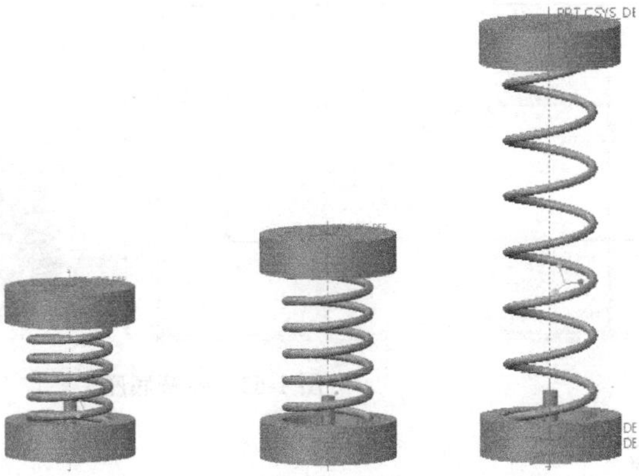

图 1-61　挠性化装配弹簧

弹簧挠性化装配

【项目实施】

1. 创建弹簧上盖

1）单击工具栏中的“新建”按钮，或者从菜单中选择“文件”|“新建”命令。

2）在弹出的“新建”对话框中选择类型为“零件”，子类型选择“实体”。

3）输入零件图名称 part0001，公用名称可以不填，勾选默认模板，然后单击“确定”按钮 确定 。

4）在“形状”组中单击“旋转”图标，进入“旋转”操控界面，选择草绘平面，然后单击“草绘视图”图标，进入旋转截面绘制界面。

5）在“草绘”组中单击“中心线”图标绘制中心线，再单击“折线”图标，在中心线的一侧绘制如图 1-62 所示截面，然后单击“确定”按钮，完成弹簧上盖的绘制。

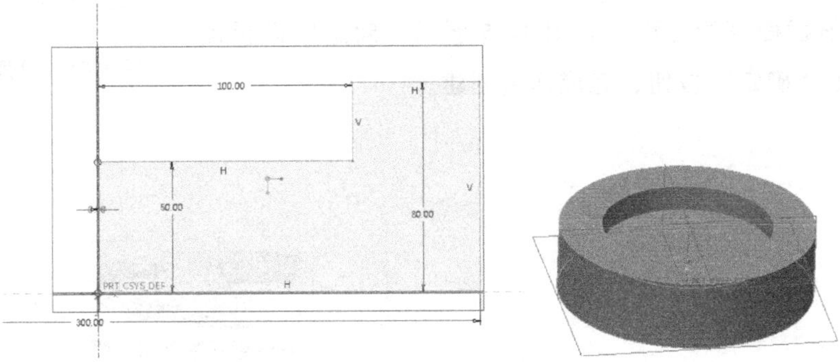

图 1-62　弹簧上盖

6）完成上盖创建后需要将其保存到一个指定的文件夹下，其后创建的下盖和弹簧都必须保存在此文件夹中。

2. 创建弹簧底座

弹簧底座的创建过程与上盖的创建过程基本相同，为了区别于上盖，其截面形状和最终形状如图 1-63 所示。将其命名为 part0002 并保存在新建的文件夹中。

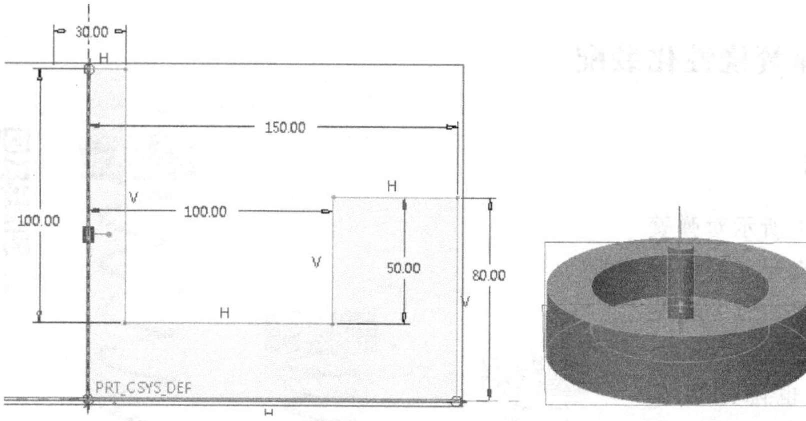

图 1-63　弹簧底座

3. 创建弹簧

1）单击工具栏中的“新建”按钮，或者从菜单中选择“文件”|“新建”命令。

2）在弹出的“新建”对话框中选择类型为“零件”，子类型选择“实体”。

3）输入零件图名称 TH0003，公用名称可以不填，勾选默认模板，然后单击“确定”按钮 确定 。

4）在“形状”组中单击“草绘”图标，选择草绘平面，然后单击“草绘视图”图标，绘制中心线和弹簧的外轮廓线，如图 1-64 所示，然后单击“确定”按钮 确定 。

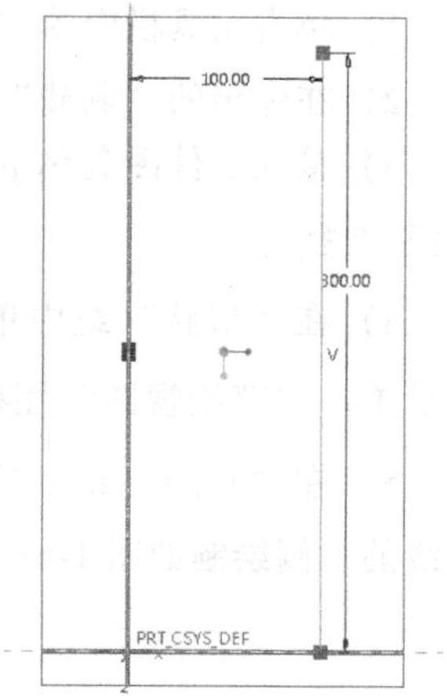

图 1-64　弹簧外轮廓线

5）在“形状”组中“扫描”中的“螺旋扫描”图标 螺旋扫描，进入螺旋扫描截面绘制界面，单击“截面”按钮，进入弹簧截面草绘界面，如图 1-65 所示，确定后设置螺距为 40，单击“确定”按钮，完成弹簧创建。

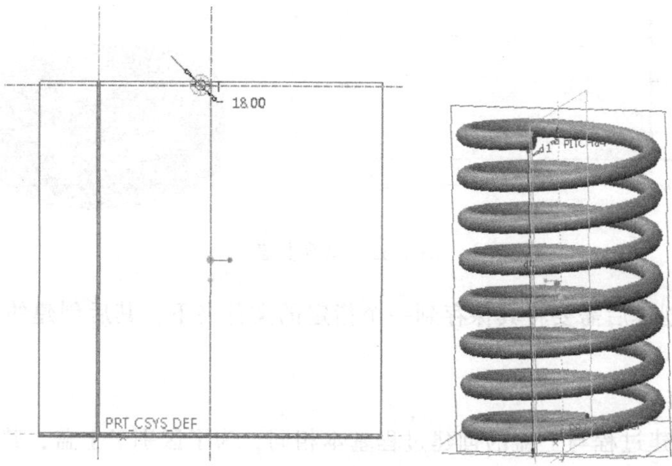

图 1-65　弹簧及截面尺寸

6）单击主菜单工具栏中的按钮d=关系，弹出如图1-66所示的对话框，单击弹簧，弹出“菜单管理器”，选择“轮廓”，单击“完成”，弹簧的长度标注为d0，螺距标注为PITCHd4。

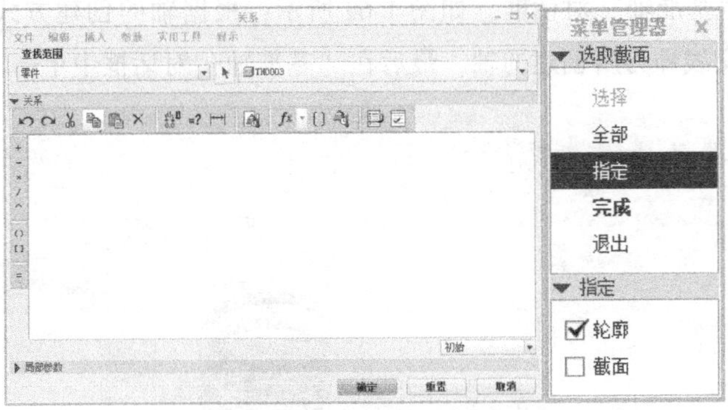

图1-66　弹簧设置及菜单管理器

7）去掉弹簧上、下两个半圈，合成一个整圈，再数出整6圈，则弹簧的总圈数为7，可以直接在关系窗口编辑螺距与弹簧长度之间的关系为d4 = d0/7，如图1-67所示，单击“确定”按钮。

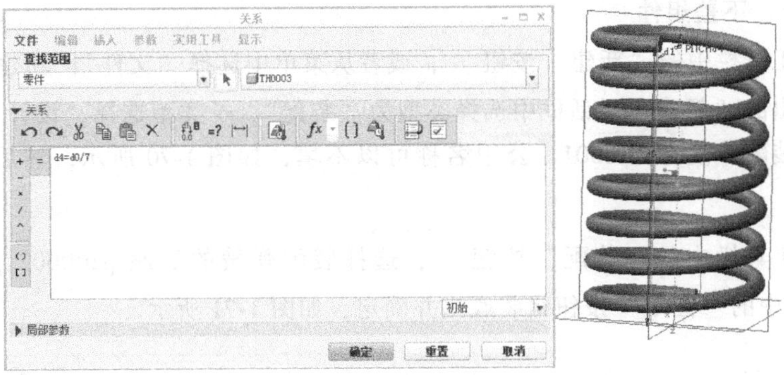

图1-67　弹簧设置参数

8）为了便于装配，需要创建一个基准平面和一个中心轴，单击菜单栏中的“平面”图标，弹出“基准平面”对话框，选择底部的基准平面，如图1-68所示，当指针靠近时，

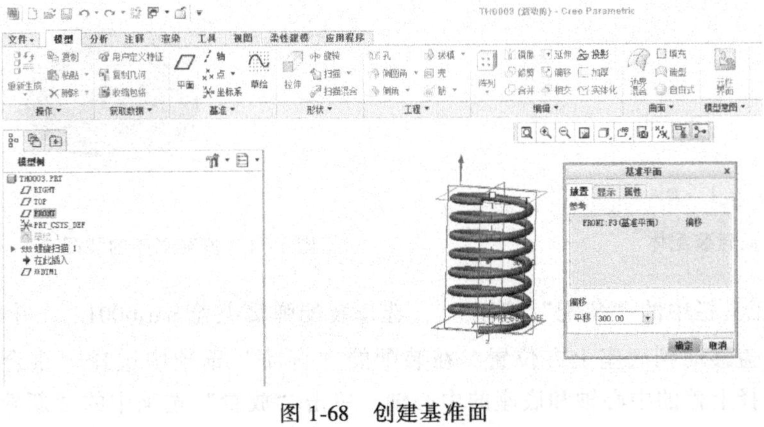

图1-68　创建基准面

平面会变亮，单击时“基准平面”对话框中会出现“平移”文本框，输入需要平移的距离300，如要需要改变平移的方向，在输入的平移数字前加负号即可。单击菜单栏中的“中心轴”图标 轴，出现“基准轴”对话框，如图 1-69 所示，根据轴的创建方式，只需选中互相垂直的两个平面，其交线即为所创建的轴，最后在“基准轴”对话框中单击“确定”按钮。

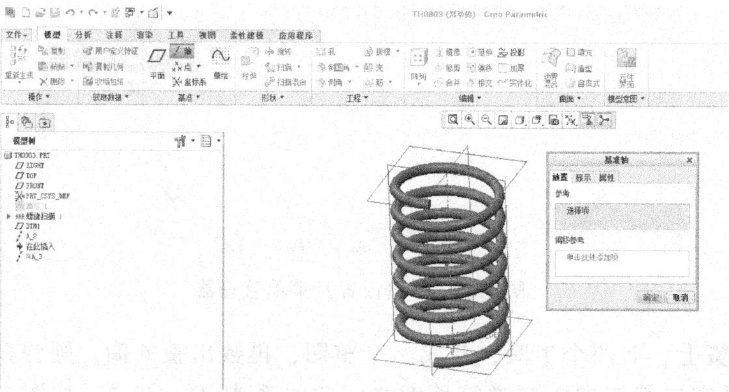

图 1-69　创建基准轴

4. 装配上、下盖组件

1）单击工具栏中的“新建”按钮，或者从菜单中选择“文件”|“新建”命令。

2）在弹出的“新建”对话框中选择类型为“装配”，子类型选择“设计”。

3）输入装配体名称 ZP0001，公用名称可以不填，如图 1-70 所示，然后单击“确定”按钮 确定 。

4）单击工具栏中的“装配”按钮，选择装配弹簧的底座 part0002. prt，单击“自动”下拉列表中的“固定”按钮组装底座并确定，如图 1-71 所示。

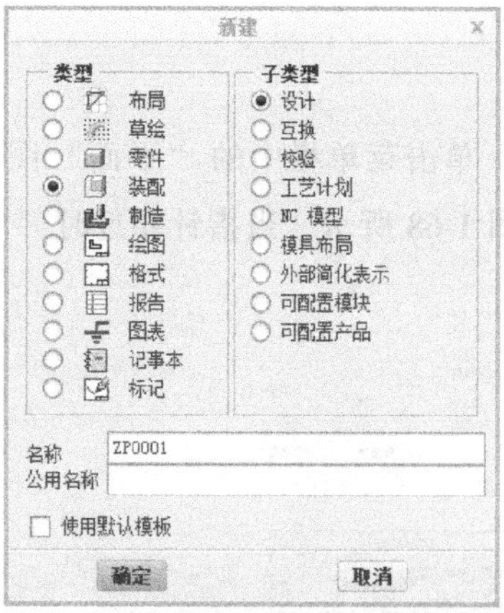

图 1-70　新建装配体

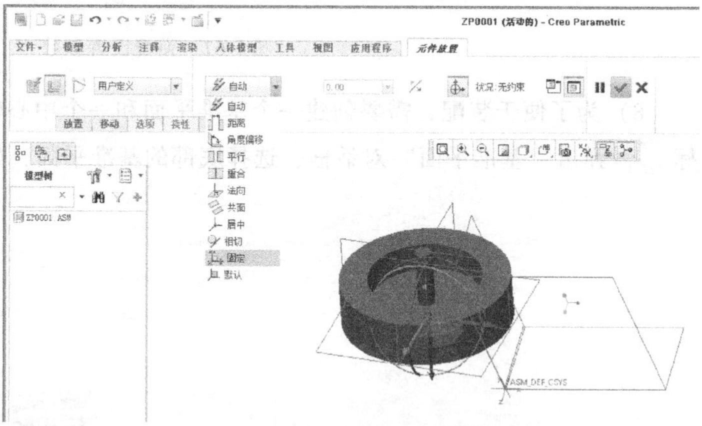

图 1-71　弹簧底座的装配

5）单击工具栏中的“装配”按钮，选择装配弹簧上盖 part0001. prt 并确定，通过移动组件，将上盖移动到底座上方位置，在装配的“自动”选项中选择“重合”，如图 1-72 所示，分别选择上盖的中心轴和底座的中心轴。单击“放置”选项中的“新建约束”，再单

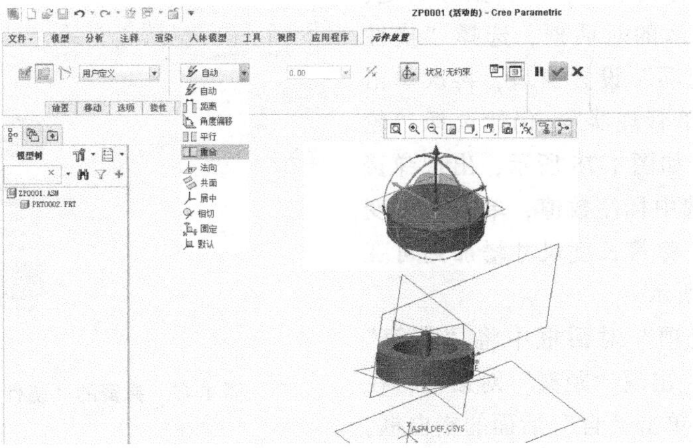

图 1-72　弹簧上盖和底座同轴装配

击选择上、下盖的内平面，在约束类型中选择“距离”，并设置两内平面的距离为 400，如图 1-73 所示。

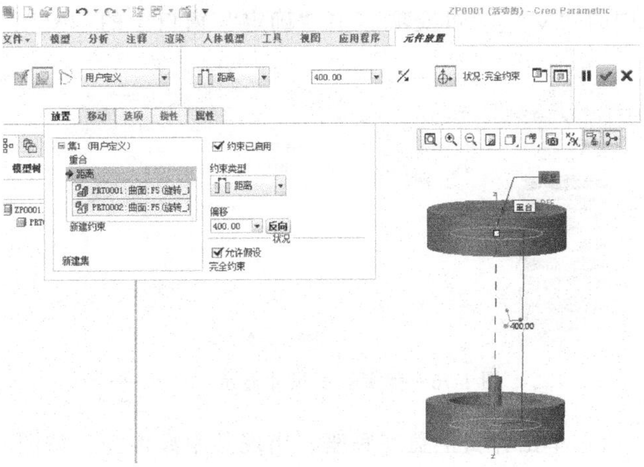

图 1-73　弹簧上盖和底座距离装配

5. 装配弹簧组件

1）单击工具栏中的“装配”按钮，选择弹簧组件 TH0003.prt 并打开，将其移动到上盖与底座之间，在装配的“自动”选项中选择“重合”，分别选择底座的中心轴和弹簧的中心轴，如图 1-74 所示。

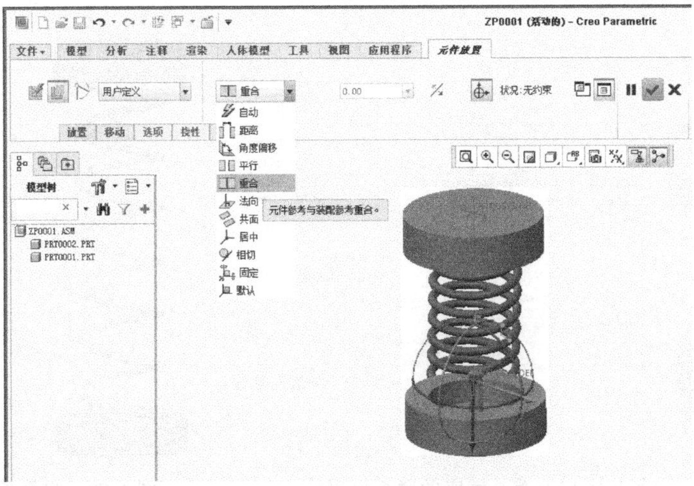

图 1-74　弹簧与底座之间同轴装配

2）单击弹簧将其选中，单击鼠标右键，出现如图 1-75 所示的对话框，选择“挠性化”，出现“可变项”设置窗口，再次单击弹簧，出现“菜单管理器”，仍然选择“轮廓”和“完成”，如图 1-76 所示，出现弹簧长度标注界面，选中标注数值，单击“可变项”中的“+”将弹簧长度尺寸增加到可变项中，如图 1-77 所示。

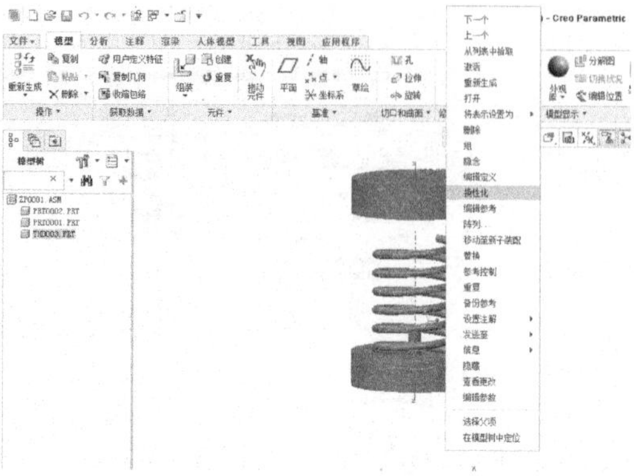

图 1-75　弹簧的“挠性化”设置

3）在“可变项”对话框中将“数值”改为“距离”时，出现“距离”对话框，在“距离”对话框中单击“自”后面的空白框，然后单击弹簧底座内底面，自动填入“PRT0001...”，再单击“至”后面的空白框，然后单击弹簧上盖内底面，自动填入“PRT0002...”，如图 1-78 所示，依次单击“距离”对话框中的“√”、“可变项”中“确定”窗口中的“√”，完成弹簧的挠性化设置。

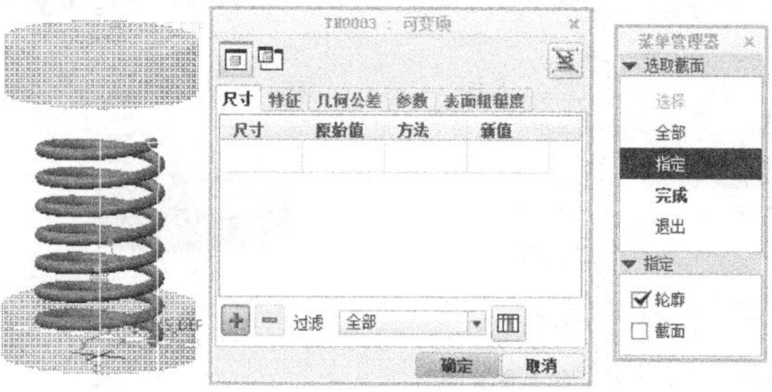

图 1-76　弹簧长度尺寸显示

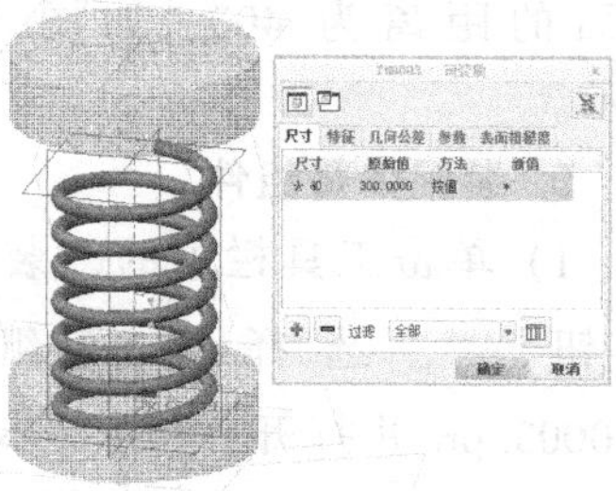

图 1-77　弹簧长度设置

4）单击弹簧上盖或底座，出现其距离标注，如图 1-78 所示，可以双击标注数值进行修改，修改完成后需要单击“重新生成”按钮，修改的数值分别为 800 和 300 时，弹簧长度的变化如图 1-79 所示。

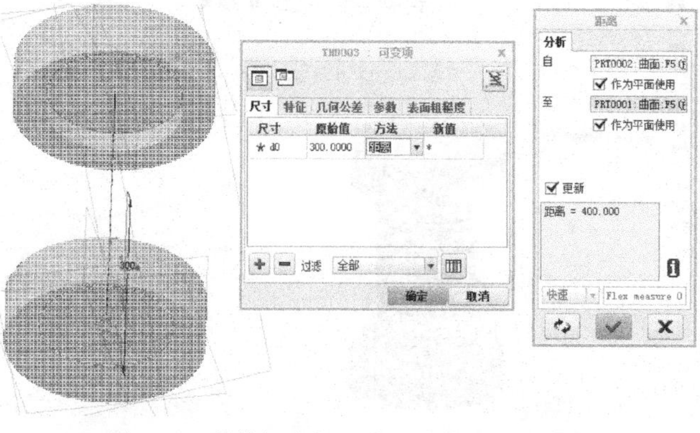

图 1-78　弹簧长度与上盖、底座的联系设置

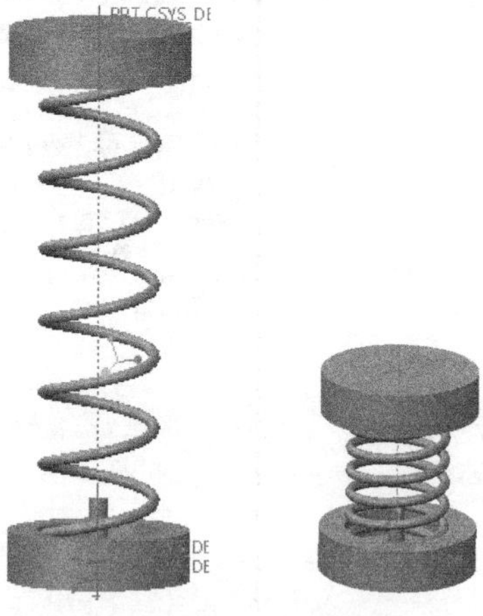

图 1-79　弹簧长度随底座与上盖之间距离的变化

[工作页 1-5]

项目名称	弹簧挠性化装配		
班　级		姓　名	
地　点		日　期	
第__小组成员			

1. 收集信息

【引导问题】

弹簧三维建模使用的命令有________________________________。

【查阅资料】

弹簧工作的基本原理描述。

2. 计划组织

小组组别	
设备工具	
组织安排	
准备工作	

3. 项目实施

作业内容	质量要求	完成情况
		□完成　　□未完成
		□完成　　□未完成
		□完成　　□未完成
		□完成　　□未完成

4. 评价反思

在教师指导下，反思自己的工作方式和工作质量。

评价表

项目	评价指标	自评	互评
专业技能		□合格　□不合格	□合格　□不合格
		□合格　□不合格	□合格　□不合格
		□合格　□不合格	□合格　□不合格
工作态度		□合格　□不合格	□合格　□不合格
		□合格　□不合格	□合格　□不合格
		□合格　□不合格	□合格　□不合格
个人反思		完成项目的过程中，安全、质量等方面是否达到了最佳，请提出个人的改进建议	
教师评价	教师签字 年　月　日		

项目6　绘制减速器下箱体工程图

【项目要求】

绘制二级减速器的下箱体工程图，如图1-80所示。

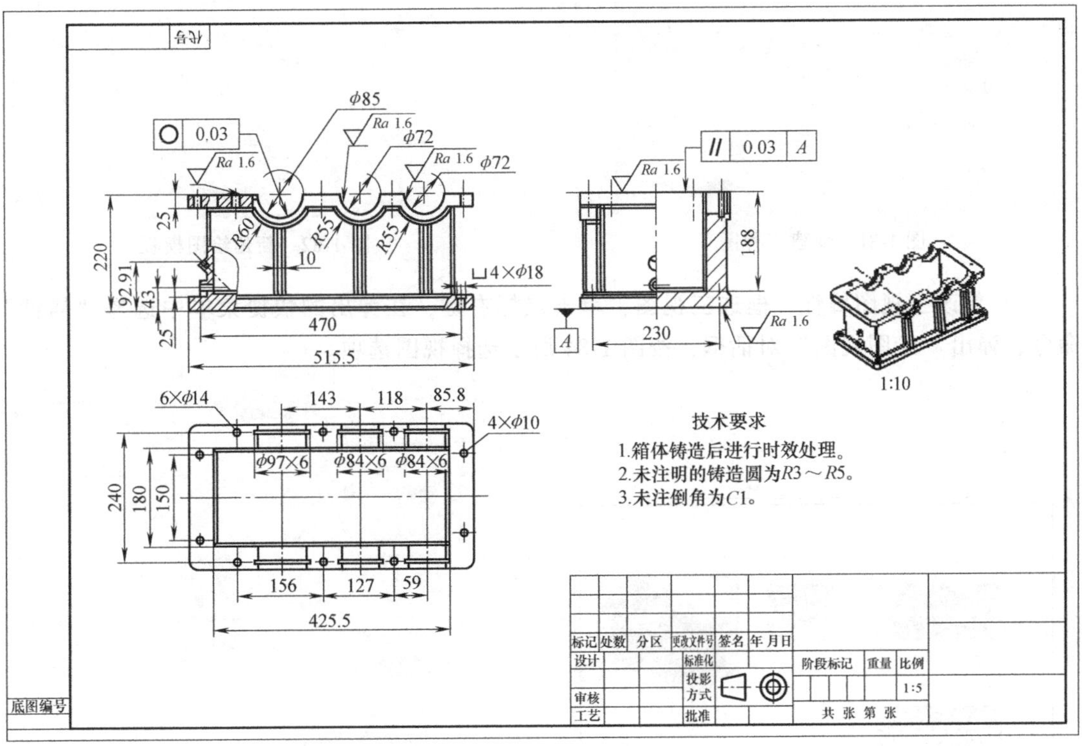

图1-80　减速器下箱体工程图

【项目实施】

绘制减速器下箱体工程图

1）单击工具栏中的“新建”按钮，或者从菜单中选择“文件”|“新建”命令。

2）在弹出的“新建”对话框中选择类型为“绘图”。

3）输入下箱体名称BASE，公用名称可以不填，如图1-81所示，然后单击“确定”按钮 确定 。

4）在“新建绘图”对话框中，“指定模板”选择“格式为空”，“格式”选择A3图纸模板a3_form.frm，然后单击“确定”按钮，如图1-82所示。

5）单击工具栏中的“绘图模型”图标，添加工程图的三维模型BASE.PRT，再次单击工具栏中的“绘图模型”图标，添加三视图及立体图，如图1-83所示。

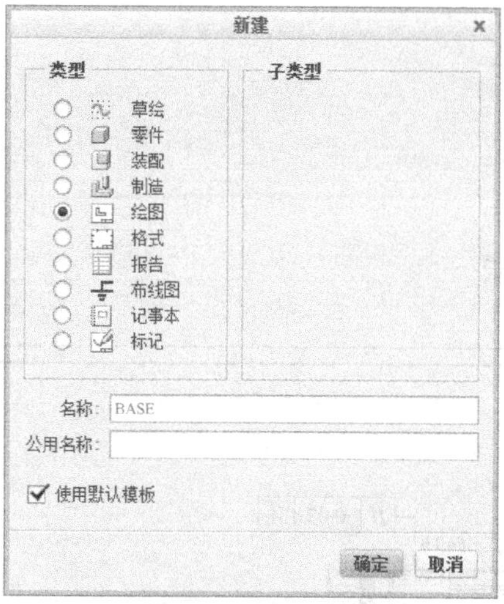

图 1-81 新建工程图

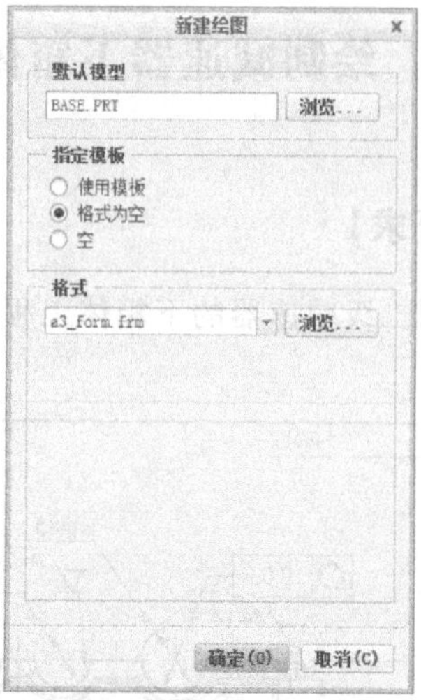

图 1-82 新建绘图模板

6）修改三视图属性，框选三视图，单击鼠标右键，在弹出的快捷菜单中选择“属性”命令，弹出“绘图视图”对话框，按图 1-84 所示选择视图选项。

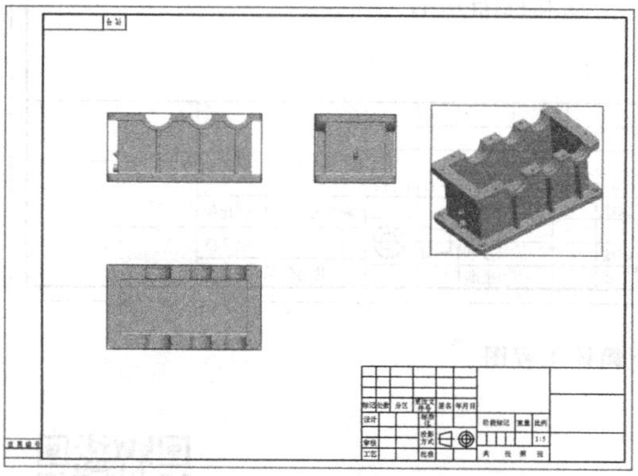

图 1-83 添加视图

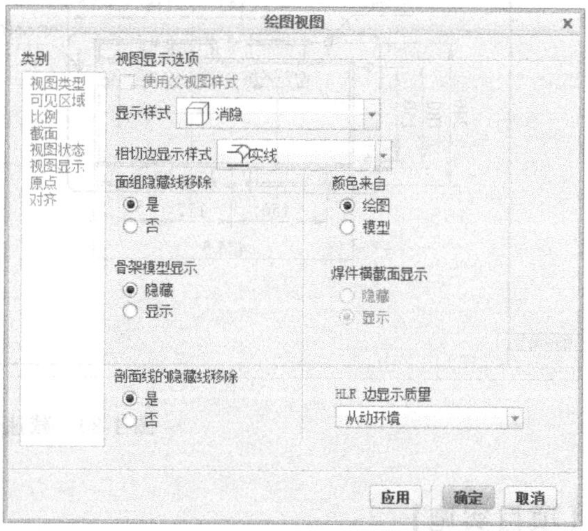

图 1-84 修改绘图属性

7）修改立体图属性，选择立体图，单击鼠标右键，在弹出的对话框中选择“属性”命令，“视图显示选项”按图 1-84 所示选择，在“比例”类别中自定义比例为 0.1，单击“确定”按钮完成，如图 1-85 所示。

8）单击工具栏中的“显示模型注释”按钮，选择“显示模型基准”选项卡，“类型”选择“轴”，如图 1-86 所示，然后点选三视图中的回转特征使其显示轴线，如图 1-87 所示。

9）为主视图设置剖面线。选择主视图，单击鼠标右键，在弹出的快捷菜单中选择“属性”命令，在“截面”类别中选中“2D 横截面”单选按钮，单击 + 按钮，选择截面名称 XSEC0001，“剖切区域”设置为“局部”，如图 1-88 所示，然后在视图中选择局部剖切区域的中心并圈选剖切区域，如图 1-89 所示，单击“应用”按钮。

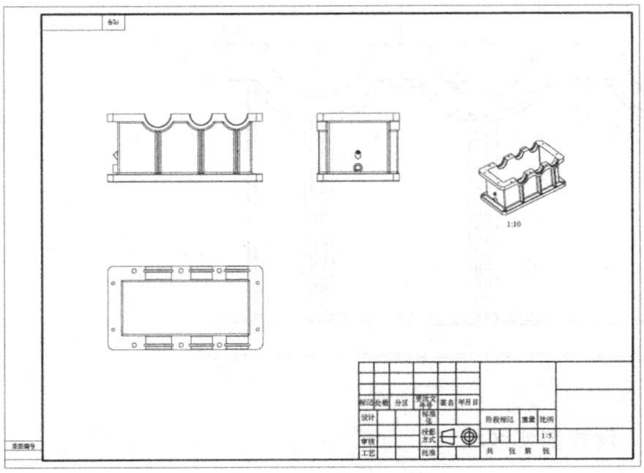

图 1-85　视图布局

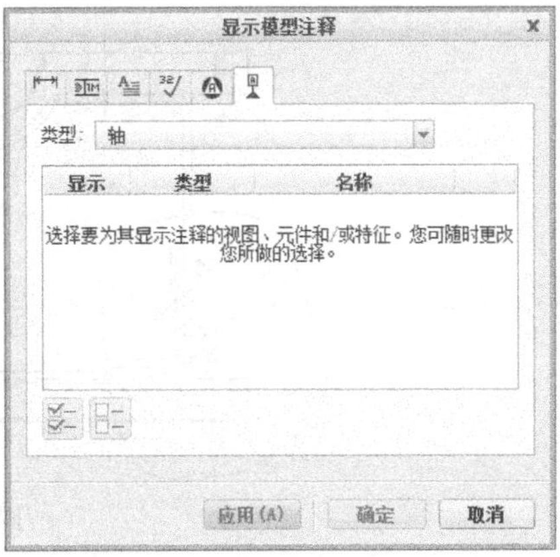

图 1-86　“显示模型注释”对话框

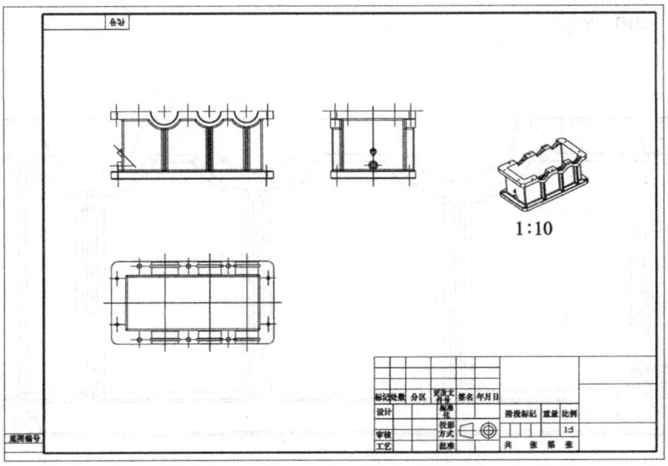

图 1-87　显示回转特征的轴线

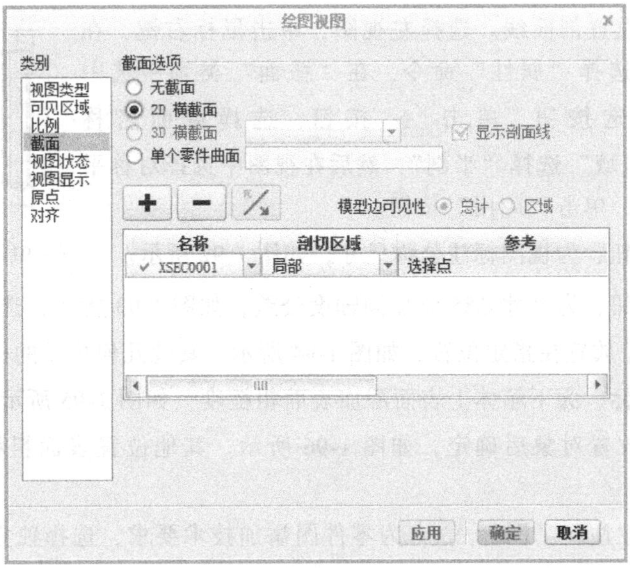

图 1-88　选择截面

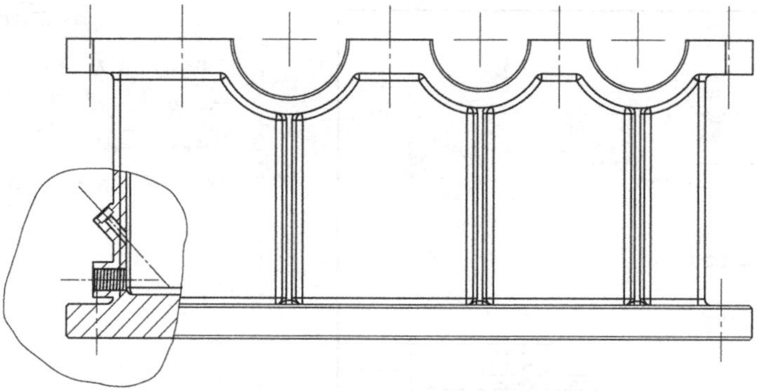

图 1-89 设置剖切区域

10）单击 按钮，添加主视图上的另外两处局部剖视图，“剖切区域”设置为“局部”，完成后如图 1-90 所示。

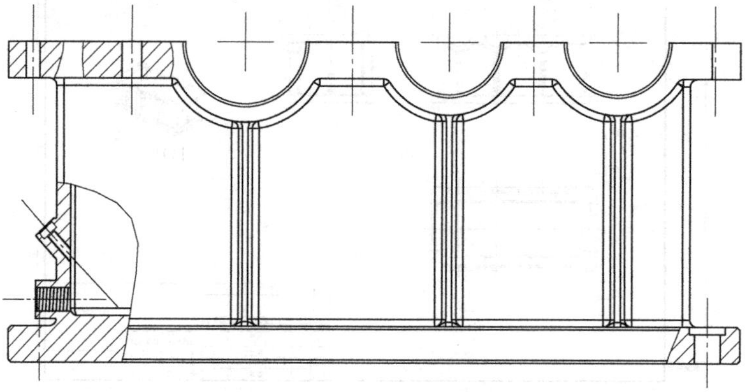

图 1-90 绘制局部剖视图

11）为左视图设置剖面线。选择左视图，单击鼠标右键，在弹出的快捷菜单中选择“属性”命令，在“截面”类别中选中“2D 横截面”单选按钮，单击 按钮，选择截面名称 XSEC0005，“剖切区域”选择“半剖”，然后在视图中选择对称平面，如图 1-91 所示，单击“应用”按钮。

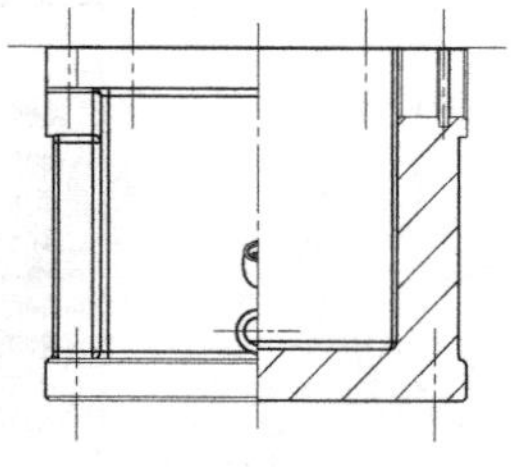

图 1-91 绘制左视图半剖视图

12）单击 按钮，为视图标注公称尺寸，如图 1-92 所示。

13）单击 按钮，为尺寸 $\phi85$ 添加同轴度公差，如图 1-93 所示，选择几何公差标注对象，然后将几何公差放置在指定位置，如图 1-94 所示。其他几何公差的标注参考该方法。

14）单击 图标，为下箱体上表面添加表面粗糙度，如图 1-95 所示，选择放置类型为垂直于图元，选择放置对象后确定，如图 1-96 所示。其他位置表面粗糙度的标注参考该方法。

15）单击“独立注释”图标 ，为零件图添加技术要求，选择独立注释的放置位置，输入注释内容，然后确定，如图 1-97 所示。

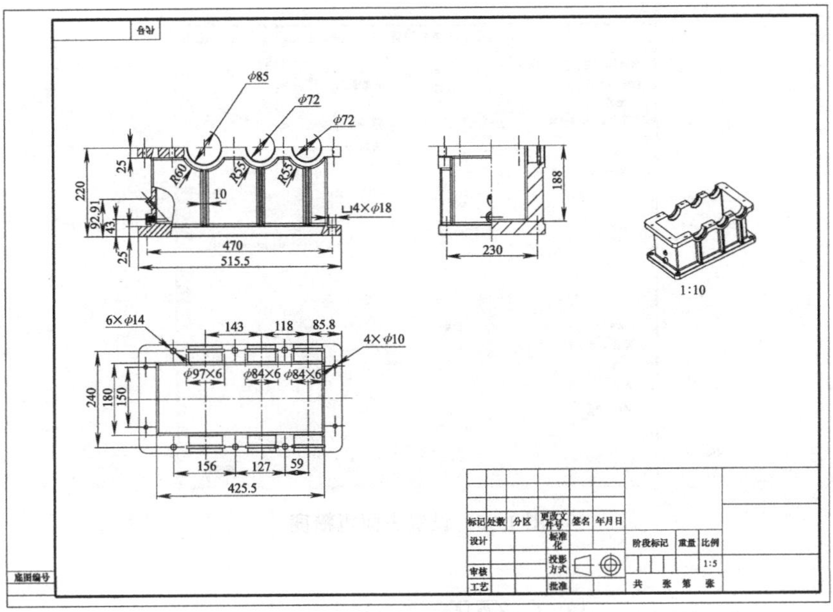

图 1-92　标注公称尺寸

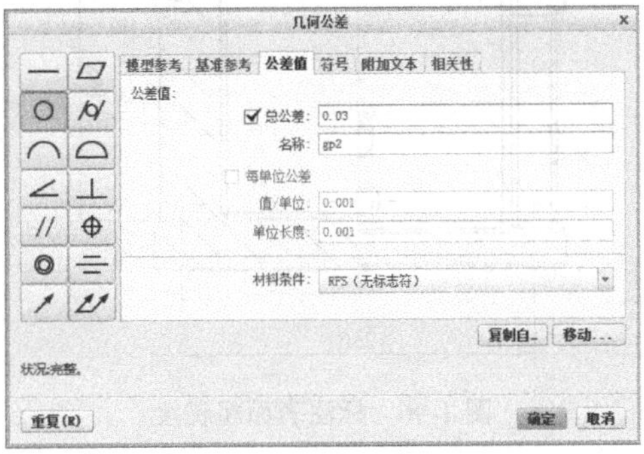

图 1-93　设置几何公差

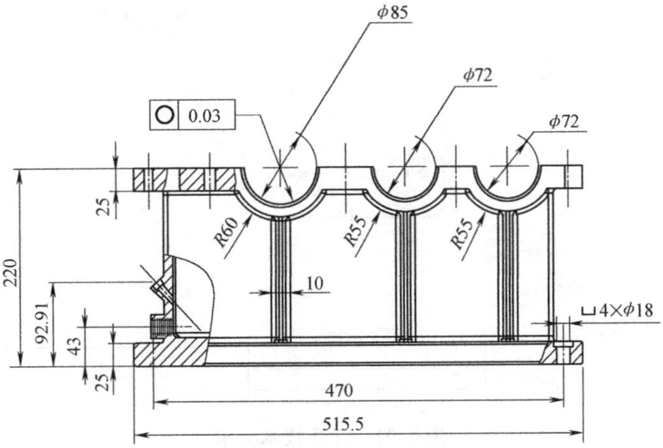

图 1-94　标注几何公差

1 MODULE

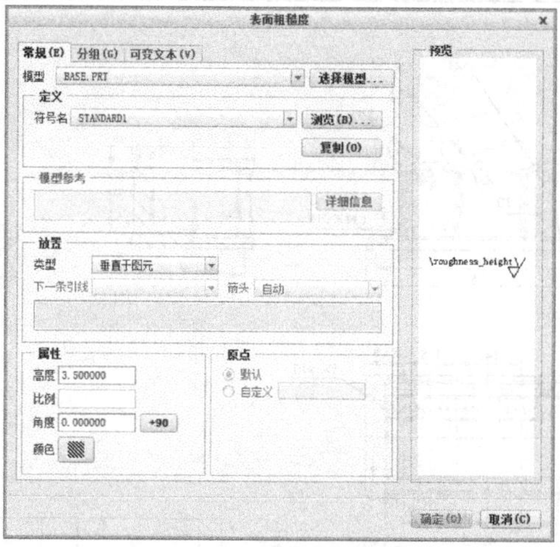

图 1-95　设置表面粗糙度

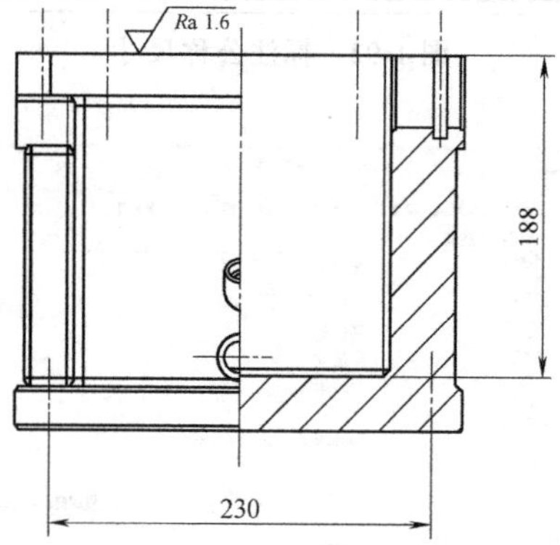

图 1-96　标注表面粗糙度

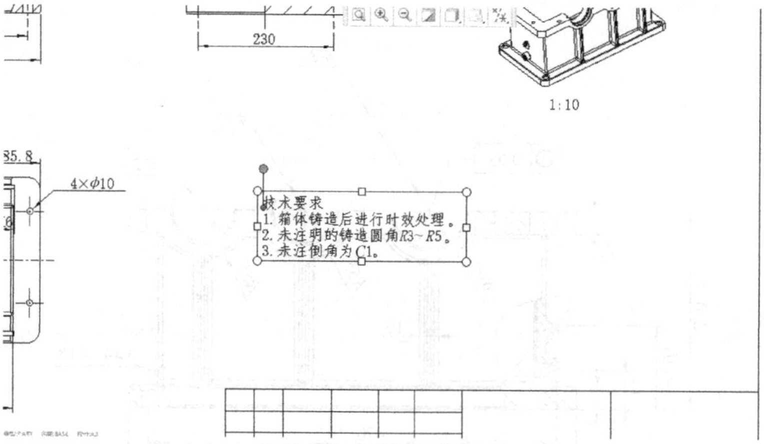

图 1-97　标注技术要求

[工作页 1-6]

项目名称	绘制减速器下箱体工程图		
班　级		姓　名	
地　点		日　期	
第__小组成员			

1. 收集信息

【引导问题】

由三维模型导出二维图的一般步骤是________________________________。

【查阅资料】

绘制工程图的标准是____。

2. 计划组织

小组组别	
设备工具	
组织安排	
准备工作	

3. 项目实施

作业内容	质量要求	完成情况	
		□完成	□未完成
		□完成	□未完成
		□完成	□未完成
		□完成	□未完成

4. 评价反思

在教师指导下，反思自己的工作方式和工作质量。

评价表

项目	评价指标	自评		互评	
专业技能		□合格	□不合格	□合格	□不合格
		□合格	□不合格	□合格	□不合格
		□合格	□不合格	□合格	□不合格
工作态度		□合格	□不合格	□合格	□不合格
		□合格	□不合格	□合格	□不合格
		□合格	□不合格	□合格	□不合格
个人反思		完成项目的过程中，安全、质量等方面是否达到了最佳，请提出个人的改进建议			
教师评价	教师签字 年　月　日				

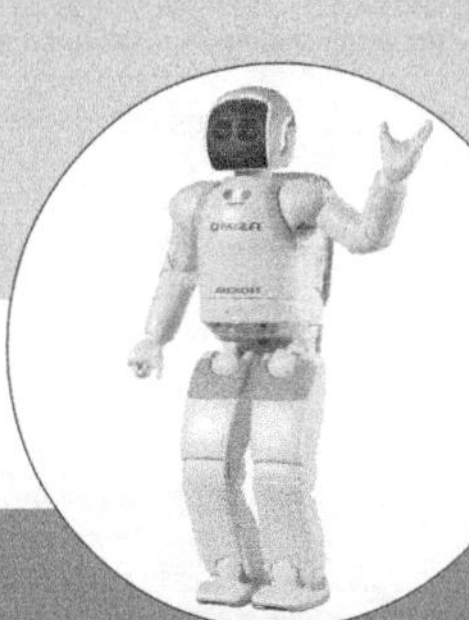

模块2

计算机辅助工程（CAE）——基于Abaqus的CAE分析项目实践

项目7 桥式吊架模型静力学分析

【项目要求】

用 Abaqus/CAE 生成图 2-1 所示的桥式吊架模型并开展静力学分析。

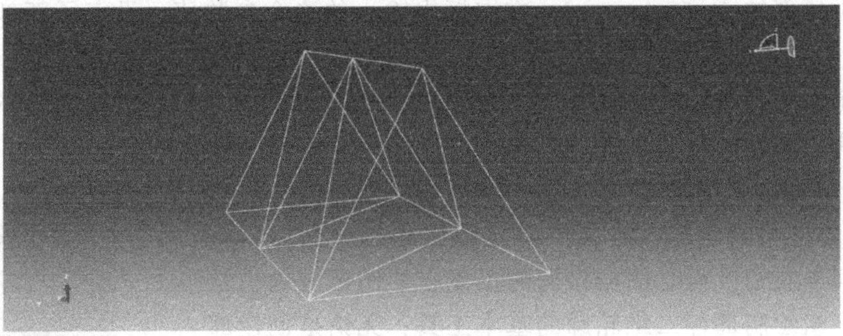

图 2-1 桥式吊架模型

图 2-1 中，*XY* 平面内的矩形框，其边长为 1m，*Z* 向高度为 1m，材料为钢，密度为 $7800kg/m^3$，弹性模量为 200GPa，泊松比为 0.3。

【项目实施】

1. 创建部件

1）若还未启动 Abaqus/CAE，可输入 abaquscae，这里的 abaqus 是用来运行 Abaqus 的命令。

2）在出现的 Start Session 对话框中选择 Create Model Database。

当载入 Part 模块后，光标会变成沙漏图标。当完成 Part 模块载入后，就会在主窗口的左方显示部件模块工具箱。工具箱中有一组工具图标，用户可使用这些工具图标打开主菜单条目中的菜单。在工具箱中，每个模块都有自己的一套工具。对于大多数工具，当用户从主菜单条目中选择某一项时，模块工具箱中对应的工具会以高亮显示，因此用户可知道它的位置。

3）从主菜单条目中选择 Part→Create 命令来创建新的部件。

在弹出 Create Part（创建部件）对话框后，按图示操作随后的过程，如图 2-2 所示。

桥式吊架
模型建模

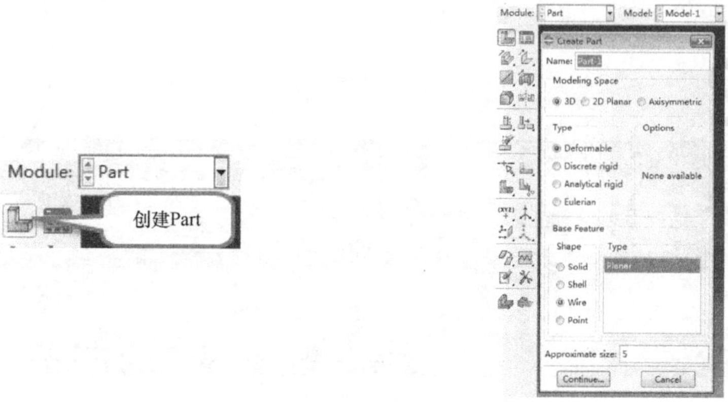

图 2-2　启动创建部件的功能模块

应用 Create Part（创建部件）对话框命名部件，选定 Modeling Space（模型所在空间）、Type（类型）和 Base Feature（基本特征），并设置部件的 Approximate size（大致尺寸）。当部件创建后，仍可对其进行编辑和重新命名，但是其模型空间、类型和基本特征则不能改变。

4）为桁架部件命名，选择二维平面可变形体和 Wire（线型）特征。

5）在 Approximate size（大致尺寸）文本框内输入 5。

在对话框底部的 Approximate size 文本框内输入的这个参数值，设定了新部件的大致尺寸，Abaqus/CAE 采用这个尺寸计算绘图区域和区域中栅格的尺寸。输入这个参数的原则是，必须与最终模型的最大尺寸为同一量级。在 Abaqus/CAE 中并不使用特殊的量纲，在整个模型中采用一致性的量纲系统。在本模型中采用 SI 单位（国际单位）。

6）单击 Continue 按钮退出 CreatePart 对话框。

Abaqus/CAE 会自动进入绘图环境（图 2-3），绘图工具箱显示在主窗口的左边，而绘图栅格同时出现在绘图区域内。绘图环境包含一组绘制部件二维轮廓的基本工具，无论是创建部件还是编辑部件，Abaqus/CAE 都会进入这个绘图环境。要结束一种工具的应用，在 Viewport（图形窗）中可单击鼠标中键或选择其他新的工具。

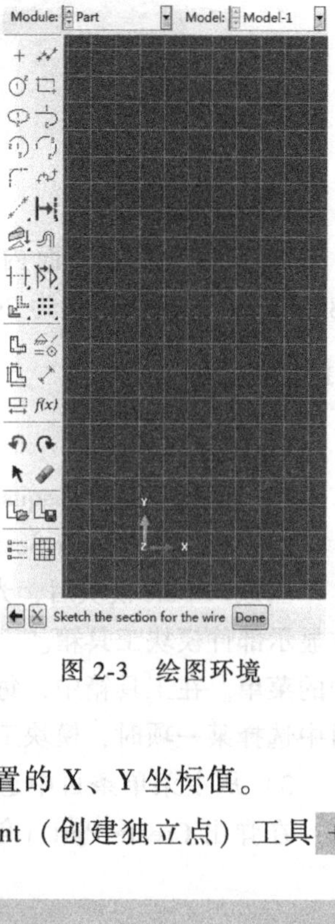

图 2-3　绘图环境

提示：对于 Abaqus/CAE 中的工具，在绘图工具箱中，若简单地将鼠标指针临时停留在某一工具处，就会出现一个小窗口，对该工具进行简短的说明。当选定一个工具后，就会显示白色的背景。

下列绘图环境的特点有助于绘制理想的几何形状：

① 绘图栅格可帮助定位光标和在图形窗中对齐物体。

② 虚线指示了图形的 X、Y 轴，并相交在坐标原点处。

③ 图形窗左下角的三方向坐标系指示了在绘图平面和部件方位之间的关系。

④ 当选择了绘图工具后，在绘图窗的左上角，会显示光标位置的 X、Y 坐标值。

7）定义独立点，利用绘图工具箱左上方的 Create Isolated Point（创建独立点）工具 +

绘制桁架的几何图形。创建 6 个坐标点：（-1.0，0.0）、（0.0，0.0）、（1.0，0.0）、（-1.0，1.0）、（0.0，1.0）和（1.0，1.0）。这些点的位置代表了桁架底部节点的位置。

在绘图区的任何位置单击鼠标中键退出创建独立点工具（图 2-4）。

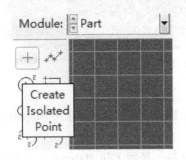

图 2-4 创建独立点

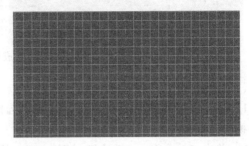

8）桁架顶部节点的位置很明显，直接生成即可，生成的草图如图 2-5 所示。然后单击 Done 按钮，退出草图，得到的模型如图 2-6 所示。

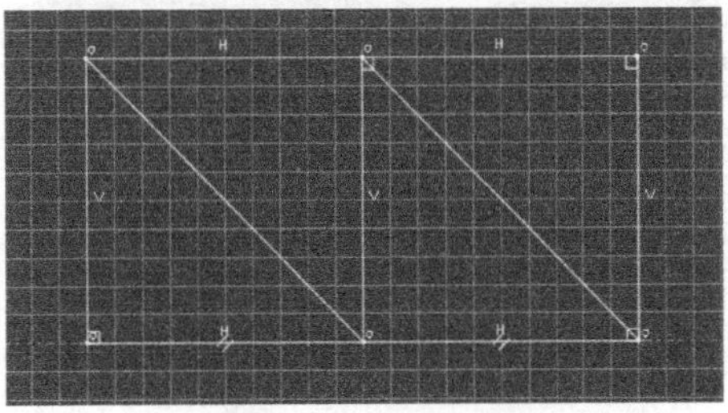

图 2-5 生成的草图

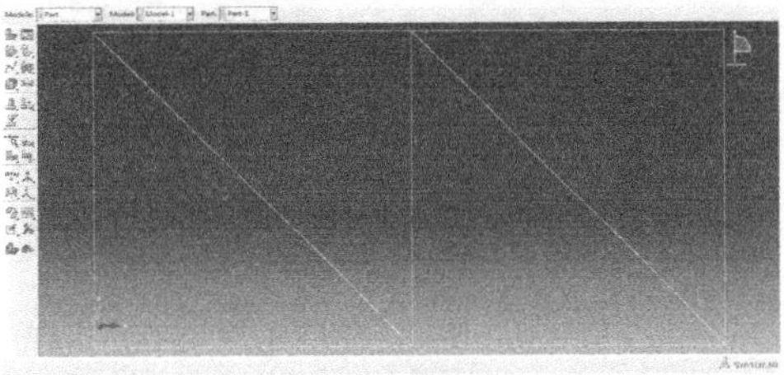

图 2-6 模型图

9）继续在 3D 条件下生成一些线，过程如图 2-7 所示。

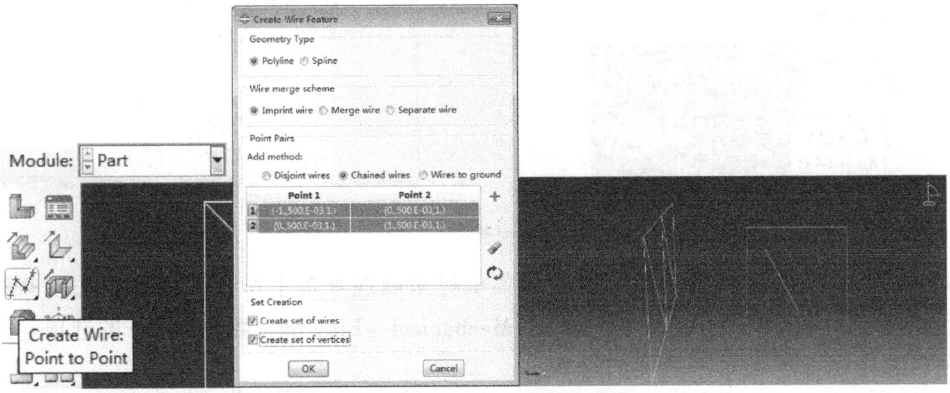

图 2-7 生成 3D 条件下的空间线

10）不断添加空间线，最后得到图 2-8 所示的空间模型。

2. 创建材料

用户应用 Property（特性）模块创建材料和定义材料的参数。在本例中，全部桁架的杆件是钢制杆件，并假设线弹性，采用的弹性模量为 200GPa，泊松比为 0.3。这样，应用这些参数可创建单一的线弹性材料。

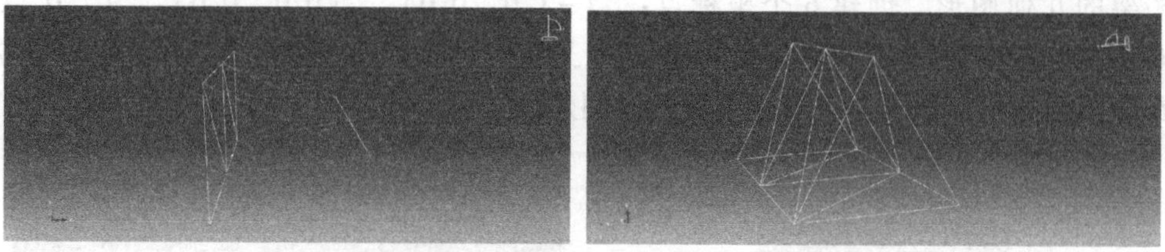

图 2-8　生成的空间模型

（1）定义材料

1）在工具栏的 Module（模块）列表中选择 Property 选项（图 2-9），进入 Property（特性）模块，系统载入时光标会变为沙漏形状。

2）单击 Create Material 按钮（图 2-10），创建新的材料，显示 Edit Material（编辑材料）对话框。

3）为材料命名为 steel（图 2-11）。

图 2-9　选择 Property 选项

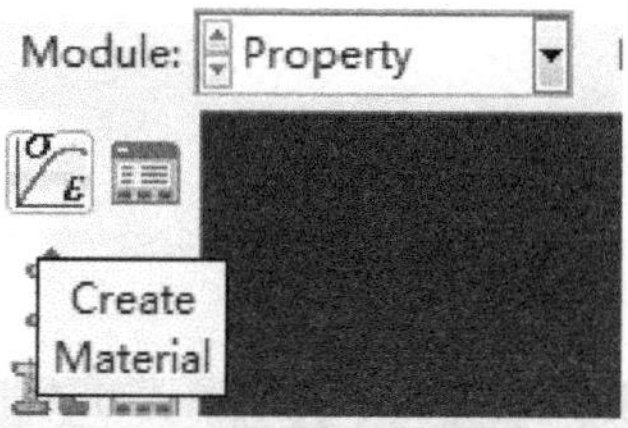

图 2-10　创建新材料

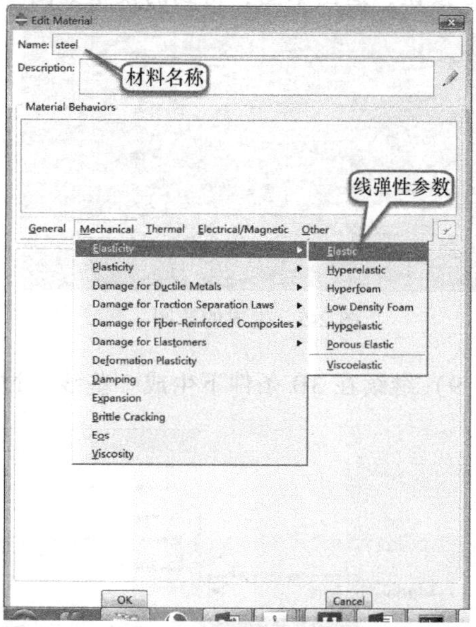

图 2-11　为材料命名

4）应用 Edit Material 对话框浏览区的菜单栏来展现菜单中所包含的材料选项，某些菜单条目还有子菜单。例如，图 2-12 显示了 Mechanical→Elasticity 菜单条目下的选项。当选择某一材料选项后，在菜单下方将打开相应的数据输入格式。

5）在 Edit Material 对话框的菜单栏中选择 Mechanical→Elasticity→Elastic 命令（图 2-12），Abaqus/CAE 显示弹性数据输入格式。

6）在相应的单元格中分别输入弹性模量 2.0 e11 和泊松比 0.3，为了在单

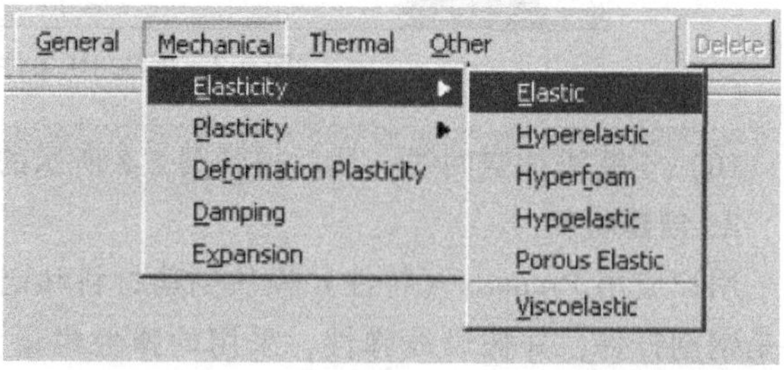

图 2-12　Mechanical→Elasticity 菜单条目下的选项

元格之间切换，按<Tab>键或者移动光标到新的格中并单击即可（图 2-13）。

7）单击 OK 按钮，退出 Edit Material 对话框。

（2）定义和赋予截面（Section）特性　用户定义一个模型的截面（Section）特性，需要在 Property 模块中创建一个截面。在创建截面后，用户可以应用下面两种方法中的一种将该截面特性赋予当前 Viewport（图形窗）中的部件。

1）用户可以直接选择部件中的区域，并赋予截面特性到该区域。

2）用户可以利用 Set（集合）工具创建一个 Homogeneous（同类）集，它包含该区域并赋予截面特性到该集合。

对本桁架模型，通过在视图中选择桁架部件，将创建一个单一的赋予这个桁架的截面特性。截面特性将参照刚刚创建的材料 steel，并定义各杆件的横截面面积。

桁架截面的定义仅需要材料参数和横截面面积。由于桁架单元是直径为 0.005m 的圆杆，所以其横截面面积约为 $1.963\times10^{-5}m^2$。

提示：可以在 Abaqus/CAE 的命令行接口（CLI）进行简单的计算。例如，计算杆件的横截面面积，单击 Abaqus/CAE 窗口左下角的图标 >>> 进入 CLI，在命令提示后输入 3.1416 * 0.005 * * 2/4.0，然后按 Enter 键，横截面面积的值会显示在 CLI 中。

定义桁架截面的步骤如下。

1）单击 Create Section 按钮（图 2-14），打开 Create Section（创建截面）对话框。

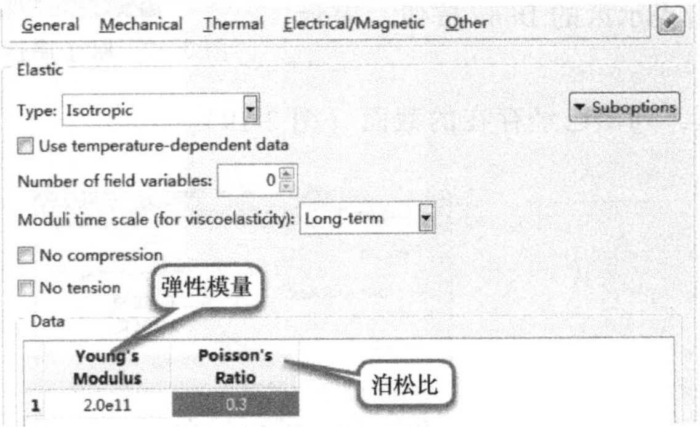

图 2-13　设置参数值

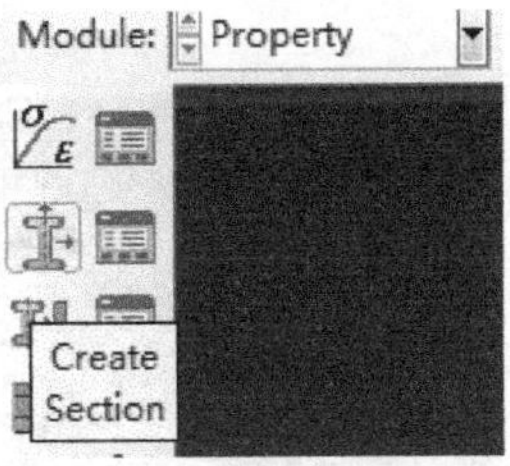

图 2-14　定义截面属性

2）在 Create Section 对话框（图 2-15）中：

① 在 Name 文本框中命名截面名称：Frame_Section。

② 在 Category（类别）选项组中选择 Beam（梁）单选按钮。

③ 在 Type（类型）选项组中选择 Truss（桁架）选项。

④ 单击 Continue 按钮，打开 Edit Section（编辑截面）对话框。

3）在 Edit Section 对话框（图 2-16）中：

① 使用默认的 steel 作为截面的 Material（材料）属性。若已定义了其他材料，可单击 Material 文本框旁的下拉按钮观察所列出的材料表，并选择对应的材料。

② 在 Cross-sectional area（横截面面积）文本框中输入 1.963e-5。

③ 单击 OK 按钮。

2 MODULE

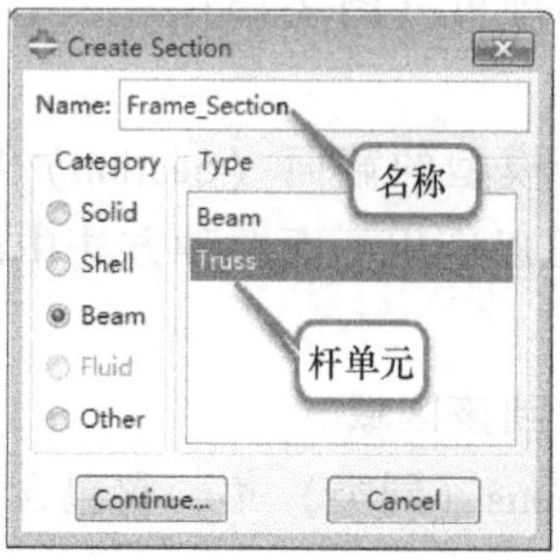

图 2-15　创建截面

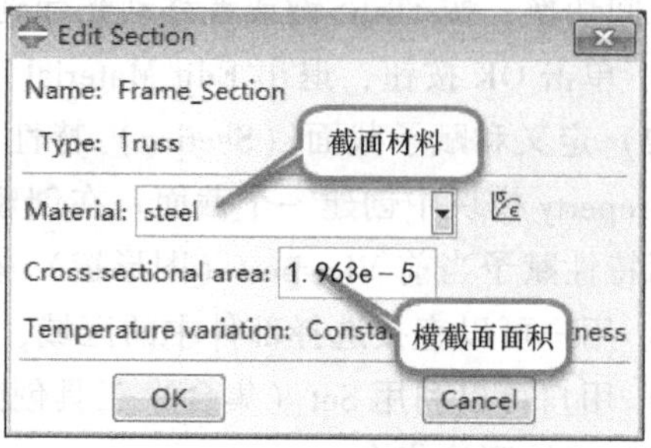

图 2-16　设置属性

（3）将截面特性赋予桁架　应用 Property 模块中的 Assign 菜单项将以 Frame_Section 命名的截面特性赋予桁架。

将截面特性赋予桁架的步骤如下。

1）单击 Assign Section 按钮（图 2-17）。Abaqus/CAE 在提示区会显示相应的提示以指导完成后续的操作。

2）选择整个部件作为应用截面赋值的区域。

在图形窗左上角单击并按住鼠标左键拖动，创建一个围绕桁架的框，松开鼠标左键 1。

此时，整个桁架结构变亮（图 2-18）。

3）在图形窗中单击鼠标中键或单击提示区的 Done 按钮，表示接受所选择的几何形体。

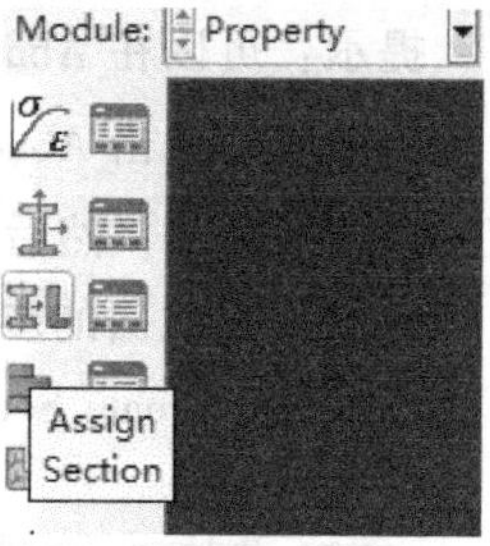

图 2-17　赋予属性

显示 Edit Section Assignment 对话框，列出已经存在的截面（图 2-19）。

图 2-18　选中区域

图 2-19　选择参数

4）接受默认的 Frame_Section 的截面特性，并单击 OK 按钮。

Abaqus/CAE 将桁架截面特性赋予桁架并关闭 Edit Section Assignment 对话框，效果如图 2-20 所示。

3. 定义装配（Assembly）

每一个部件都创建在自己的坐标系中，在模型中彼此独立。创建各个部件的实体（Instance）并在整体坐标系中将它们定位，用户应用 Assembly 模块定义装配件的几何形状。尽管一个模型可能包含多个部件，但只能包含一个装配件。

图 2-20　完成属性赋予的效果

关于本例，用户将创建一个吊车桁架的单一实体。Abaqus/CAE 定位这个实体，因此所定义的桁架图形方向重合于装配件的默认坐标系方向。

定义装配的步骤如下。

1）在位于工具栏的 Module 列表中，选择 Assembly 选项，进入装配模块（图 2-21）。装配模块载入时光标会变为沙漏形状。

2）单击 Create Instance 按钮（图 2-22）。打开 Create Instance（创建实体）对话框。

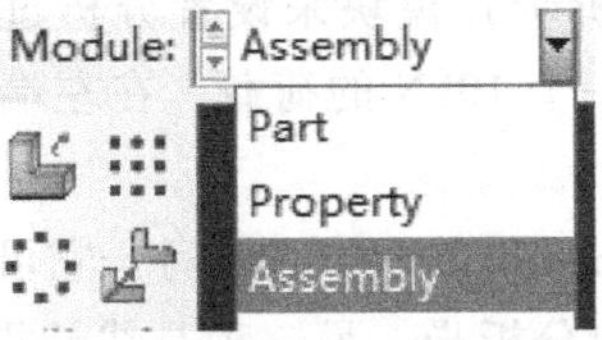

图 2-21　选择 Assembly 选项

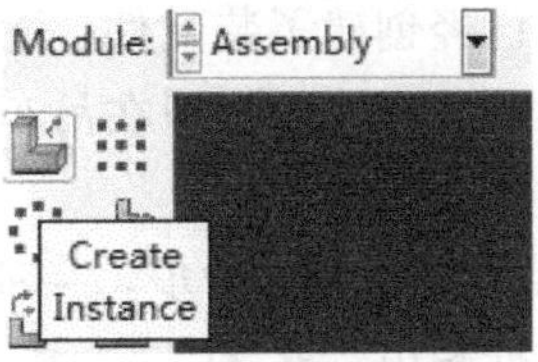

图 2-22　创建实体

3）在该对话框中，选择 Part-1，并单击 OK 按钮（图 2-23）。

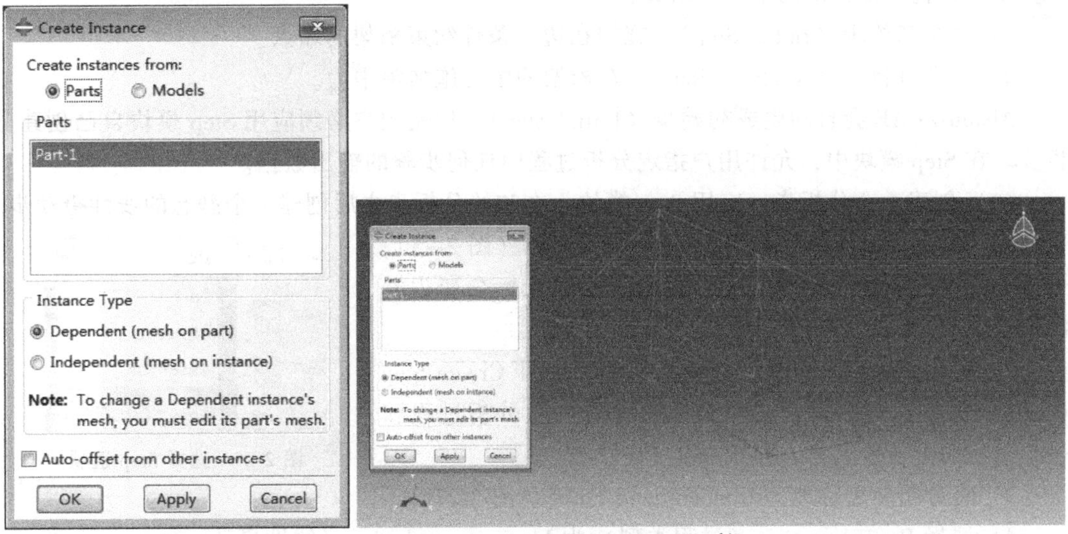

a)　　b)

图 2-23　选择 Parts 模型

在 Abaqus/CAE 中创建一个吊车空间桁架的实体。在本例中，桁架的单一实体定义了装配件。桁架显示在整体坐标系的1-2平面中（一个右手笛卡儿坐标系）。在视窗左下角的三向坐标系中标出了观察模型的方位。在图形窗中的第二个三向坐标系中标出了坐标原点和整体坐标系的方向（*X*、*Y*和*Z*轴）。整体1轴为吊架的水平轴，整体2轴为竖直轴，整体3轴垂直于桁架平面（图2-24）。对于类似这样的二维问题，Abaqus要求模型必须位于一个平面内，该平面平行于整体的1-2平面。

图2-24　装配完成的3D模型

4. 设置分析过程

至此，已经创建了装配件，下面进入到Step（分析步）模块来设置分析过程。这里模拟分析桁架的静态响应，即在吊车桁架的中心点施加一个10kN的荷载，在左端设置完全约束，在右端设置滚轴约束。

Abaqus中有两类分析步：一种是一般分析步（General Analysis Steps），它可以用来分析线性或非线性响应，在Abaqus/Explicit中只能使用一般分析步；另一种是线性摄动步（Linear Perturbation Steps），只能用来分析线性问题。由于本问题为单一事件，只需要单一分析步进行模拟，并且不考虑非线性因素，因此可以定义一个静态线性摄动步。

由上，整个分析由两个步骤组成：

1）一个初始步（Initial Step），施加在边界条件约束桁架的端点。

2）一个分析步（Analysis Step），在桁架的中心施加集中力。

Abaqus/CAE会自动生成初始步（Initial Step），但是用户必须应用Step模块自己创建分析步。在Step模块中，允许用户指定分析过程中任何步骤的输出数据。

（1）创建一个分析步　应用Step模块，在初始分析步之后创建一个静态的线性摄动步。

1）在Module下拉列表中，选择Step选项（图2-25），进入Step（分析步）模块。Step模块载入时光标会变为沙漏形状。

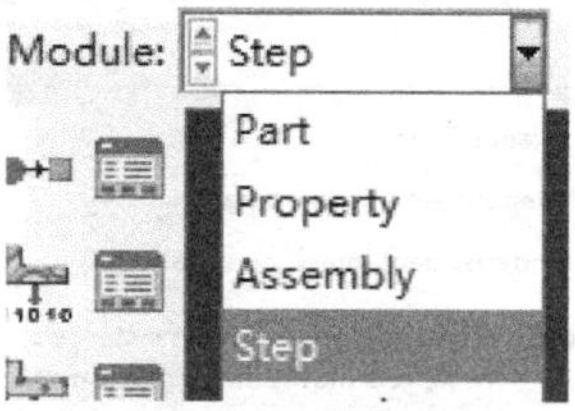

图2-25　选择Step选项

2）单击Create Step按钮创建分析步。打开Create Step（创建分析步）对话框，它列出了所有的一般分析过程和一个默认的分析步名称，即Step-1（图2-26）。

3）将分析步名称改为Concentrated Force（图2-27）。

4）选择Procedure type（过程类型）为Linear perturbation（线性摄动）。

5）在Create Step对话框的线性摄动过程列表中选择Static, Linear perturbation（静态线性摄动），并单击Continue按钮。

6）此时打开Edit Step（编辑分析步）对话框，默认设置为静态线性摄动步。

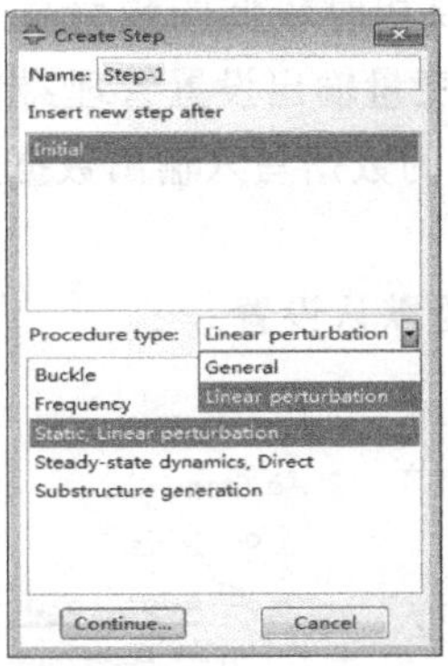

图 2-26　Create Step 对话框

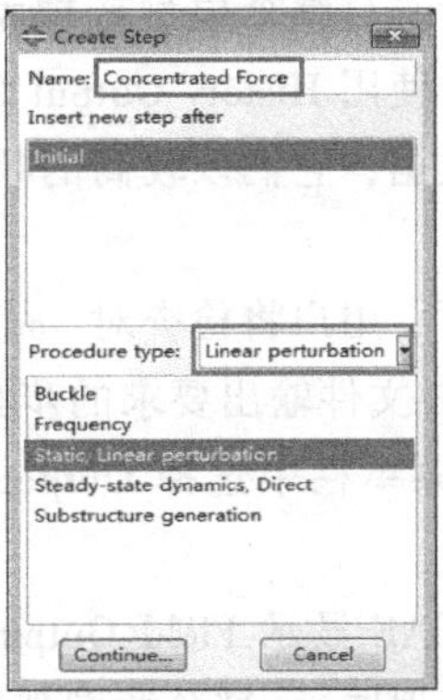

图 2-27　设置分析步名称

7）在 Basic（基础）选项卡中，在 Description（描述）文本框中输入 10kN Centralload（图 2-28）。

8）打开 Other（其他）选项卡并查看它的内容，可以接收该步骤所提供的默认值（图 2-29）。

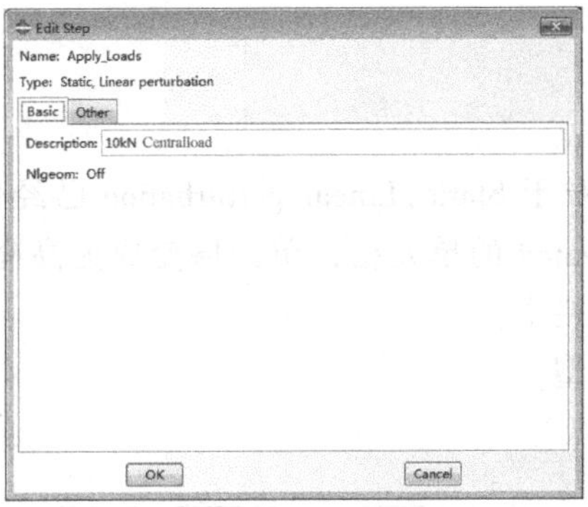

图 2-28　设置描述名称

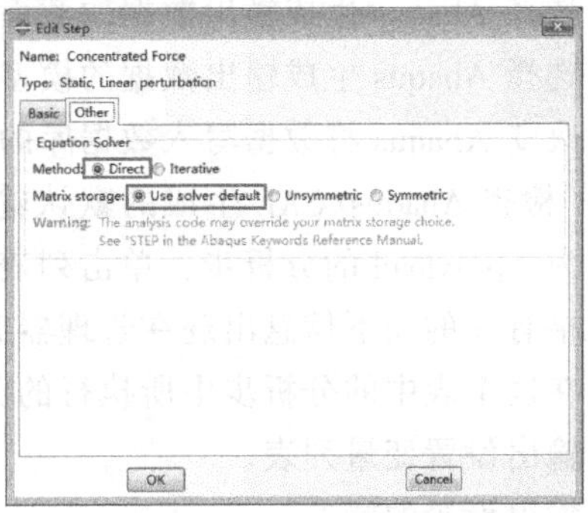

图 2-29　使用默认设置

9）单击 OK 按钮创建了分析步，并退出 Edit Step 对话框。

（2）设定输出数据　有限元分析可以创建大量的输出数据。Abaqus 允许用户控制和管理这些输出数据，从而只产生用来说明模拟结果的数据。从一个 Abaqus 分析中可以输出 4 种类型的数据，结果输出并保存到一个中间二进制文件中，由 Abaqus/CAE 应用于后处理。这个文件称为 Abaqus 输出数据库文件，文件扩展名为 .odb。

结果以打印列表的形式输出到 Abaqus 数据（.dat）文件中。仅 Abaqus/Standard 有输出数据文件的功能。

重启动数据用于继续分析过程，输出在 Abaqus 重启动文件（.res）中。

结果保存在一个二进制文件中，可在第三方软件中进行后处理，并写入 Abaqus 结果文件（.fil）。

默认情况下，Abaqus/CAE 将分析结果写入输出数据库文件（.odb）中。每创建一个分析步，Abaqus/CAE 就默认生成一个该步骤的输出要求。在 Abaqus 分析用户手册中列出了默认写入输出数据库中的预选变量列表。如果用户接受默认的输出，则不需要做任何事情。用户可以使用 Field Output Requests Manager（场变量输出设置管理器）来设置可能的变量输出，这些变量来自整个模型或模型的大部分区域，它们以相对较低的频率写入输出数据库中。用户可以使用 History Output Requests Manager（历史变量输出设置管理器）来设置可能需要的输出数据，它们以较高的频率将来自一小部分模型的数据写入输出数据库中，如某一节点的位移。

对于本例，用户将检查对 .odb 文件的输出要求并接受默认设置。

检查 .odb 文件输出要求的步骤如下：

1）从主菜单栏中选择 Output→Field Output Requests→Manager 命令。

Abaqus/CAE 显示 Field Output Requests Manager（场变量输出设置管理器），部分截图如图 2-30 所示。管理器左侧按字母排列出现有的变量输出设置，在顶部按执行次序排列出所有分析步的名称。这两个列表显示了每一个分析步中每一个输出设置的状态。

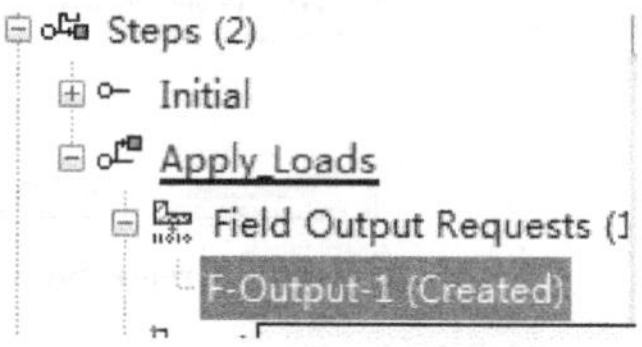

图 2-30　场变量输出设置管理器部分截图

应用 Field Output Requests Manager，可以进行如下工作：

- 选择 Abaqus 写入输出数据库的变量。
- 选择 Abaqus 生成输出数据的截面点。
- 选择 Abaqus 生成输出数据的模型区域。
- 改变 Abaqus 将数据写入数据库的频率。

2）检查 Abaqus/CAE 生成的默认输出请求，对于 Static, Linear perturbation 已经创建的并命名为 Applyload 的分析步，单击列表中标有 Created 的单元格，单元格变成为高亮显示。与单元格有关的如下信息出现在管理器底部的列表栏中：

- 在这个表中的分析步中所执行的分析过程类型。
- 输出设置变量列表。
- 输出设置的状态。

3）在 Field Output Requests Manager 的右边单击 Edit（编辑）选项，查看输出设置的更详细信息。

出现了 Edit Field Output Request（编辑场变量输出设置）对话框，在对话框的 Output Variables（输出变量）选项组中有一个列表框（图 2-31），它列出了所有将被输出的变量。选择 Preselected defaults（初始默认）单选按钮，能够返回到默认的输出设置。

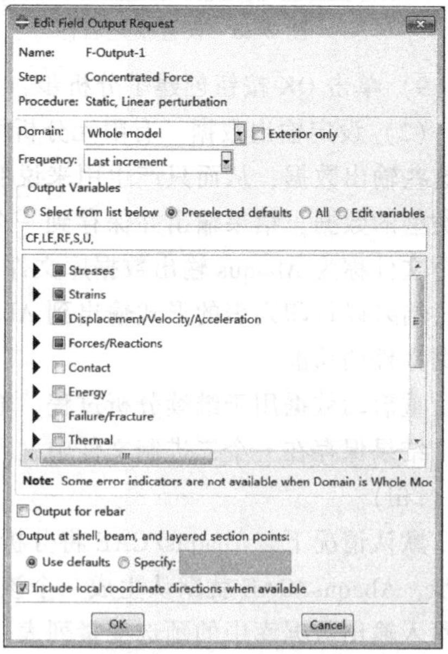

图 2-31　输出变量

4）单击每个输出变量类名称左侧的三角形按钮，可以清楚地看到哪些变量将被输出。若选择全部复选框，表示输出所有的变量；若选择部分复选框，则表示只输出选中的某些变量（图 2-32）。

基于在对话框底部的选择，在分析过程中，模型中每个默认的截面点（Section point）都会生成数据，并且在每一个增量步都将其写入输出数据库。

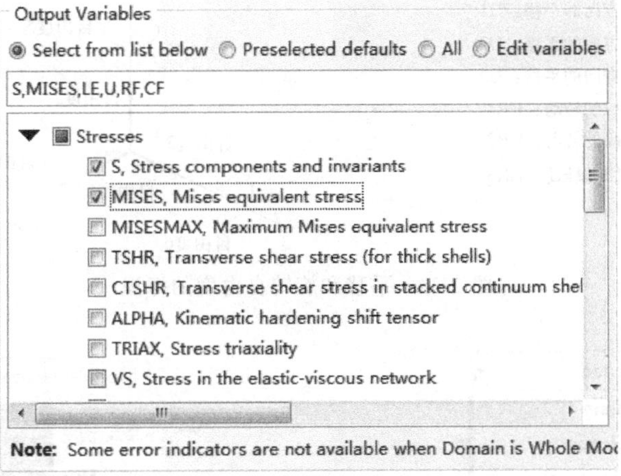

图 2-32　设置所需输出变量

5）如果不希望对默认的输出设置做任何修改，可单击 Cancel（取消）按钮关闭编辑场变量输出设置对话框。

6）单击 Dismiss（离开）按钮关闭场变量输出设置管理器。

注意：Dismiss 按钮与 Cancel 按钮的区别是什么？Dismiss 按钮出现在包含只读数据的对话框中。例如，Field Output Requests Manager 允许用户阅读输出设置，但是要修改输出变量的设置，必须应用场变量输出设置编辑器。单击 Dismiss 按钮可直接关闭 Field Output Requests Manager。反之，Cancel 按钮出现在允许做出修改的对话框中，单击 Cancel 按钮可关闭对话框，但是不保存所修改的内容。

7）从主菜单栏中通过选择 Output→History Output Requests→Manager 命令查看历史变量输出设置，并打开历史变量输出设置编辑器。

5. 在模型上施加边界条件和荷载

施加的条件，例如边界条件（Boundary Conditions）和荷载（Loads），是与分析步相关的，即用户必须指定边界条件和荷载在哪个分析步或哪些分析步中起作用。现在已经定义了分析步，可以应用 Load（荷载）模块定义施加的条件。

（1）在桁架上施加边界条件　在结构分析中，边界条件施加在模型中的已知位移、转动区域。在模拟中，这些区域可以约束从而保持固定（有零位移、转动），或者指定非零位移、转动。

在本例中，桁架的左下端部分是完全约束的，因此不能沿任何方向移动。然而，桁架的右下端部分在竖直方向受到约束，沿水平方向可以自由移动。可产生运动的方向称为自由度（degreeoffreedom，dof）。

在 Abaqus 中平移和旋转自由度的标识如图 2-33 所示。

1）在 Module 下拉列表中选择 Load 选项（图 2-34），进入 Load（荷载）模块。

Load 模块载入时光标会变为沙漏形状。

2）单击 Create Boundary Condition 按钮（图 2-35），打开 Create Boundary Condition（创建边界条件）对话框。

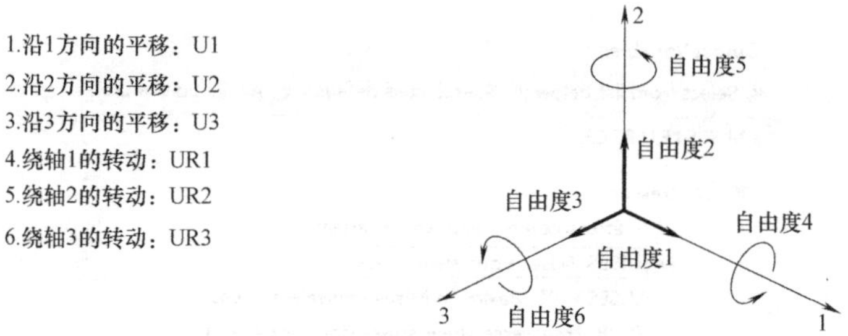

图 2-33　平移和旋转自由度的标识

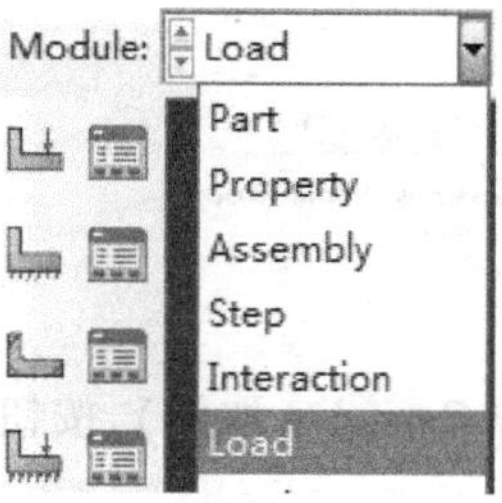

图 2-34　选择 Load 选项

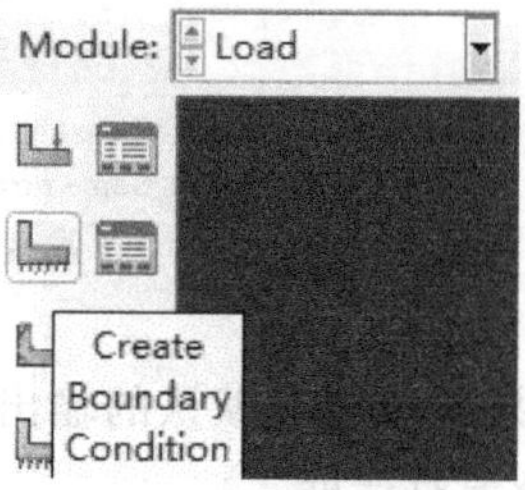

图 2-35　创建荷载

3）在 Create Boundary Condition 对话框中：

① 命名边界条件为 fixed。

② 从 Step（分析步）下拉列表中选择 Initial（初始步）选项，作为边界条件起作用的分析步（图 2-36）。所有指定在初始步中的力学边界条件必须赋值为零，这个条件是在 Abaqus/CAE 中自动强加的。

③ 在 Category（类型）列表中，选择 Mechanical（力学）作为默认的类型选项。

④ 在 Types for Selected Step（选择步骤类型）列表中，选择 Displacement/Rotation（位移/旋转），并单击 Continue 按钮（图 2-37）。

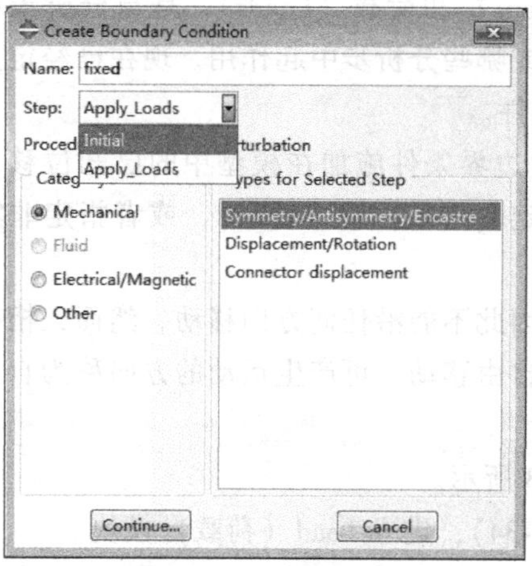

图 2-36　选择初始步

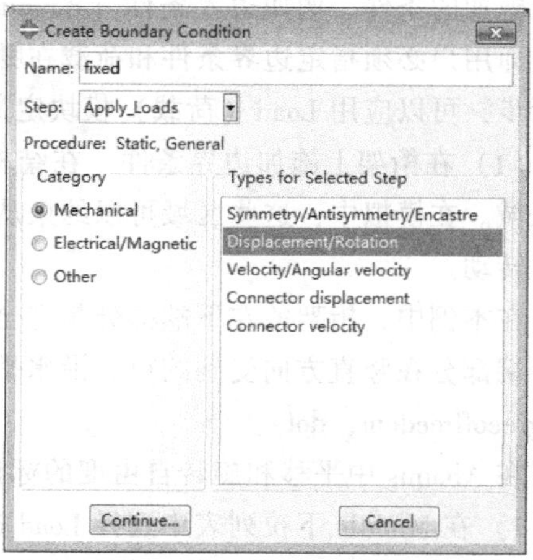

图 2-37　设置边界条件

Abaqus/CAE 在提示区中会显示提示，以指导用户完成整个过程。例如，用户被要求选择在何处施加边界条件。

为了在区域上施加指定条件，用户可以直接在图形窗中选择区域，或者在一个存在的集合（集合是模型中一个命名的区域）中施加条件。集合是一个方便的工具，它可以管理大型复杂的模型。在这个简单的模型中，用户不需要使用集合。

4）在图形窗中，选择桁架左下角的顶点作为施加边界条件的点（图 2-38）。

① 在图形窗中单击鼠标中键或单击提示区中的 Done 按钮，表示用户已经完成了区域选择。

② 此时显示 Edit Boundary Condition（编辑边界条件）对话框。当在初始步定义边界条件时，所有可能的自由度默认是尚未约束的。

③ 在该对话框中：

a. 因为所有的平移自由度均需要约束，故选中 U1、U2、U3 复选框（图 2-39）。

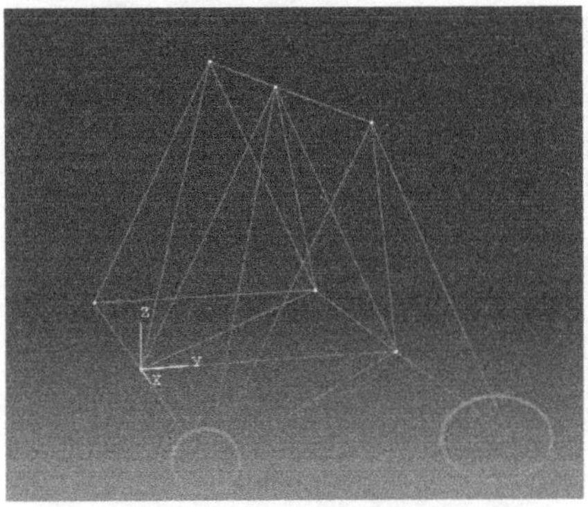

图 2-38　选择施加边界条件的点

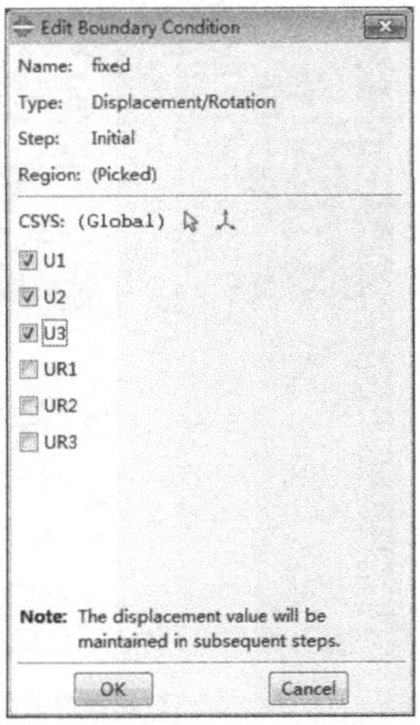

图 2-39　约束 3 个平移自由度

b. 单击 OK 按钮，即创建了边界条件，并关闭对话框。

Abaqus/CAE 在模型端点处显示两个箭头，表示约束了自由度（图 2-40）。

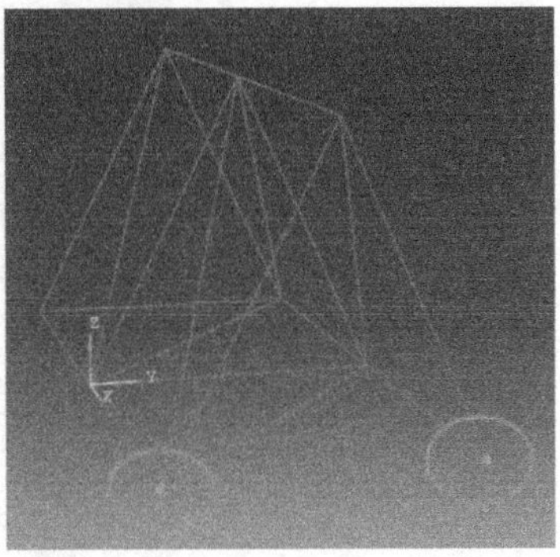

图 2-40　约束两个点后的显示结果

5）重复上述过程，在桁架右下角端点约束自由度 U2 和 U3，命名边界条件为 roller（图 2-41）。

提示：在整个过程中，为了观察每列的标题，可通过拖动列标题之间的分界线以扩展它的宽度。

6）单击 Dismiss 按钮，关闭 Boundary Condition Manager 对话框

在本例中，所有的约束都在整体坐标的轴 1 或轴 2 方向。在许多情况下，需要的约束方向并不一定与整体坐标方向对齐，在这种情况下，用户可定义一个局部坐标系以施加边界条件。

（2）在桁架上施加荷载　现在，已经在桁架上施加了约束，可以在桁架的底部施加荷载。在 Abaqus 中，术语荷载（Load）（例如 Abaqus/CAE 中的 Load 模块）通常代表从初始

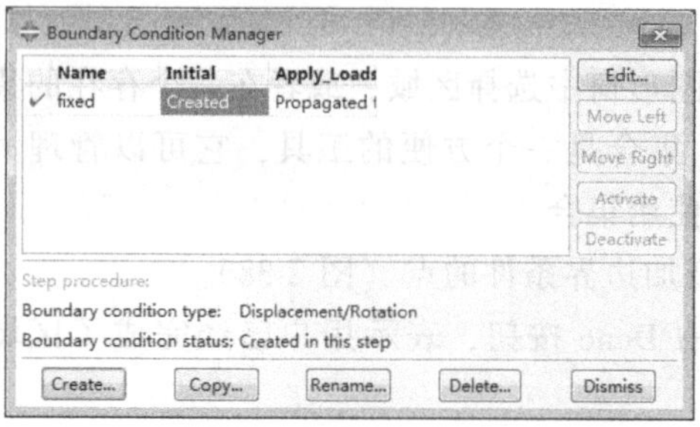

a) 创建约束项

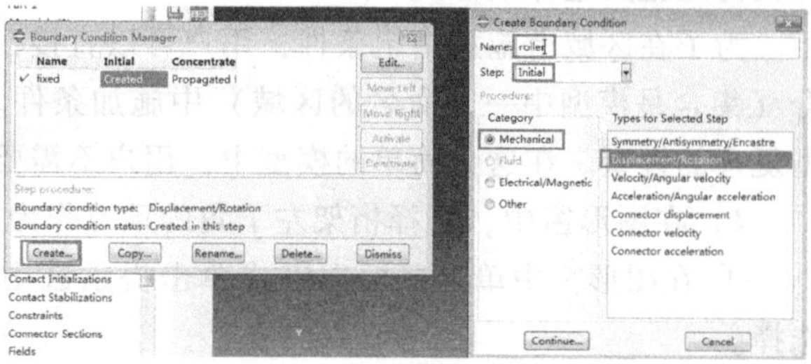

b) 编辑约束

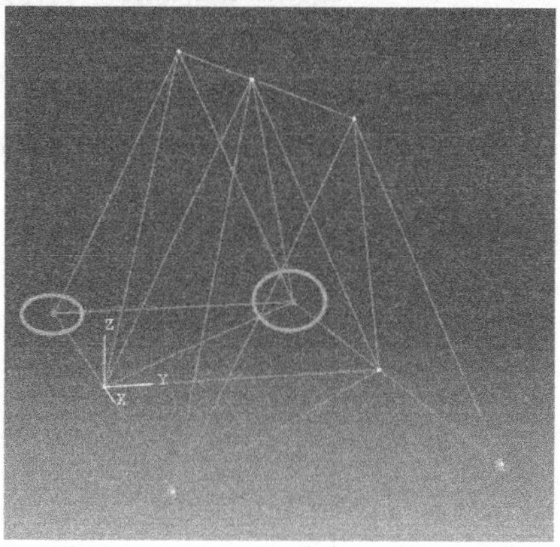

c) 选择约束点

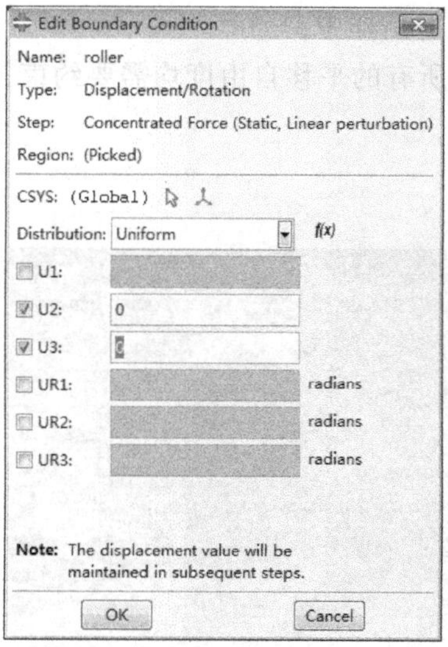

d) 约束两个自由度

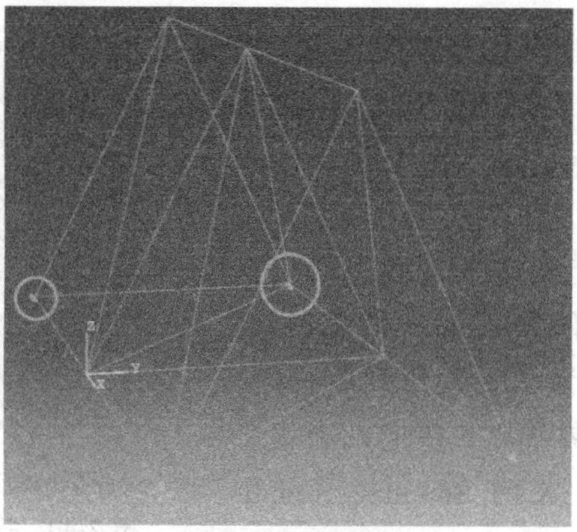

e) 约束后显示结果

图 2-41　添加约束

状态开始引起结构的响应发生变化的各种因素，包括集中力、压力、非零边界条件、体力、温度（与材料热膨胀同时定义）。

有时候，术语荷载专门用来指与力有关的量（如 Load 模块的 Load Manager），如集中力、压力和体力，而不包括边界条件或者温度。从讨论的内容上，该项的实际含义必须清楚。

在本模拟中，10kN 的集中力施加在桁架底部中点的负轴 2 方向；荷载施加在分析步模块中创建的线性扰动步中。实际上，并不存在真正意义的集中或点荷载；荷载总是施加在有限大小的区域上，然而，如果被施加荷载的区域很小，那么理想化处理为集中荷载是合适的。

在桁架上施加集中力的步骤如下。

1）单击 Load Manager 按钮，弹出 Load Manager（荷载管理器）窗口（图 2-42）。

2）单击 Create Load 按钮，弹出 Create Load（创建荷载）对话框。

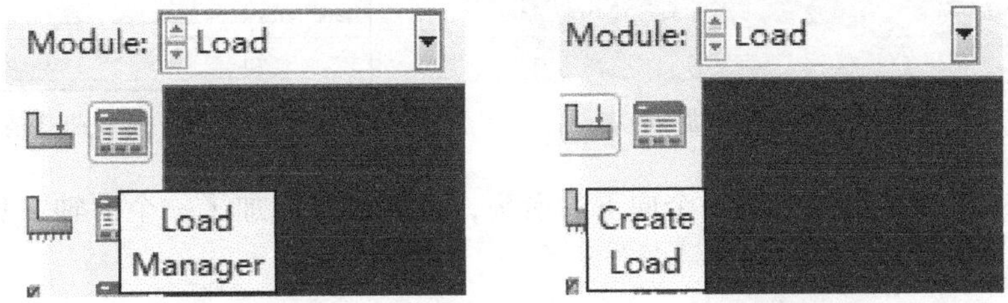

a) 载荷管理器窗口　　b) 载荷创建窗口

图 2-42　进入 Load 模块

3）在 Create Load 对话框（图 2-43）中：

① 命名荷载为 Force。

② 从 Step（分析步）下拉列表中，选择 Apply_Loads 选项作为施加荷载的分析步。

③ 在 Category（类型）选项组中，选择 Mechanical（力学）作为默认类型选项。

④ 在 Types for Selected Step（选择分析步类型）列表框中，使用默认选项 Concentrated force（集中力）。

⑤ 单击 Continue 按钮。

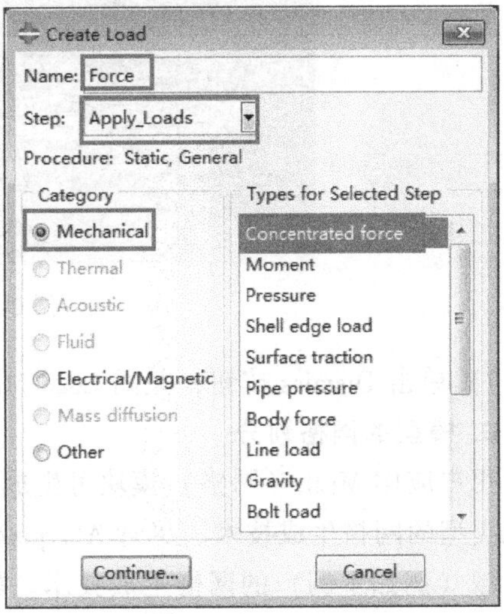

图 2-43　选择集中力加载

在整个过程中，Abaqus/CAE 在提示区中显示提示信息以指导用户。用户被要求选择一个荷载的施加区域。

如同创建边界条件一样，用户可以直接在图形窗中选择加载区域，或者在一个存在的集合中施加条件。这里将直接在图形窗（Viewport）中选择区域。

4）在图形窗中，选择桁架底部中点的顶点作为荷载施加点（图 2-44）。

5）在图形窗中单击鼠标中键，或单击提示区中的 Done 按钮，表示用户完成了选择区域，弹出 Edit Load（编辑荷载）对话框。

6）在 Edit Load 对话框中：

① 在 CF_3（表示 3 方向的集中力分量）文本框中输入量值-10000（图 2-45）。

② 单击 OK 按钮即创建了加载并关闭对话框。

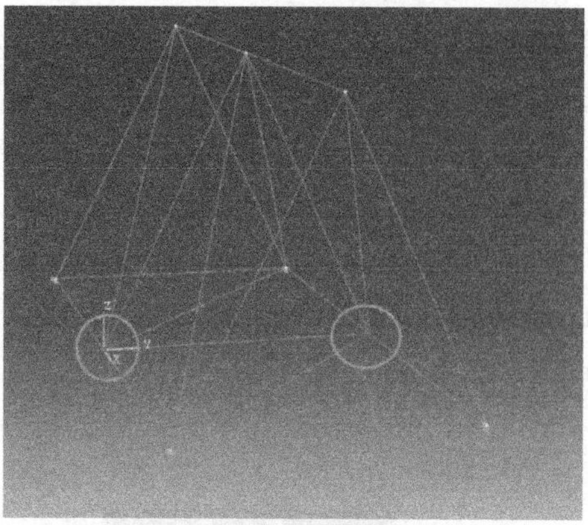

图 2-44　选择荷载施加点

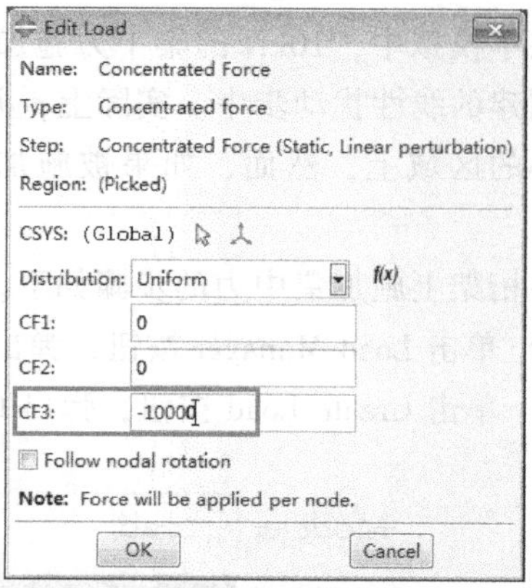

图 2-45　设置荷载值

Abaqus/CAE 在顶点处显示一个向下的箭头，表示这里施加了一个沿轴 2 负方向的荷载（图 2-46）。

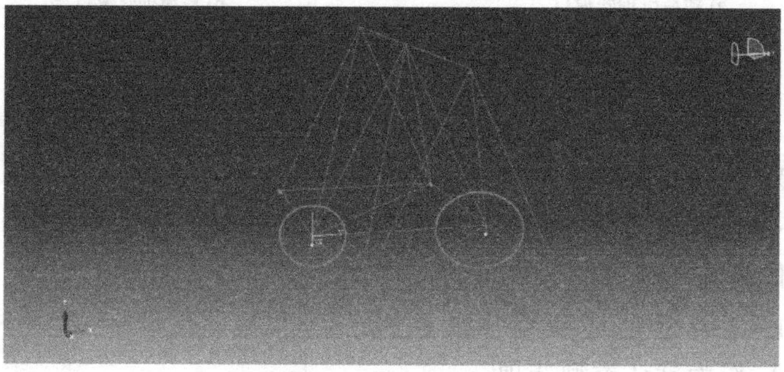

图 2-46　加载的集中力

7）单击 Dismiss 按钮，关闭 Load Manager 窗口。

6. 模型的网格划分

用户应用 Mesh（网格）模块可生成有限元网格。用户可以使用创建网格、单元形状和单元类型的网格生成技术。尽管 Abaqus/CAE 具有各种网格生成技术，但是不能改变对于一维区域（例如本例）的网格生成技术。默认使用在模型中的网格生成技术由模型的颜色标识，它显示在进入 Mesh 模块时；如果 Abaqus/CAE 显示模型为橙黄色，则表示没有用户的帮助就不能划分网格。

（1）设置 Abaqus 单元类型　这里，用户将给模型设置特殊的 Abaqus 单元类型，可以现在设置单元类型，也可等到网格生成之后进行。

可以应用二维桁架（Truss）单元模拟桁架模型。因为桁架单元仅承受拉伸和压缩的轴向荷载，选择这些单元模拟（如吊车桁架这类铰接桁架）是理想的。

设置 Abaqus 单元类型的步骤如下。

1）在 Module 下拉列表中选择 Mesh 选项（图 2-47），进入 Mesh（网格）模块。Mesh 模块载入时光标会变为沙漏形状。

2）在图形窗中选择整个桁架，作为设置单元类型的区域（图 2-48），完成后，在提示区单击 Done 按钮。

单击 Assign Element Type 按钮，弹出 Element Type（单元类型）对话框。

3）在 Element Type 对话框中，选择如下（图 2-49）：

Standard（标准）作为 Element Library（单元库）的选择项（默认）。

Linear（线性）作为 Geometric Order（几何阶次）的选择项（默认）。

Truss（桁架）作为单元的 Family（单元族）选择项。

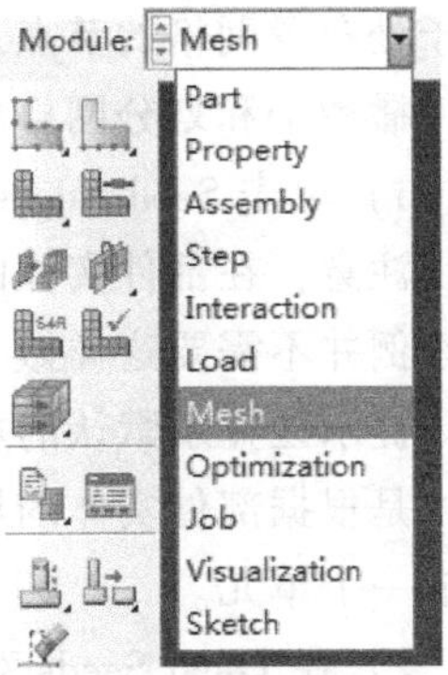

图 2-47　选择 Mesh 选项

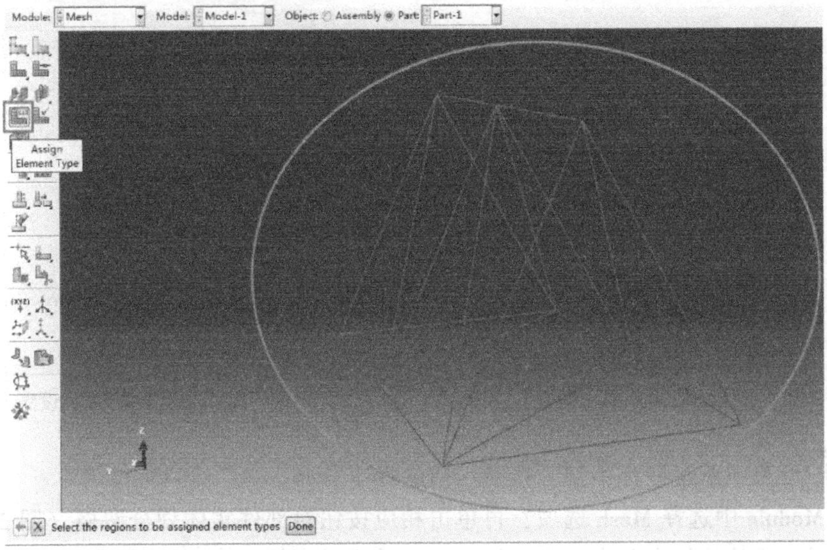

图 2-48　选择设置单元类型的区域

4）在对话框的下部，检查单元形状的选项。每个选项卡的底部提供了默认的单元选项的简短描述。

因为本例的模型是二维桁架，在 Line 选项卡中只显示三维桁架单元。单元类型 T3D2 的说明显示在对话框的底部。现在，Abaqus/CAE 将网格中的单元设定为 T3D2 单元。

5）单击 OK 按钮设定单元类型，并关闭对话框。

6）在提示区单击 Done 按钮，结束过程。

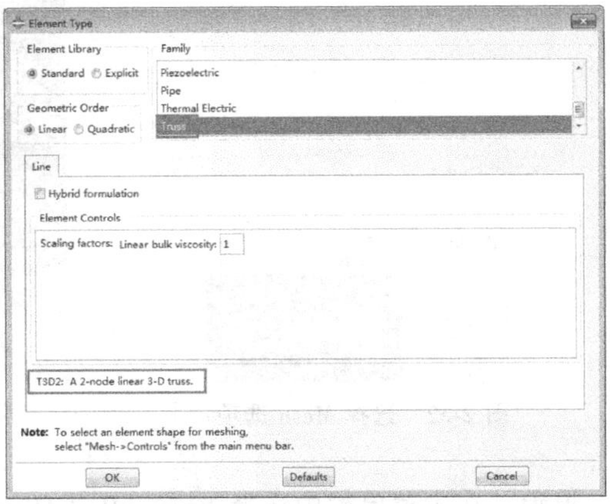

图 2-49　设置单元类型

（2）生成网格　基本的网格划分操作有两步：首先在部件实体的边界上撒种子，然后对部件实体部分划分网格。基于希望得到的单元尺寸、沿着每条边划分的单元数目、用户选择种子的数目，Abaqus/CAE 会尽可能地在种子处布置网格的节点。对于本例，用户只需在每根杆件上建立一个单元即可。

撒种子和划分网格的步骤如下。

1）单击 Seed Edges 按钮，在部件的边上撒种子（图 2-50）。

注意：在部件实体的每条边上分别撒种子，用户可获得对于划分网格过程更多的控制，但本例并不需要这样做。

提示区显示默认的单元尺寸，Abaqus/CAE 用它在部件实体上撒种子。这个默认的单元尺寸是根据部件实体的尺寸得到的。用户将使用一个相对大的单元尺寸，因此，每个区域仅生成一个单元。

2）在 Local Seeds 对话框中指定单元数量为 1（图 2-51），然后单击 OK 按钮。

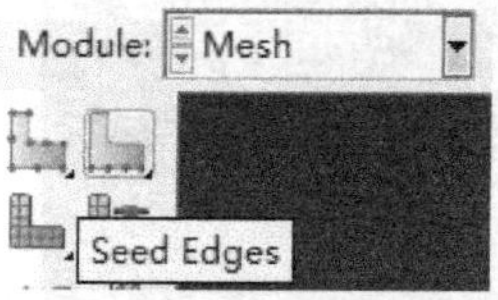

图 2-50　单击 Seed Edges 按钮

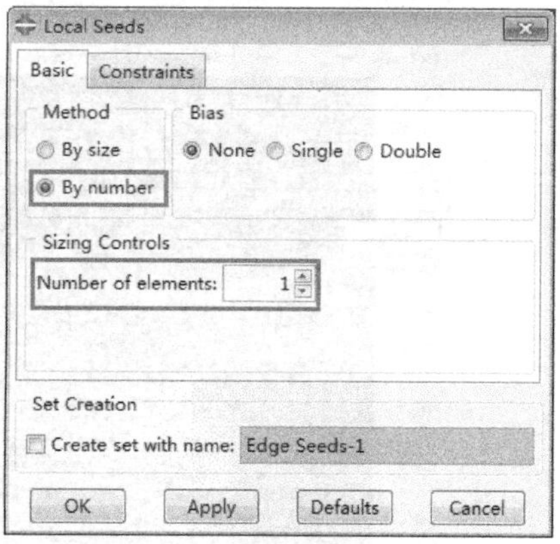

图 2-51　网格种子设置

3）在图形窗中单击鼠标中键，接受当前的种子分布。

4）在 Module 中选择 Mesh 选项，再单击相应按钮对部件实体划分网格（图 2-52）。

5）在提示区的按钮中单击 Yes 按钮，确认希望对部件实体进行划分网格（图 2-53）。

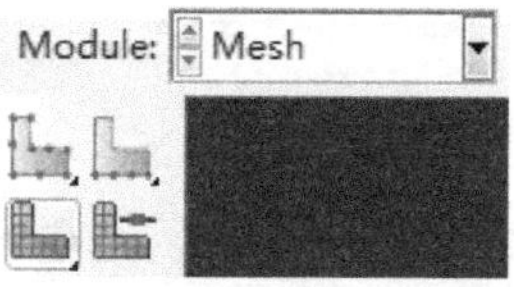

图 2-52　选择 Mesh 选项

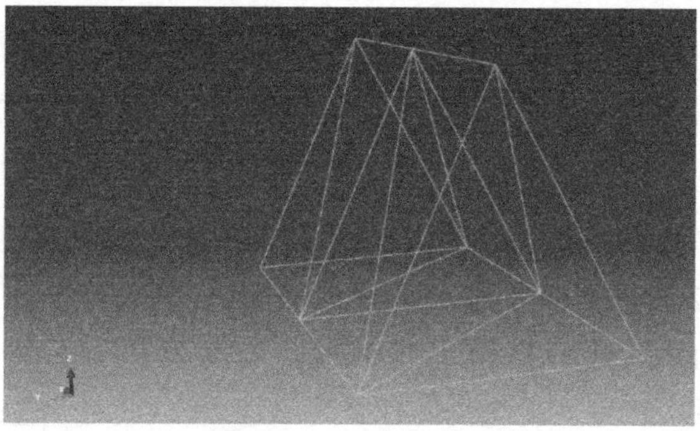

图 2-53　网格划分区域

提示：在主菜单栏中选择 View→Part Display Options 命令，可以在网格（Mesh）模块中显示节点和单元数量。在显示的 Part Display Options（部件显示选项）对话框中，切换至 Mesh（网格）选项卡，选中 Show node labels（显示节点编号）与 Show element labels（显示单元编号）复选框（图 2-54）。

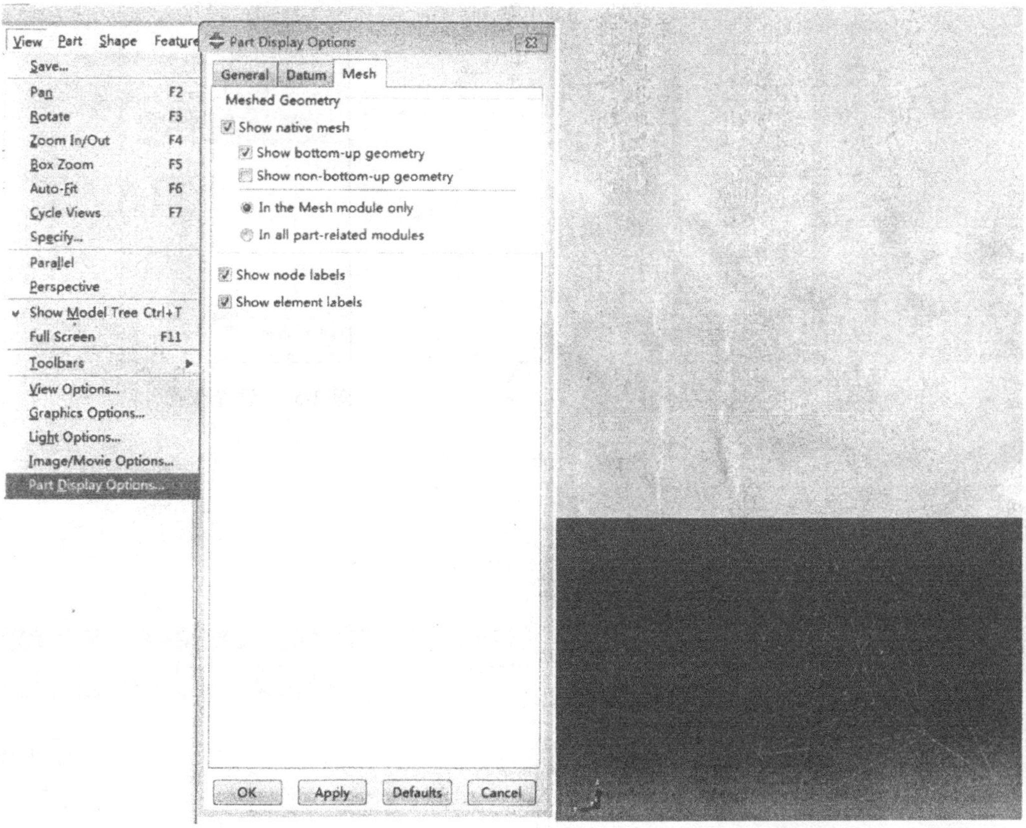

a) 进入划分网格　　　　b) 网格划分结果

图 2-54　网格显示设置及效果

7. 创建一个分析作业

现在，用户已经设置好了分析模型，可以进入 Job（作业）模块中创建一个与该模型有关的作业。

创建一个分析作业的步骤如下。

1）在 Module 下拉列表中选择 Job 选项，进入 Job（作业）模块（图 2-55）。Job 模块载入时光标会变为沙漏形状。

2）在 Job Mmanager 窗口中单击 Create 按钮，弹出 Create Job（创建作业）对话框。

Create Job（创建作业）对话框显示模型数据库中模型的列表。

3）命名作业为 Frame（图 2-56），并单击 Continue 按钮，弹出 Edit Job（编辑作业）对话框。

4）在 Edit Job 对话框的 Description（描述）文本框中输入 3D Trusses（图 2-57）。

5）在 Submission（提交）选项卡中，选择 Full analysis（整体分析）作为 Job Type（作业类型）。单击 OK 按钮接受作业编辑器中其他的默认作业设置，并关闭对话框。

8. 检查模型

在生成这个模拟的模型后，就可以准备运行及分析计算了。由于操作不正确或者有疏漏的数据，这个模型中可能有错误，所以在运行模拟之前，必须进行数据检查分析。

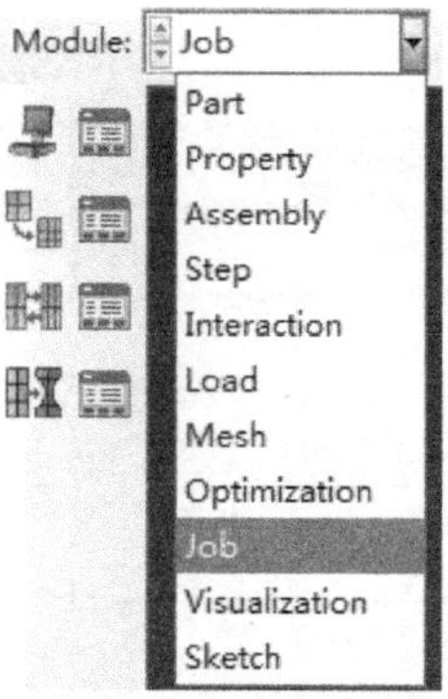

图 2-55　选择 Job 选项

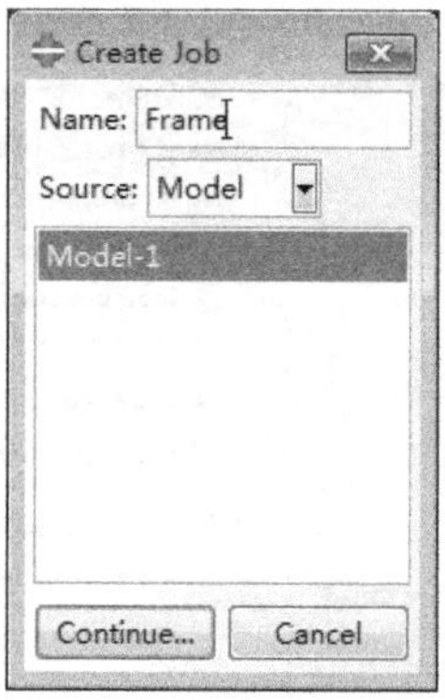

图 2-56　设置作业名称

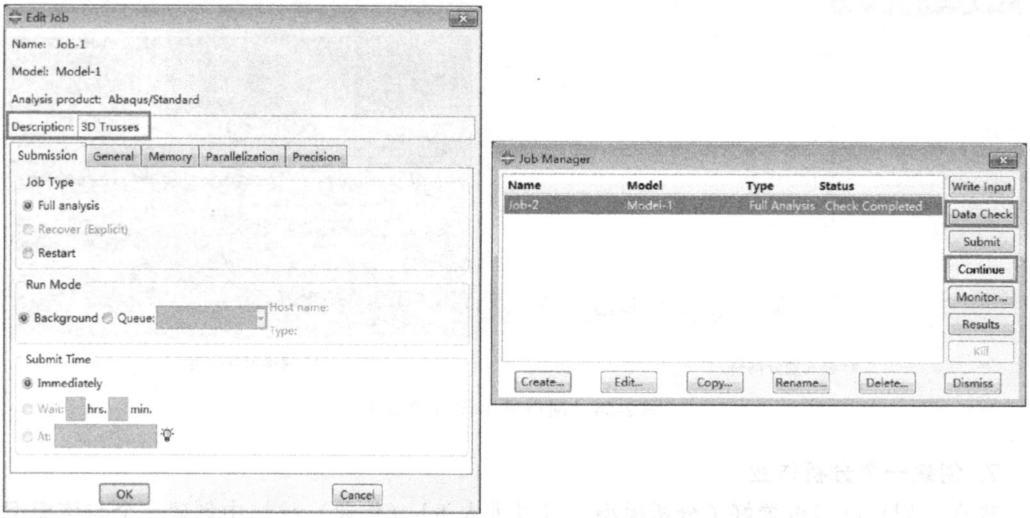

a)　　　　　　　　　　b)

图 2-57　设置作业的描述

（1）运行数据检查分析　确认 Job Type（作业类型）设置为 Full Analysis（整体分析）。在 Job Manager（作业管理器）对话框中，单击 Data Check 按钮，再单击 Submit（提交）按钮来提交作业进行分析（图 2-58）。

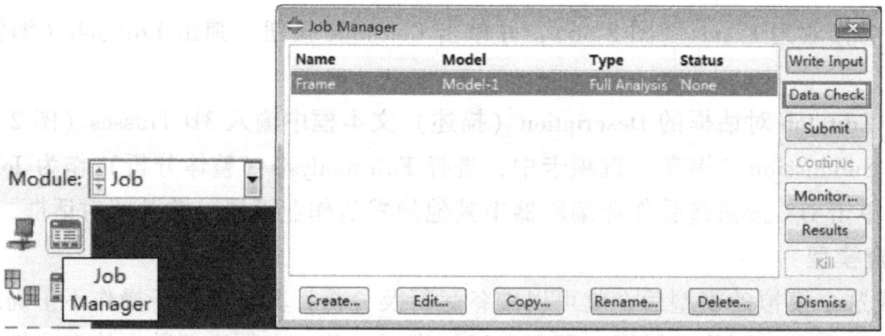

图 2-58　数据检查

在作业提交后，Status（状态）列的信息会及时更新，以反映当前作业的状态。关于吊车桁架问题的状态列的信息如图2-58所示。

然后弹出提示对话框（图2-59）。

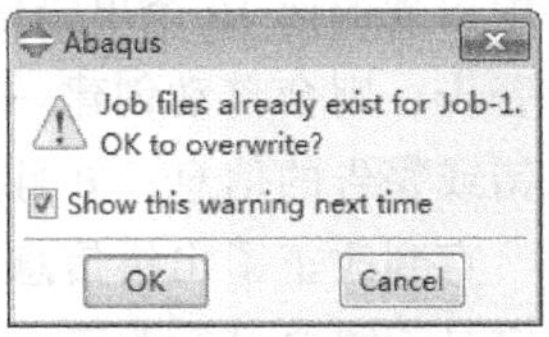

图2-59 询问是否覆盖以前的作业

单击OK按钮。

Job Manager对话框中Status（状态）说明如下（图2-60）。

None：当分析输入文件正在被生成时。

Submitted：当作业正在被提交分析时。

Running：当Abaqus运算分析模型时。

Completed：当分析运算完成时，并将输出写入到输出数据库。

Aborted：如果Abaqus/CAE发现输入文件或者分析存在问题，则终止运算。此外，Abaqus/CAE在信息区报告发生的问题。

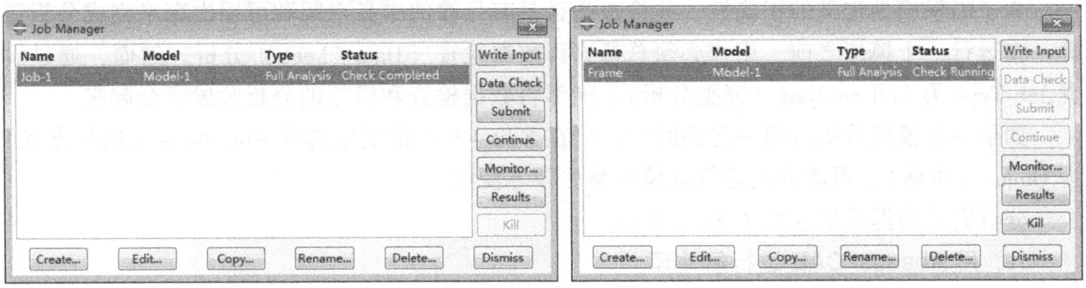

a) 作业管理窗口　　b) 作业管理编辑

图2-60 状态信息

在分析中，Abaqus/Standard会发送信息到Abaqus/CAE，使用户可监控作业的运行过程。来自状态、数据、操作记录和信息文件的信息显示在Job Monitor（作业监控器）对话框中。

（2）监控作业的状态　在Job Manager（作业管理器）对话框中单击Monitor（监控器）按钮（图2-61）打开Job Monitor（作业监控器）对话框（Monitor按钮只有在作业提交后才有效）（图2-62）。

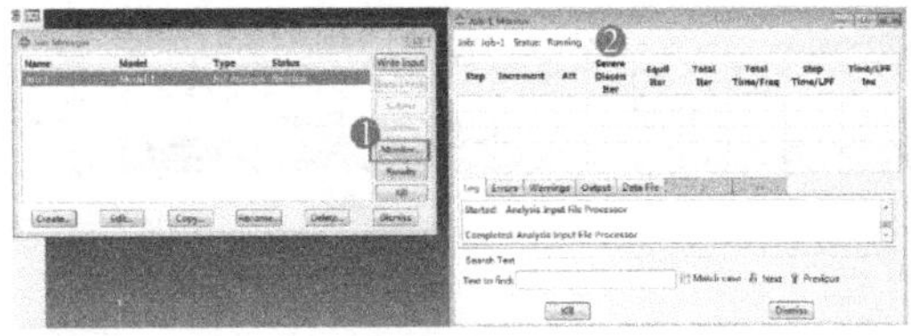

图2-61 打开Job Monitor对话框

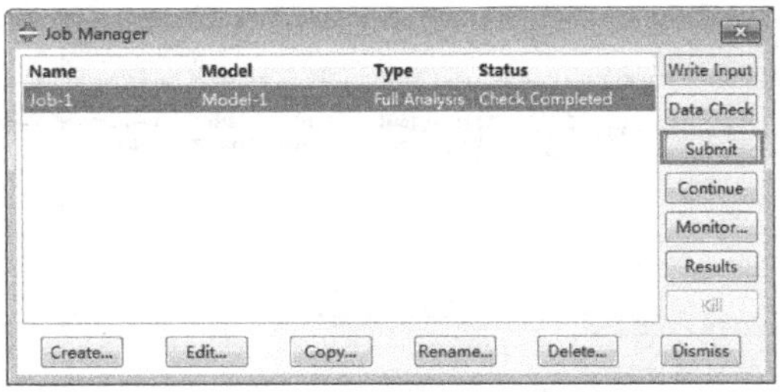

图2-62 提交作业后显示Monitor按钮

Job Monitor对话框的上半区显示了在Abaqus分析中所创建的状态文件（.sta）中的信息。该文件包括了分析进程的简单总结，并在Abaqus分析用户手册（Abaqus Analysis User's Manual）的Output中描述。对话框的下半区（图2-63）显示了下列信息：

Log（操作记录）选项卡显示在操作记录（.log）中出现的分析开始和终止的时刻。

Errors（错误）和Warnings（警告）选项卡显示在数据文件（.dat）和信息（.msg）文

件中出现的前 10 个出错信息或者前 10 个警告信息。如果模型的某一特殊区域导致了出错或者警告，则会自动创建一个包含该区域的节点集或单元集，同时显示节点或单元集的名称与出错或警告的信息，并且用户可以利用 Visualization 模块中的分组显示查看这些集合。

直到改正了出错信息，才能进行分析运算。另外，应注意查找产生警告信息的原因，以确定是否需要进行改正，或者是否可以安全地忽略该信息。

若遇到 10 个以上的出错或警告，可以从打印输出文件中获得其余的出错信息或警告信息。

Output（输出）选项卡显示写入输出数据库中的每条输出数据的记录。

9. 运行分析

对于模型，需要做出必要的改正。当数据检查（Data Check）分析完成及没有错误信息后，则运行分析计算。为此，用户需要编辑作业定义并设置 Job Type 为 Continue，然后在 Job Manager 中单击 Submit 按钮以提交作业进行分析。

为了确保模型定义的正确性，并检查是否具有足够的磁盘空间和可用内存来完成分析运算，在运行一个模拟之前，用户必须总是进行数据检查（Data Check）分析。然而，通过设置 Job Type 为 Full analysis（完整分析），能够将数据检查和模拟的分析阶段组合起来。

如果一个模拟希望占用一定的时间，可在 Edit Job 对话框中选择 Run Mode（运行方式）为 Queue（排队），用该方式运行该模拟是比较方便的。

分析完成的提示信息如图 2-63 所示。

10. 用 Abaqus/CAE 进行后处理

由于在模拟过程中产生了大量的数据，因此图形后处理是十分重要的。Abaqus/CAE 的 Visualization 模块（也另外授权为 Abaqus/Viewer）允许用户应用各种不同的方法观察图形化的结果，包括变形图、等值线图、矢量图、动画和 *X-Y* 曲线图。此外，它允许用户创建一个输出数据的表格报告。对于本例，用户可以使用 Visualization 模块做一些基本的模型检验并显示桁架的变形形状。

当作业分析运算成功地完成后，用户可应用 Visualization 模块观察分析结果。在 Job Manager（作业管理器）对话框中单击 Results（结果）按钮（图 2-64）。

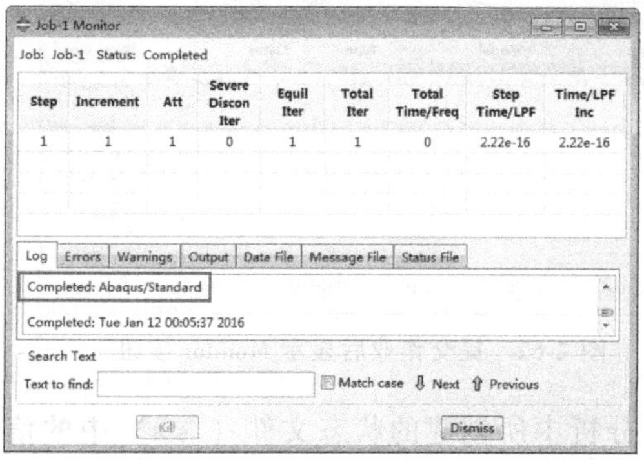

图 2-63 分析完成的提示信息

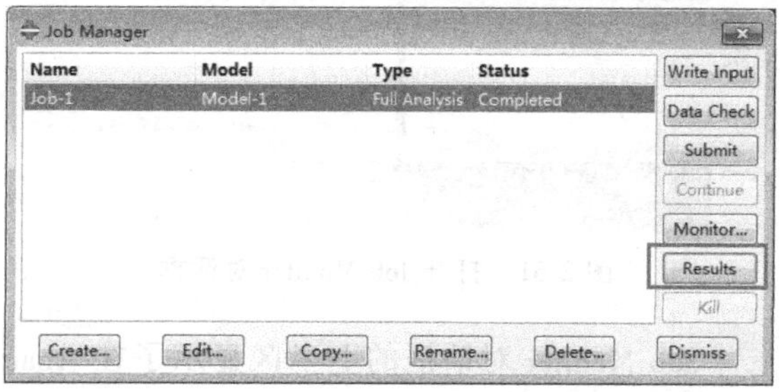

图 2-64 单击 Results 按钮

Abaqus/CAE 载入 Visualization 模块和打开由该作业生成的输出数据库，并立即绘出模型的草图。该图形基本上绘出了未变形模型的形状。另一种进入 Visualization 模块的方法是，在 Module 下拉列表中选择 Visualization 选项，选择 File→Open 命令，在弹出的输出数据库文件列表中选择 Frame. odb，并单击 OK 按钮。

注意：草图不显示计算结果，也不能设置显示的内容，如显示单元编号和节点编号。为了设置模型的外观，只能显示未变形的模型图形。

图形窗底部的标题块（Title Block）给出下列信息：

- 模型的描述（来自作业描述）；
- 输出数据库名（来自分析作业名）；
- 产品名（Abaqus/Standard 或 Abaqus/Explicit）和生成输出数据库的版本；
- 最近一次修改输出数据库的日期。

图形窗底部的状态块（Status Block）给出下列信息：

- 当前所显示的分析步；
- 当前所显示的分析步中的增量步；
- 分析步的时间。

观察到的三向坐标系表示了模型在整体坐标系中的方向。

用户可以隐藏上述任何一个显示内容，并通过在主菜单栏中选择 Viewport→Viewport Annotation Option 命令设置标题块、状态块和三维观察方向（本书中的很多图片并不包含标题块）。

（1）显示和设置未变形形状图（Undeformed Shape Plot） 现在，用户将显示未变形的模型形状，并利用绘图选项显示图中的节点编号和单元编号。

在主菜单栏中选择 Plot→Undeformed Shape 命令，或单击工具箱中的按钮，Abaqus/CAE 将显示未变形的模型形状（图 2-65）。

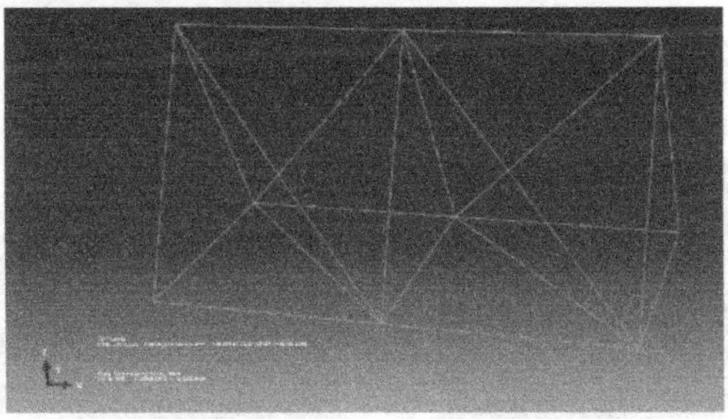

图 2-65 未变形的模型形状

桥式吊架
后处理操作

（2）显示节点编号

1）在主菜单栏中选择 Options→Common Options 命令，弹出 Common Plot Options（未变形的图形绘图选项）对话框。

2）选择 Labels（标签）选项卡。

3）选中 Show node labels（显示节点编号）复选框。

4）单击 Apply（应用）按钮。

Abaqus/CAE 将采用所做的修改并保持对话框开放。

所设置的未变形形状图如图 2-66 所示（实际操作中的节点编号可能不同，这取决于创建每一个桁架单元的顺序）。

2 MODULE

(3) 显示单元编号

1) 在 Common Plot Options 对话框中的 Labels 选项卡中，选中 Show element labels（显示单元编号）复选框。

2) 单击 OK 按钮。

Abaqus/CAE 采用所做的修改并关闭对话框。

绘图结果如图 2-67 所示（实际操作中的单元编号可能不同，这取决于创建每一个桁架单元的顺序）。

在未变形形状图中，若不希望显示节点编号和单元编号，重复上述步骤并在 Labels 选项卡中取消选择 Show node labels 和 Show element labels 复选框。

(4) 显示和设置变形形状图（Deformed Shape Plot） 现在，对于显示模型变形后的形状，利用绘图选项修改变形放大系数，并将变形图覆盖在未变形图上。

在主菜单栏中选择 Plot→Deformed Shape 命令，或单击工具箱中的按钮，Abaqus/CAE 显示变形后的模型图，如图 2-68 所示。

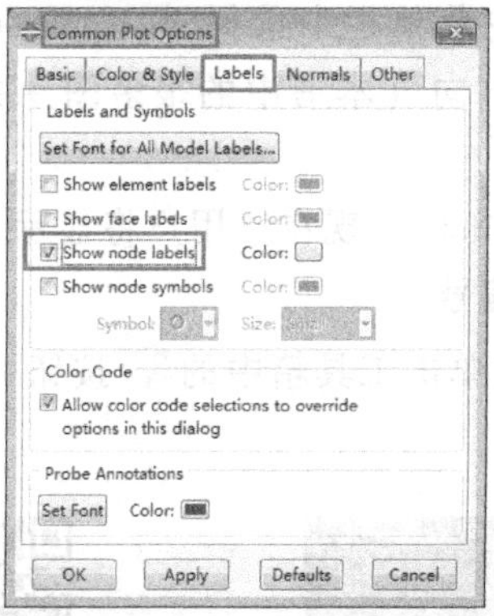

a) 选择显示单元节点

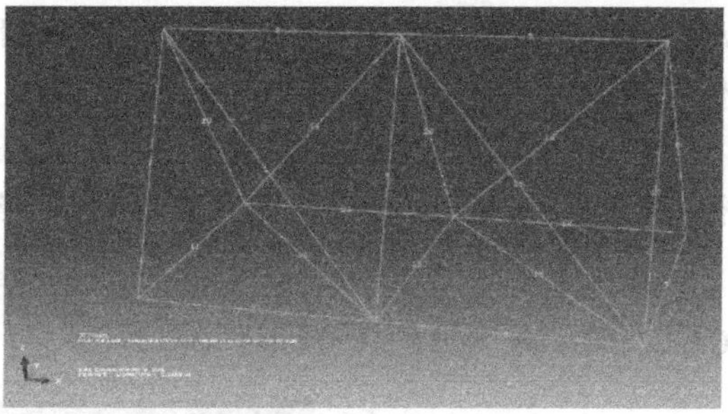

图 2-67 显示单元编号

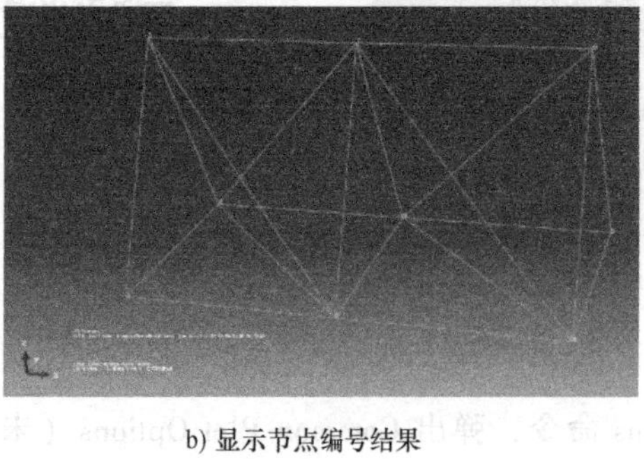

b) 显示节点编号结果

图 2-66 显示节点编号

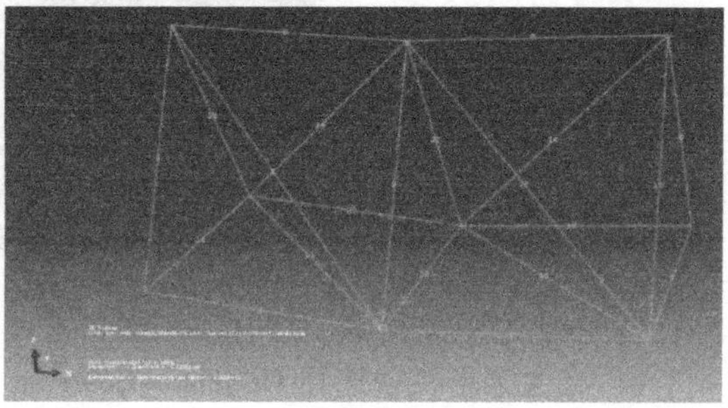

图 2-68 变形后的结构

对于小变形分析（Abaqus/Standard 的默认情况），为了保证清楚地观察变形，位移会被自动地放大。放大系数值显示在状态块（Status Block）中。在本例中，位移被放大了 42.83 倍。

(5) 改变变形放大系数

1) 在主菜单栏中选择 Option→Common Options。

2）在 Common Plot Options 对话框中，选择 Basic（基础）选项卡。

3）在 Deformation Scale Factor（变形放大系数）选项组中选中 Uniform（一致的）单选按钮，并在 Value（值）文本框中输入 10（图 2-69）。

4）单击 Apply 按钮再显示变形形状。

此时，状态块中显示了新的放大系数。

为了返回到位移显示所用的自动放大倍数设置，重复上面的步骤，在 Deformation Scale Factor 选项组中选择 Auto-compute（自动计算）单选按钮。

变形图覆盖在未变形图上，如图 2-70 所示。

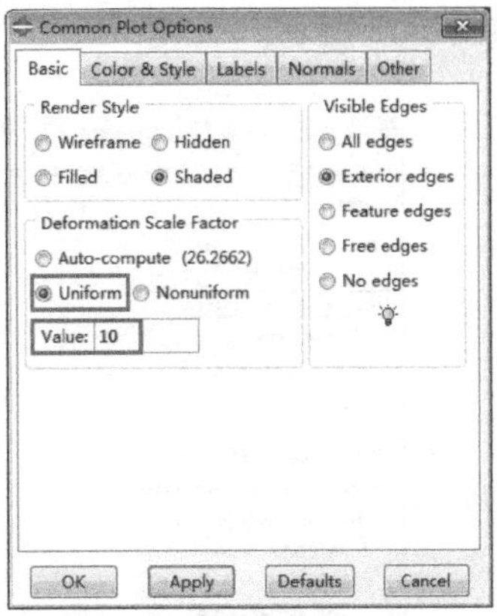

图 2-69 设置变形放大系数

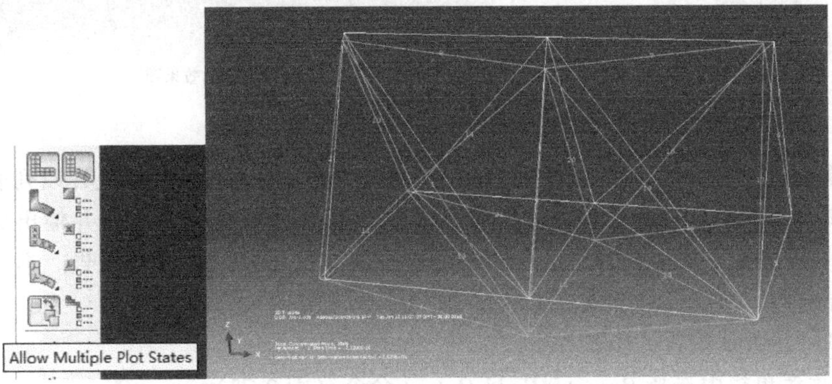

图 2-70 未变形与变形结构的叠加

单击 OK 按钮。

默认情况下，Abaqus/CAE 以绿色显示未变形图，以白色显示变形图。

（6）利用 Abaqus/CAE 检查模型 在运行模拟前，用户可以利用 Abaqus/CAE 检查模型是否正确。目前，用户已经学会了如何绘制模型图，以及如何显示节点编号与单元编号，这些都是检查 Abaqus 使用正确网格的有用操作。

在 Visualization 模块中，也可以显示和检查施加在吊车桁架模型上的边界条件。

在未变形模型图上显示边界条件的步骤如下。

1）在主菜单栏中选择 Plot→Undeformed Shape 命令，或单击工具箱中的按钮。

2）在主菜单栏中，选择 View→ODB Display Options（输出数据库显示选项）命令（图 2-71）。

3）在 ODB Display Options 对话框中选择 Entity Display（实体显示）选项卡。

4）选中 Show boundary conditions（显示边界条件）（图 2-72）复选框，单击 OK 按钮，Abaqus/CAE 显示符号以表示施加的边界条件，

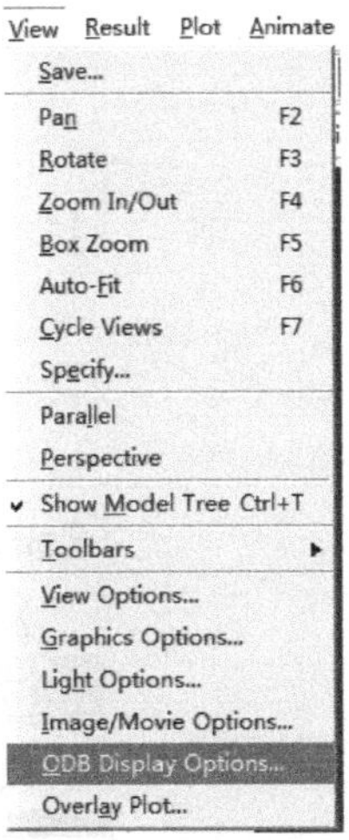

图 2-71 选项命令

如图 2-72 所示。

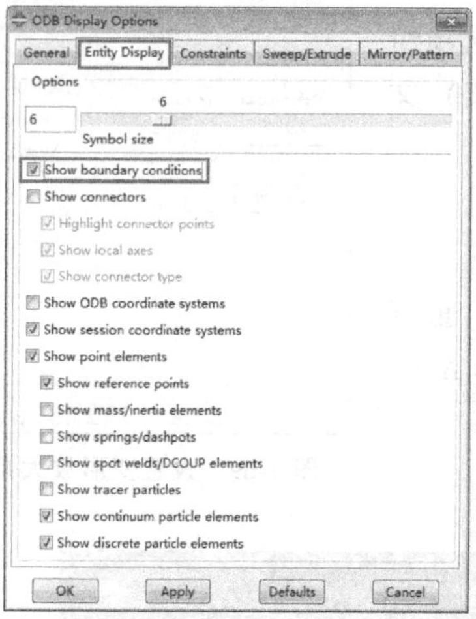

a) 选择显示边界

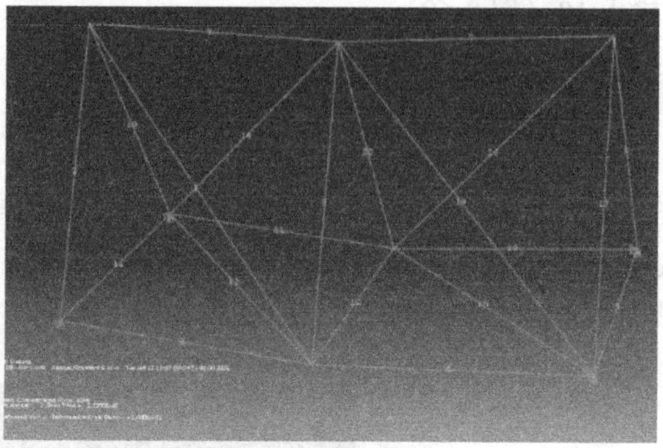

b) 显示边界的效果图

图 2-72　检查边界条件

（7）数据列表报告　除了上面描述的图形功能之外，Abaqus/CAE 允许以列表格式将数据写入到文本文件中。这种功能是很方便的，它代替了将数据写入表格并输出到数据文件（.dat）中。以此种方式生成的输出有许多用途，例如，可以用来撰写报告。本例将生成一个包含单元应力、节点位移和支反力的报告。

生成场变量数据报告的步骤如下。

1）在主菜单栏中选择 Report→Field Output 命令（图 2-73）。

2）在 Report Field Output（场变量输出报告）对话框的 Variable（变量）选项卡（图 2-74）中，使用标记为 Integration Point（积分点）的默认位置。单击 S：Stress components（应力分量）旁边的三角形，扩展已存在变量的列表，从列表中选中 S11 复选框。

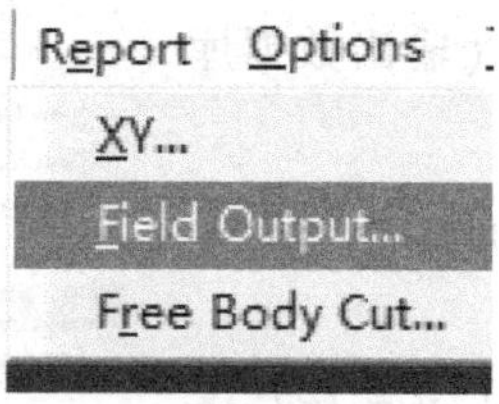

图 2-73　场变量输出报告命令

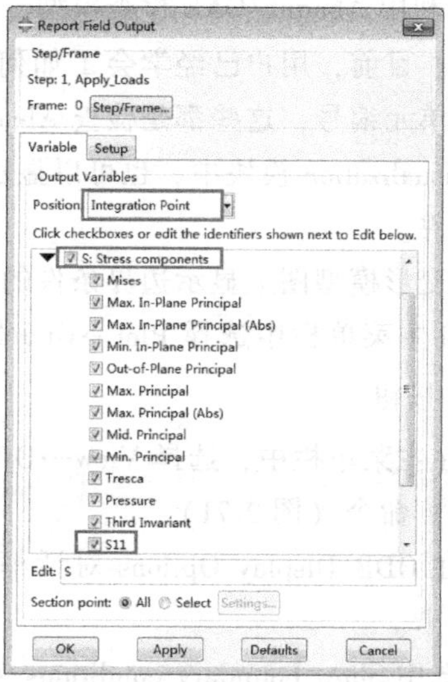

图 2-74　选择要输出的参数

3）在 Setup（建立）选项卡中命名报告为 abaqus. rpt。在该页底部的 Data（数据）选项组中，取消选择 Column totals（列汇总）复选框（图 2-75）。

4）单击 Apply 按钮，单元应力被写入报告文件中。

5）在 Report Field Output 对话框的 Variable 选项卡中，改变位置为 Unique Nodal（唯一节点处），取消选择 S：Stress components 复选框，而从 U：Spatial displacement（空间位移）变量列表中选择 U1 和 U2 复选框（图 2-76）。

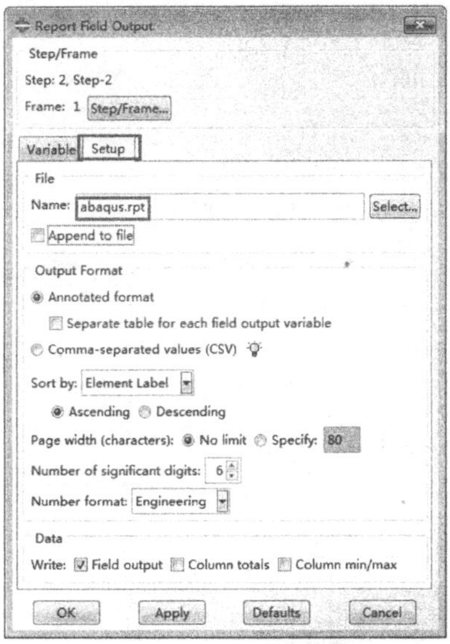

图 2-75 生成报告的设置

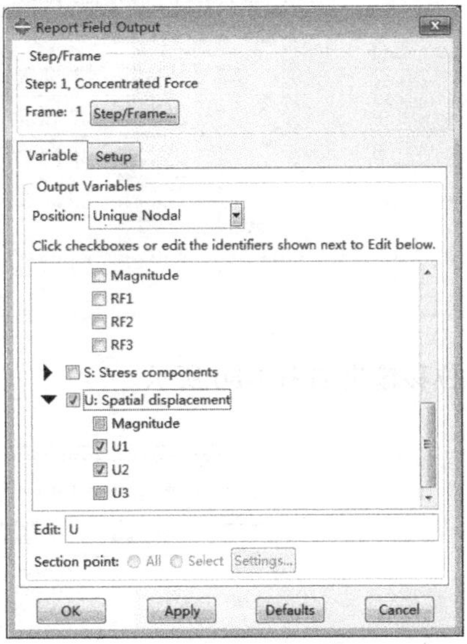

图 2-76 设置节点结果的输出参数

6）单击 Apply 按钮，节点位移被添加到报告文件中。

7）在 Report Field Output 对话框的 Variable 选项卡中，取消选择 U：Spatial displacement 复选框，而从 RF：Reaction force 变量列表中选择 RF1 和 RF2 复选框（图 2-77）。

8）在 Setup 选项卡底部的 Data 选项组中选中 Column totals 复选框（图 2-78）。

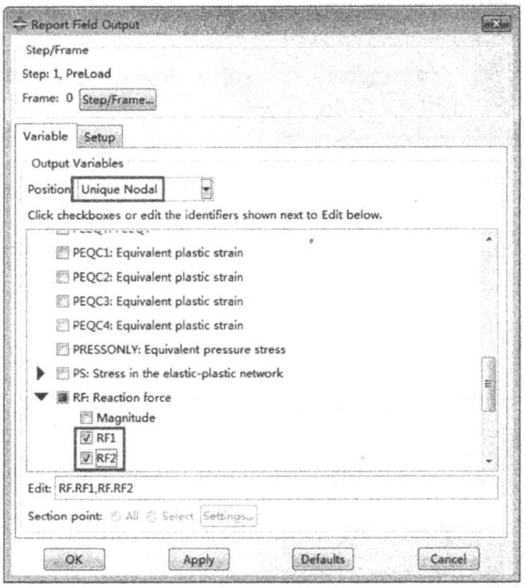

图 2-77 支反力的输出参数设置

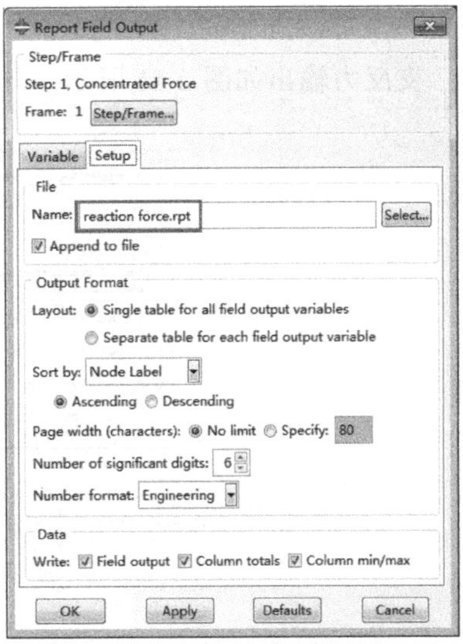

图 2-78 支反力的输出内容设置

2 MODULE

9）单击 OK 按钮，支反力被添加到了报告文件中，并关闭 Report Field Output 对话框。在文本编辑器中，打开 abaqus. rpt 文件，可查看该文件的内容。

应力输出如图 2-79 所示。

```
ODB: D:/Abaqus_test/Job-1.odb
Step: Concentrated Force
Frame: Increment      1: Step Time =   2.2200E-16

Loc 1 : Nodal values from source 1

Output sorted by column "Node Label".

Field Output reported at nodes for part: PART-1-1
   Computation algorithm: EXTRAPOLATE_COMPUTE_AVERAGE
   Averaged at nodes
   Averaging regions: ODB_REGIONS
```

Node Label	E.Max. In-P @Loc 1	E.Max. In-P(a) @Loc 1	E.Min. In-P @Loc 1	E.Max. Prin @Loc 1	E.Max. Prin(a) @Loc 1	E.Min. Prin @Loc 1	E.E11 @Loc 1
1	739.065E-06	522.482E-06	-216.584E-06	739.065E-06	522.482E-06	-216.584E-06	522.482E-06
2	447.528E-06	-184.392E-06	-631.919E-06	447.528E-06	-184.392E-06	-631.919E-06	-184.392E-06
3	1.74862E-33	-444.757E-06	-444.757E-06	1.74862E-33	-444.757E-06	-444.757E-06	-444.757E-06
4	226.156E-06	-197.671E-06	-423.827E-06	226.156E-06	-197.671E-06	-423.827E-06	-197.671E-06
5	95.1859E-06	-349.571E-06	-444.757E-06	95.1859E-06	-349.571E-06	-444.757E-06	-349.571E-06
6	447.528E-06	-184.392E-06	-631.919E-06	447.528E-06	-184.392E-06	-631.919E-06	-184.392E-06
7	504.500E-06	-570.160E-06	-1.07466E-03	504.500E-06	-570.160E-06	-1.07466E-03	-570.160E-06
8	283.268E-06	-140.559E-06	-423.827E-06	283.268E-06	-140.559E-06	-423.827E-06	-140.559E-06
9	834.251E-06	617.668E-06	-216.584E-06	834.251E-06	617.668E-06	-216.584E-06	617.668E-06
Minimum	1.74862E-33	-570.160E-06	-1.07466E-03	1.74862E-33	-570.160E-06	-1.07466E-03	-570.160E-06
At Node	3	7	7	3	7	7	7

图 2-79　应力输出

位移输出如图 2-80 所示。

```
Output sorted by column "Node Label".

Field Output reported at nodes for part: PART-1-1
```

Node Label	U.Magnitude @Loc 1	U.U1 @Loc 1	U.U2 @Loc 1	U.U3 @Loc 1
1	7.73413E-03	-1.13078E-03	748.247E-06	-7.61434E-03
2	1.91007E-03	413.848E-06	-1.66784E-03	-833.919E-06
3	1.13078E-03	-1.13078E-03	-2.34266E-33	-4.68532E-33
4	0.	1.12110E-33	-2.90321E-33	-5.31468E-33
5	0.	-1.12110E-33	2.34266E-33	-4.68532E-33
6	2.71472E-03	-1.97297E-03	1.66784E-03	-833.919E-06
7	5.47737E-03	-779.559E-06	142.779E-06	-5.41973E-03
8	1.70190E-03	-1.70190E-03	2.90321E-33	-5.31468E-33
9	7.63373E-03	-285.558E-06	-462.689E-06	-7.61434E-03
Minimum	0.	-1.97297E-03	-1.66784E-03	-7.61434E-03
At Node	5	6	2	9
Maximum	7.73413E-03	413.848E-06	1.66784E-03	-4.68532E-33
At Node	1	2	6	5
Total	28.3027E-03	-6.58770E-03	428.336E-06	-22.3163E-03

图 2-80　位移输出

支反力输出如图 2-81 所示。

```
Field Output Report, written Tue Jan 12 11:13:38 2016

Source 1
---------

   ODB: D:/Abaqus_test/Job-1.odb
   Step: Concentrated Force
   Frame: Increment      1: Step Time =    2.2200E-16

Loc 1 : Nodal values from source 1

Output sorted by column "Node Label".

Field Output reported at nodes for part: PART-1-1
```

Node Label	RF.Magnitude @Loc 1	RF.RF1 @Loc 1	RF.RF2 @Loc 1	RF.RF3 @Loc 1
1	0.	0.	0.	0.
2	0.	0.	0.	0.
3	5.23834E+03	0.	2.34266E+03	4.68532E+03
4	6.15884E+03	-1.12110E+03	2.90321E+03	5.31468E+03
5	5.35697E+03	1.12110E+03	-2.34266E+03	4.68532E+03
6	0.	0.	0.	0.
7	0.	0.	0.	0.
8	6.05594E+03	0.	-2.90321E+03	5.31468E+03
9	0.	0.	0.	0.

图 2-81　支反力输出

[工作页 2-1]

项目名称	桥式吊架模型静力学分析		
班　级		姓　名	
地　点		日　期	
第__小组成员			

1. 收集信息

【引导问题】

举出至少三个桥式吊架在实际生活中的应用________________________________。

【查阅资料】

静力学分析与动力学分析的区别是________________________________。

2. 计划组织

小组组别	
设备工具	
组织安排	
准备工作	

3. 项目实施

作业内容	质量要求	完成情况
		□完成　□未完成
		□完成　□未完成
		□完成　□未完成
		□完成　□未完成

4. 评价反思

在教师指导下，反思自己的工作方式和工作质量。

评价表

项目	评价指标	自评	互评
专业技能		□合格　□不合格	□合格　□不合格
		□合格　□不合格	□合格　□不合格
		□合格　□不合格	□合格　□不合格
工作态度		□合格　□不合格	□合格　□不合格
		□合格　□不合格	□合格　□不合格
		□合格　□不合格	□合格　□不合格
个人反思		完成项目的过程中，安全、质量等方面是否达到了最佳，请提出个人的改进建议	
教师评价	教师签字 年　月　日		

项目8 联轴器零件模态分析

【项目要求】

建立图2-82所示的联轴器模型，6个螺栓孔均匀分布，材料为钢，密度为7850kg/m³，弹性模量为200GPa，泊松比为0.3。

关于建模，这里不给出建模过程，可以直接导入标准格式（*.stp/*.igs）的三维模型。

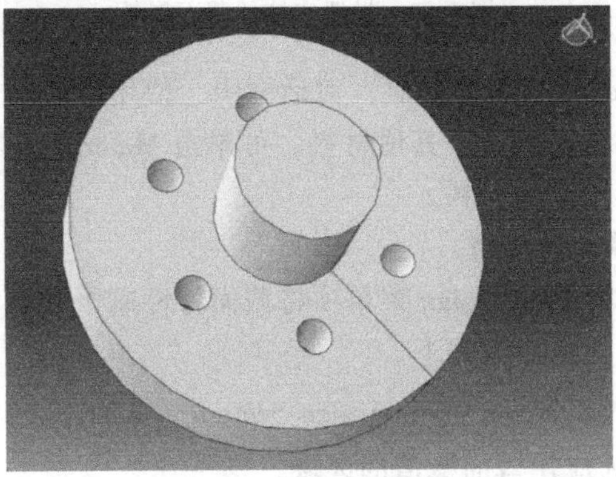

图2-82 联轴器模型

联轴器建模

【项目实施】

1. 创建材料

用户可应用Property（特性）模块创建材料和定义材料的参数。在本例中，材料选为钢，并假设线弹性，采用弹性模量为200GPa和泊松比为0.3。这样，应用这些参数，将创建单一的线弹性材料。

定义材料的步骤如下。

1）在Module下拉列表中选择Property选项，进入Property（特性）模块。

2）单击Material Create按钮，创建新的材料，显示Edit Material（编辑材料）对话框。

3）为材料命名为Steel。

4）在材料编辑器的菜单栏中选择Mechanical→Elasticity→Elastic命令。

5）在相应的单元格中分别输入弹性模量2e11和泊松比0.3。

6）在材料编辑器的菜单栏中选择General→Density命令，在相应的单元格中输入7850。

7）单击OK按钮，退出材料编辑器。

2. 定义和赋予截面（Section）特性

通过在视图中选择该部件，创建实体截面特性。截面特性将参照刚刚创建的材料Steel。

定义截面的步骤如下。

1）在Property左侧的工具栏中单击Create Section（创建截面）按钮，显示Create Section（创建截面）对话框，在Category选项组中选择Solid单选按钮，在Type选项组中选择 Homogeneous 选项，单击 Continue 按钮（图 2-83）。

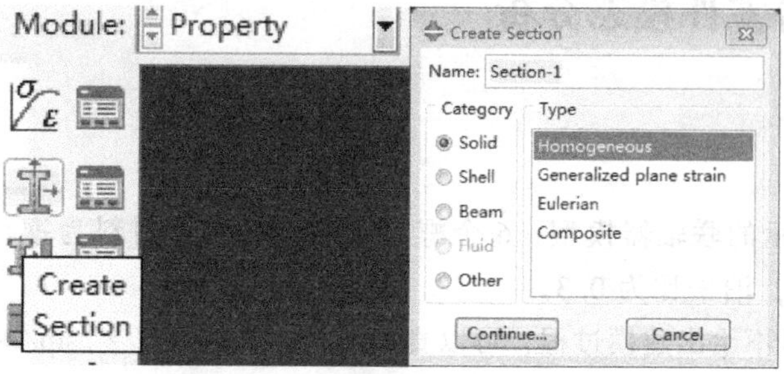

图 2-83　设置实体的截面属性

2）在弹出的 Edit Section（编辑截面）对话框中，使用默认的 Steel 作为截面的 Material（材料），单击 OK 按钮。若已定义了其他材料，可单击 Material 文本框旁的下拉箭头，观察所列出的材料表，并选择对应的材料。

3. 将截面特性赋予联轴器模型

用户应用 Property 模块中的 Assign 菜单项将截面特性赋予联轴器。

将截面特性赋予联轴器的步骤如下。

1）在 Property 左侧的工具栏中单击 Assign Section（截面指派）按钮。

2）选择整个部件作为应用截面赋值的区域。

① 在图形窗左上角单击并按住鼠标左键。

② 拖动鼠标创建一个联轴器的框。

③ 松开鼠标左键。

Abaqus/CAE 使整个联轴器变亮（图 2-84）。

3）在图形窗中单击鼠标中键或单击提示区的 Done 按钮，表示接受所选择的几何形体。打开 Assign Section 对话框，其中列出了已经存在的截面。

4）使用默认的 Section-1 的截面特性，并单击 OK 按钮，完成模型的材料赋予（图 2-85）。

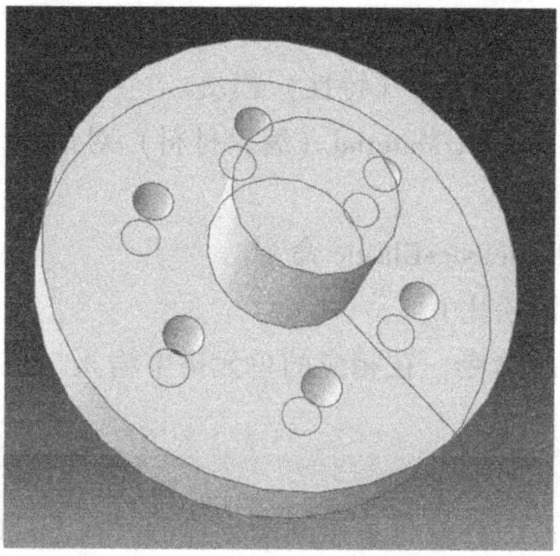

图 2-84　选中几何模型

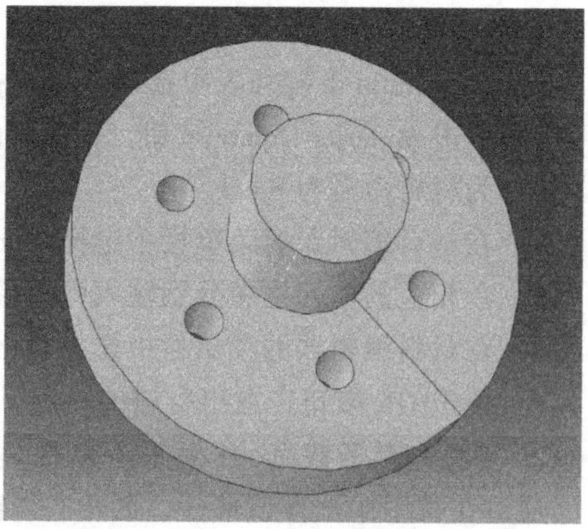

图 2-85　完成材料赋予

4. 定义装配（Assembly）

定义装配的步骤如下。

1）在 Module 下拉列表中选择 Assembly 选项，进入 Assembly（装配）模块。

2）在 Assembly（装配）模块左侧的工具栏中单击 Create Instance（创建实体）按钮，打开 Create Instance（创建实体）对话框。

3）在该对话框中选择 Part-1，并单击 OK 按钮。

5. 设置分析过程

应用 Step 模块在初始分析步之后创建一个线性摄动分析步。

1）在 Module 下拉列表中选择 Step 选项，进入 Step（分析步）模块。

2）在 Step 模块的工具栏中单击 Create Step（创建分析步）按钮，弹出 Create Step（创建分析步）对话框。

3）选择 Linear perturbation（线性摄动）、Frequency（频率分析），单击 Continue 按钮（图 2-86）。

4）在弹出的 Edit Step（编辑分析步）对话框中，在 Value 文本框中输入 20，即求解联轴器的前 20 阶模态（图 2-87）。

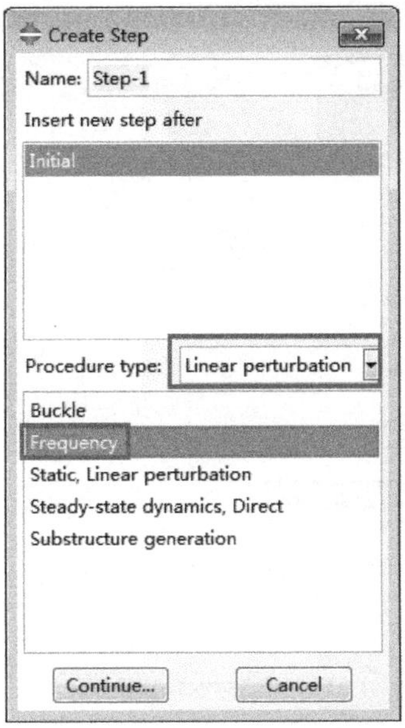

图 2-86 选择线性摄动模式

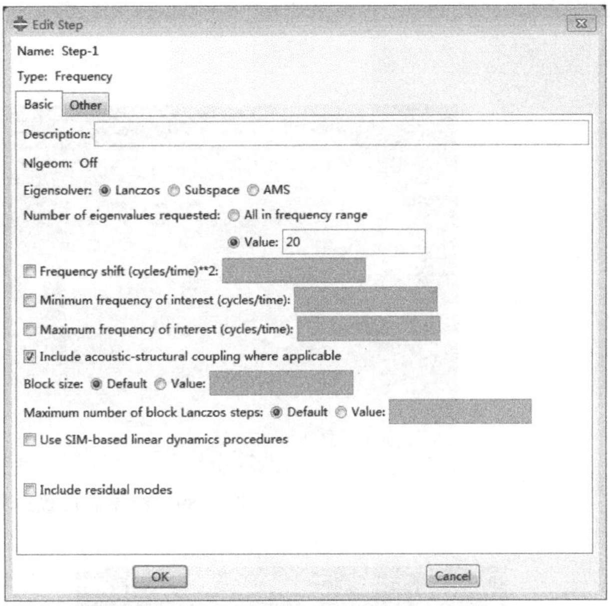

图 2-87 设置提取模态的阶次

5）打开 Other（其他）选项卡并查看它的内容，一般使用其所提供的默认值。

6）单击 OK 按钮创建分析步，并退出 Edit Step 对话框。

7）输出数据使用默认设置，此时完成分析步的设置。

6. 在模型上施加边界条件和荷载

在联轴器上施加边界条件的步骤如下。

1）在 Module 下拉列表中选择 Load 选项，进入 Load（荷载）模块。

2）在 Load 模块的工具栏中，单击 Create Boundary Condition（创建边界条件）按钮，弹出 Create Boundary Condition（创建边界条件）对话框。

3）在 Create Boundary Condition 对话框中，选择 Step-1，在 Category（类型）选项组中

选择 Mechanical（力学）单选按钮，在 Types for Selected Step（选择步骤类型）选项组中选择 Displacement/Rotation（位移/旋转）选项，并单击 Continue 按钮（图 2-88）。

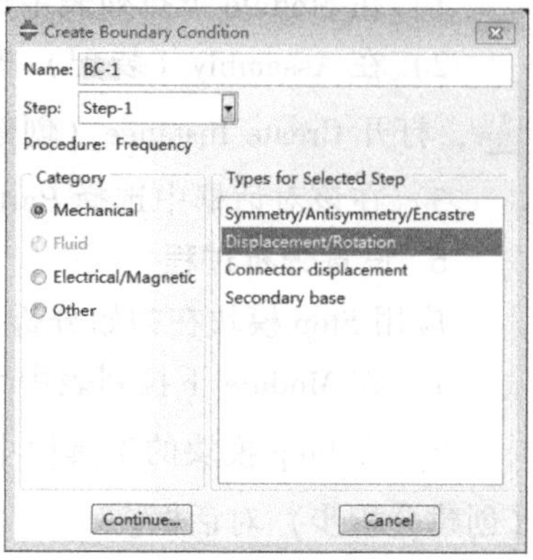

图 2-88　设置边界条件

4）在图形窗中拾取模型的小头端面，单击鼠标中键，打开 Edit Boundary Condition 对话框，约束除了 UR1 之外的所有自由度，单击 OK 按钮（图 2-89）。

5）在 Load 模块的工具栏中，再次单击 Create Boundary Condition（创建边界条件）按钮，弹出 Create Boundary Condition（创建边界条件）对话框。新建约束条件，在 Category（类型）选项组中选择 Mechanical（力学）单选按钮，在 Types for Selected Step（选择步骤类型）选项组中，选择 Symmetry/Antisymmetry/Encastre（对称/反对称/完全固定）选项，并单击 Continue 按钮，效果如图 2-90a 所示。

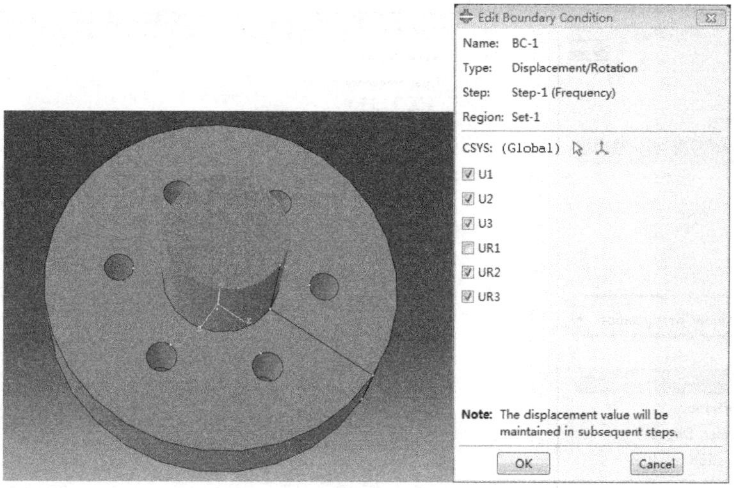

图 2-89　给端面设置边界条件

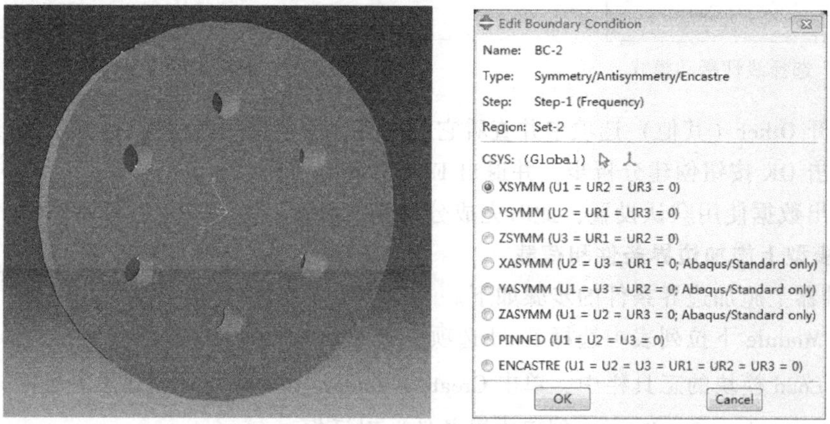

a)　　　　b)

图 2-90　约束下端面

6）在图形窗中，拾取模型的大头端面，单击鼠标中键，弹出 Edit Boundary Condition 对话框，选择 XSYMM（U1=UR2=UR3=0）单选按钮，单击 OK 按钮（图 2-90b）。

7）此时完成模型约束，约束后的模型如图 2-91 所示。

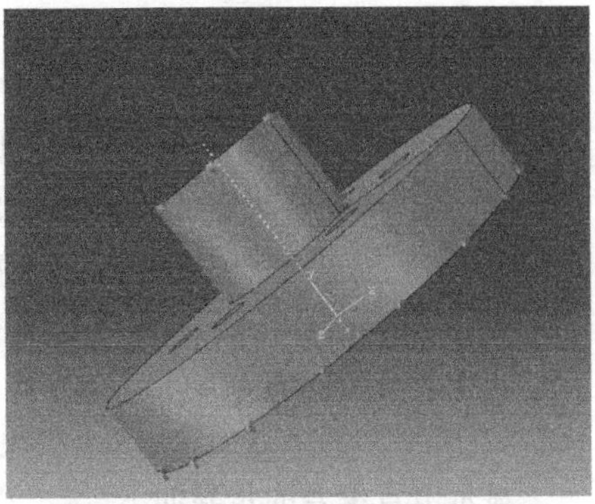

图 2-91 约束后的模型

7. 模型的网格划分

网格划分的步骤如下。

1）在 Module 下拉列表中选择 Mesh 选项，进入 Mesh（网格）模块。

2）在 Mesh 模块的工具栏中单击 Seed Part Instant（布种）按钮，弹出 Global Seeds 对话框。从中将 Approximate global size（近似全局尺寸）设置为 0.005，将 Maximum deviation factor 设置为 0.05，单击 OK 按钮，完成布种（图 2-92）。

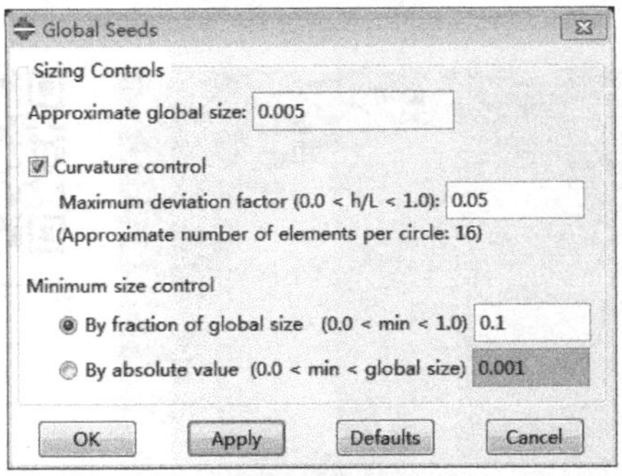

a) 设置布种参数

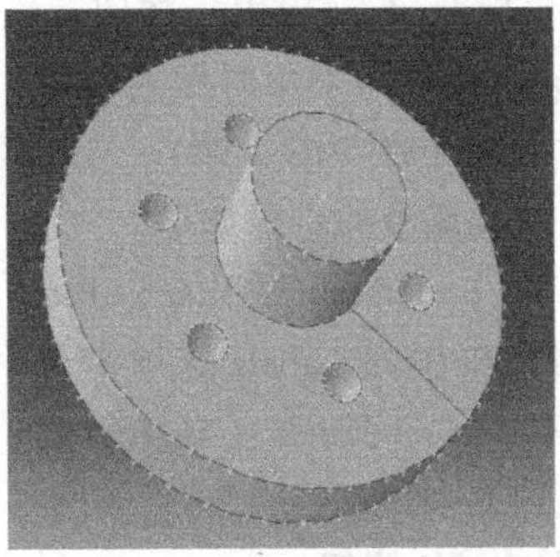

b) 布种效果

图 2-92 设置网格种子参数及效果

3）单击 Assign Seed Controls（网格属性控制）按钮，弹出 Mesh Control（网格控制）对话框，选择 Tet 网格，采用 Free 划分方式，单击 OK 按钮。

4）单击 Assign Seed Type（选择单元类型）按钮，选中模型后单击鼠标中键，弹出 Element Type 对话框，选择 C3D4（线性四节点四面体单元），单击 OK 按钮完成设置。

5）单击 Mesh Part（划分网格）按钮，再单击鼠标中键，完成网格划分（图 2-93）。

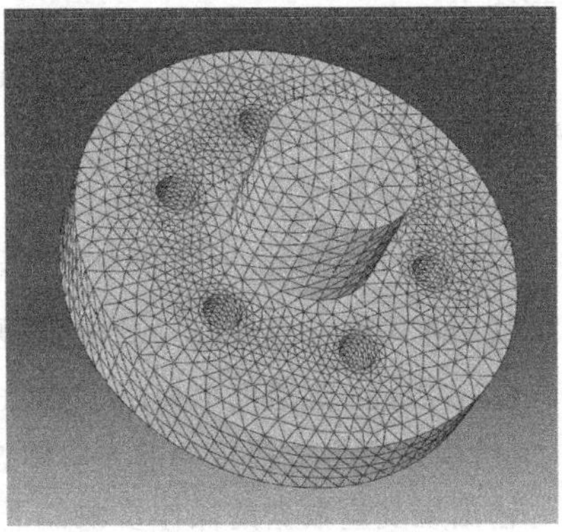

图 2-93 网格划分结果

8. 创建一个分析作业

现在已经设置好了分析模型，可以进入 Job（作业）模块，创建一个与该模型有关的作业。

创建一个分析作业的步骤如下。

1）在 Module 下拉列表中选择 Job 选项，进入 Job（作业）模块。

2）在 Job 模块左侧的工具栏中单击 Create Job（创建作业）按钮，弹出 Create Job（创建作业）

对话框。该对话框显示模型数据库中模型的列表，单击 Continue 按钮，弹出 Edit Job（编辑作业）对话框。

3）保持默认设置，单击 OK 按钮，完成作业设置。

4）单击 Job 模块左侧工具栏中的 Job Manger（作业管理）按钮，弹出 Job Manger（作业管理）对话框，单击 Submit（提交）按钮，提交运算。

9. 用 Abaqus/CAE 进行后处理

当作业分析运算成功地完成后，在 Job Manager（作业管理器）对话框中单击 Results（结果）按钮，进入 Visualization 模块的可视化界面，从而对仿真结果进行图像化处理。

显示节点编号的步骤如下。

1）在主菜单栏中选择 Options→Undeformed Shape 命令，弹出 Undeformed Shape Plot Options（未变形的图形绘图选项）对话框。

2）选择 Labels（标签）选项卡。

3）选中 Show node labels（显示节点编号）复选框。

4）单击 Apply（应用）按钮。

Abaqus/CAE 将采用所做的修改并保持对话框开放（图 2-94）。

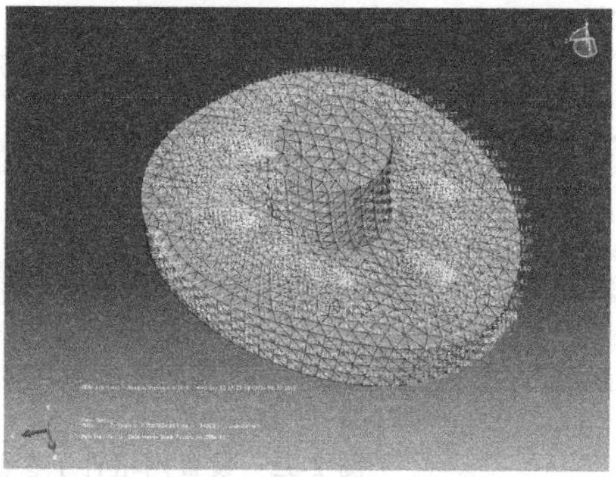

图 2-94　网格节点编号

联轴器后处理

显示单元编号的步骤如下。

1）在 Undeformed Shape Plot Options 对话框中的 Labels 选项卡中选中 Show element labels（显示单元编号）复选框。

2）单击 OK 按钮。

Abaqus/CAE 采用所做的修改并关闭对话框。

在未变形形状图中，若不希望显示节点编号和单元编号，重复上述步骤并在 Labels 选项卡中取消选择 Show node labels 和 Show element labels 复选框。

显示和设置变形形状图（Deformed Shape Plot）的操作如下。

现在将显示模型变形后的形状，利用绘图选项修改变形放大系数，并将变形图覆盖在未变形图上。

在主菜单栏中选择 Plot→Deformed Shape 命令，或单击工具箱中的按钮，Abaqus/CAE 显示变形后的模型图。

输出各阶振型图的操作如下。

单击 Field Output（场输出）按钮，弹出 Field Output 对话框（图 2-95）。

从中单击 Step/Frame（分析步/帧）按钮，弹出 Step/Frame 对话框（图 2-96）。

Step/Frame 对话框中列出了前 20 阶固有频率，依次选择 Frame1~20，可获得联轴器的前 20 阶模态振型，提取的前 5 阶模态振型图如图 2-97 所示。

输出场变量数据的操作步骤如下。

1）在主菜单栏中选择 Report→Field Output 命令。

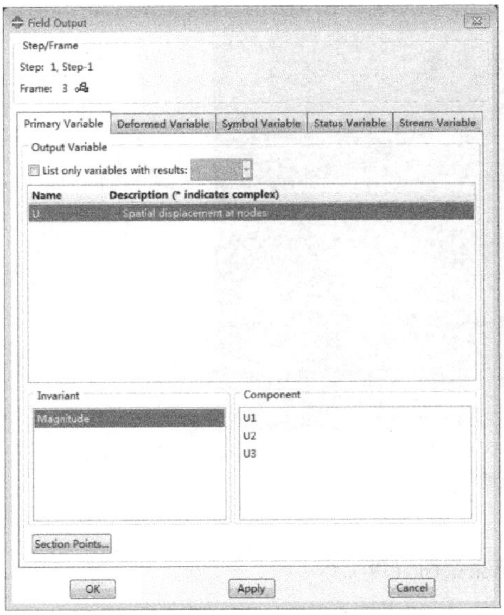

图 2-95　Field Output 对话框

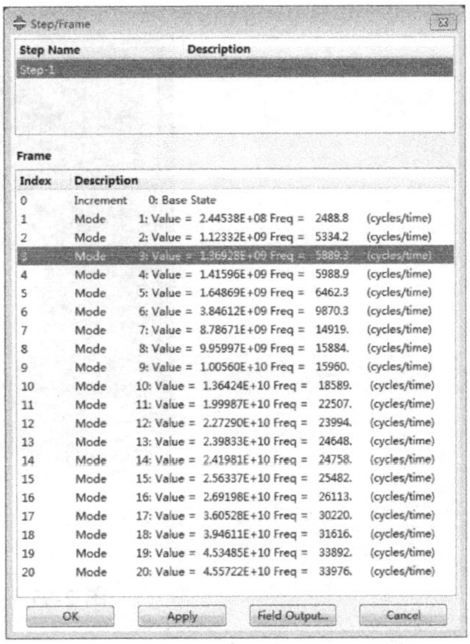

图 2-96　Step/Frame 对话框

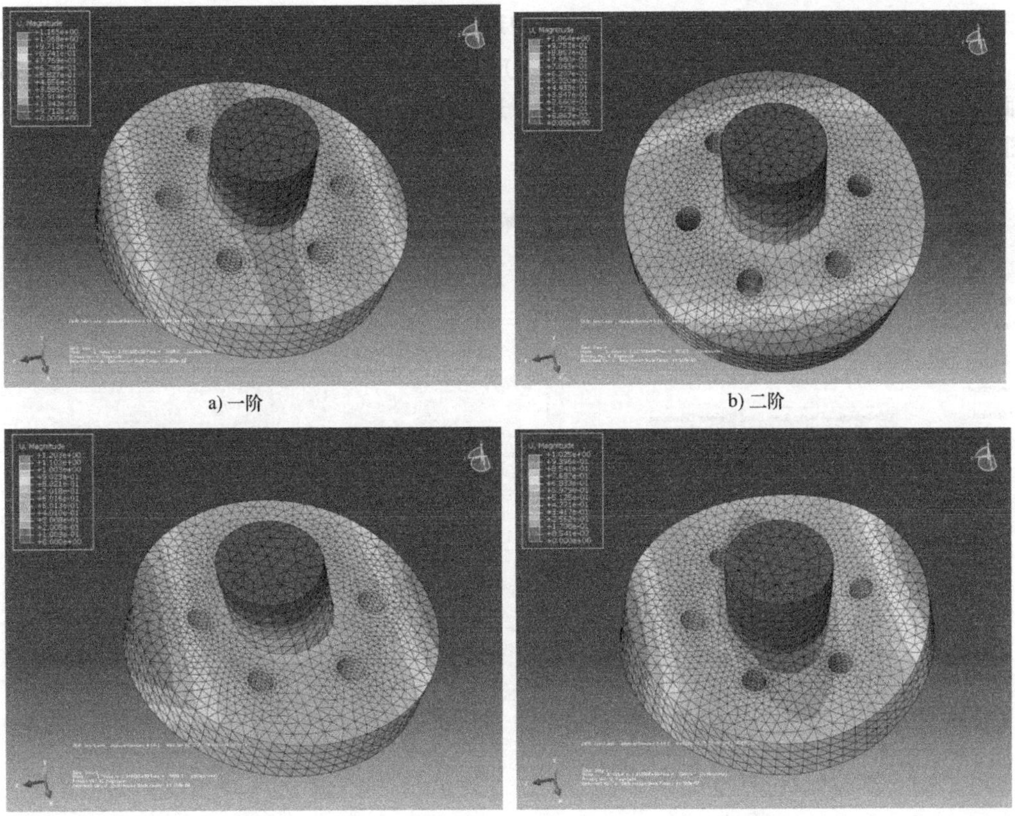

a) 一阶　b) 二阶

c) 三阶　d) 四阶

图 2-97　前 5 阶模态振型图

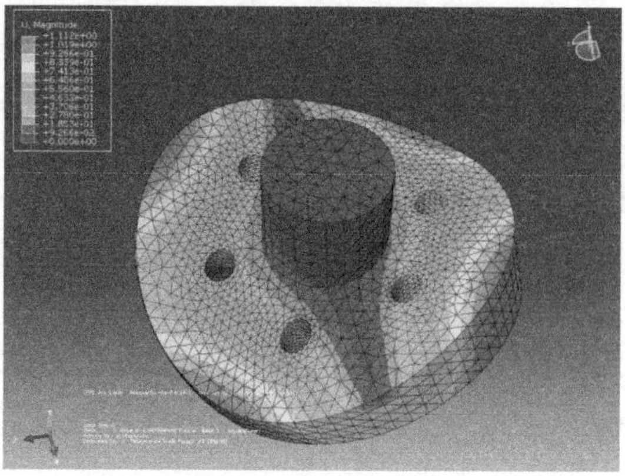

e) 五阶

图 2-97　前 5 阶模态振型图（续）

2）在 Report Field Output（场变量输出报告）对话框的 Variables（变量）选项卡中，将 Position 设置为 Unique Nodal（唯一节点处）。单击 U：Spatial displacement（空间位移）旁边的三角形，扩展已存在变量的列表，在列表中选中 Magnitude 复选框。

3）切换到 Elements/Nodes（单元/节点）选项卡，单击 Edit Selection 按钮，在图形界面中选择关注的节点，单击鼠标中键，选中节点，单击 Plot 按钮，绘制位移曲线（图 2-98）。

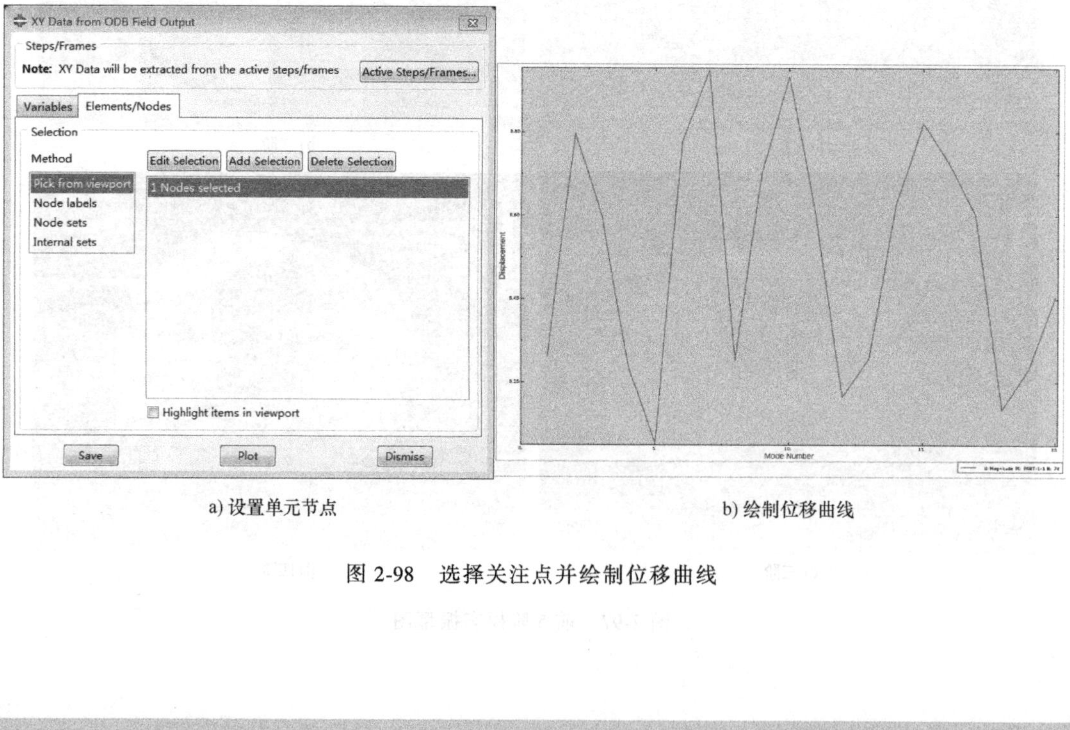

a) 设置单元节点　　　　b) 绘制位移曲线

图 2-98　选择关注点并绘制位移曲线

[工作页 2-2]

项目名称	联轴器零件模态分析		
班　级		姓　名	
地　点		日　期	
第__小组成员			

1. 收集信息

【引导问题】

联轴器的应用有____。

【查阅资料】

模态分析的作用是____。

2. 计划组织

小组组别	
设备工具	
组织安排	
准备工作	

3. 项目实施

作业内容	质量要求	完成情况	
		□完成	□未完成
		□完成	□未完成
		□完成	□未完成
		□完成	□未完成

4. 评价反思

在教师指导下，反思自己的工作方式和工作质量。

评价表					
项目	评价指标	自评		互评	
专业技能		□合格	□不合格	□合格	□不合格
		□合格	□不合格	□合格	□不合格
		□合格	□不合格	□合格	□不合格
工作态度		□合格	□不合格	□合格	□不合格
		□合格	□不合格	□合格	□不合格
		□合格	□不合格	□合格	□不合格
个人反思		完成项目的过程中，安全、质量等方面是否达到了最佳，请提出个人的改进建议			
教师评价	教师签字 年　月　日				

项目 9　悬臂梁振动响应分析

【项目要求】

建立如图 2-99 所示横截面为 5mm×2.5mm、长为 50mm 的铝制悬臂梁模型，材料密度为 2700kg/m^3，弹性模量为 69GPa，泊松比为 0.3。梁的一端固支，一端受一正弦集中荷载，计算悬臂梁的时域振动响应。

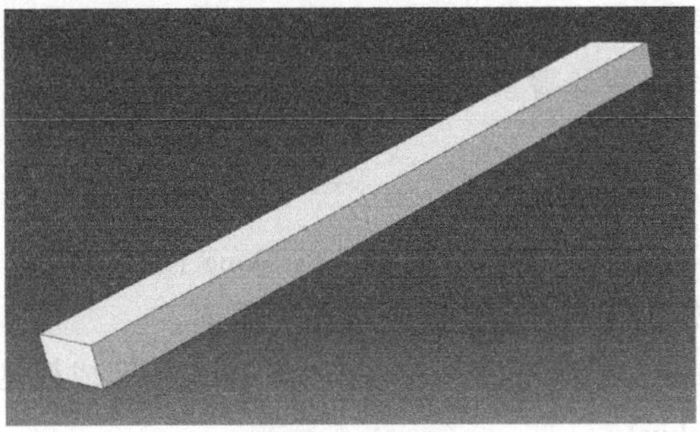

图 2-99　悬臂梁模型

【项目实施】

1. 创建材料

应用 Property（特性）模块可创建材料和定义材料的参数。在本例中，材料选为铝，并假设线弹性，采用弹性模量为 69GPa，泊松比为 0.3。这样，应用这些参数，将创建单一的线弹性材料。

定义材料的步骤如下。

1）在 Module 下拉列表中选择 Property 选项，进入到 Property（特性）模块。

2）在主菜单栏中选择 Material→Create 命令，创建新的材料，打开 Edit Material（编辑材料）对话框。

3）为材料命名为 aluminum。

4）在材料编辑器的菜单栏中选择 Mechanical→Elasticity→Elastic 命令。

5）在相应的单元格中分别输入弹性模量 69e9 和泊松比 0.3。

6）在材料编辑器的菜单栏中选择 General→Density 命令，在相应的单元格中输入 2700。

7）单击 OK 按钮，退出材料编辑器。

悬臂梁振动响应分析

2. 定义和赋予截面（Section）特性

对模型，通过在视图中选择该部件，创建实体截面特性。截面特性将参照刚刚创建的材料 Steel。

定义截面的步骤如下。

1）在 Property 左侧的工具栏中单击 Create Section（创建截面）按钮，显示 Create

2 MODULE

Section（创建截面）对话框，从中选择 Solid 和 Homogeneous 选项，单击 Continue 按钮。

2）在 Edit Section（编辑截面）对话框中，使用 aluminum 作为截面的 Material（材料），单击 OK 按钮。若已定义了其他材料，可单击 Material 文本框旁的下拉箭头，观察所列出的材料表，并选择对应的材料。

将截面特性赋予悬臂梁模型的步骤如下。

用户应用 Property 模块中的 Assign 菜单项可将截面特性赋予悬臂梁。

1）在 Property 左侧的工具栏中单击 Assign Section（截面指派）按钮。

2）选择整个部件作为应用截面赋值的区域：

① 在图形窗左上角单击并按住鼠标左键。

② 拖动鼠标创建一个选取悬臂梁的框。

③ 松开鼠标左键。

Abaqus/CAE 使整个悬臂梁变亮。

3）在图形窗中单击鼠标中键或单击提示区的 Done 按钮，表示接受所选择的几何形体。打开 Assign Section 对话框，其中列出了已经存在的截面。

4）使用默认的 Section-1 截面特性，并单击 OK 按钮，完成模型的材料赋予。

3. 定义装配（Assembly）

定义装配的步骤如下。

1）在 Module 下拉列表中选择 Assembly 选项，进入 Assembly（装配）模块。

2）在 Assembly（装配）模块左侧的工具栏中单击创建实体（Create Instance）按钮，显示 Create Instance（创建实体）对话框。

3）在该对话框中选择 beam，并单击 OK 按钮。

4. 设置分析过程

在振动响应分析中，常常使用模态叠加法，一般需要两个分析步骤：首先建立 Linearperturbation（线性摄动）、Frequency（频率）分析步以计算系统的振型及固有频率，然后在此基础上建立 Linear perturbation（线性摄动）、Modal dynamic（模态响应）分析步以计算系统的振动响应。

创建一个分析步的步骤如下。

应用 Step 模块在初始分析步之后创建一个线性摄动分析步。

1）在 Module 下拉列表中选择 Step 选项，进入 Step（分析步）模块。

2）在 Step 模块的工具栏中单击 Create Step（创建分析步）按钮，弹出 Create Step（创建分析步）对话框。

3）命名分析步为 freq，Insert new step after 选择 Initial，Procedure type 选择 Linear perturbation（线性摄动）、Frequency（频率分析），单击 Continue 按钮。

4）在弹出的 Edit Step（编辑分析步）对话框中，在 Value 文本框中输入 20，即求解悬臂梁的前 20 阶模态。

5）打开 Other（其他）选项卡并查看它的内容，使用所提供的默认值。

6）单击 OK 按钮即可创建分析步，并退出 Edit Step 对话框。

创建第二个分析步的步骤如下。

1）再次单击 Create Step（创建分析步）按钮，弹出 Create Step（创建分析步）对话框。

2）命名分析步为 Modaldynamic，Insert new step after 选择 freq，Procedure type 选择 Linear perturbation（线性摄动）、Modal dynamic（频率分析），单击 Continue 按钮。

3）在弹出的 Edit Step 对话框中，将 Time period（时间步长）设为 3，将 Time increment（时间增量）设为 0. 01（图 2-100）。

4）在 Damping（阻尼）选项卡中选择 Direct modal（直接模态阻尼），将 Start Mode（起始模态）设为 1，将 End Mode（终止模态）设为 20，将 Critical Damping Fraction（临界阻尼分数）设为 0. 01（图 2-101）。

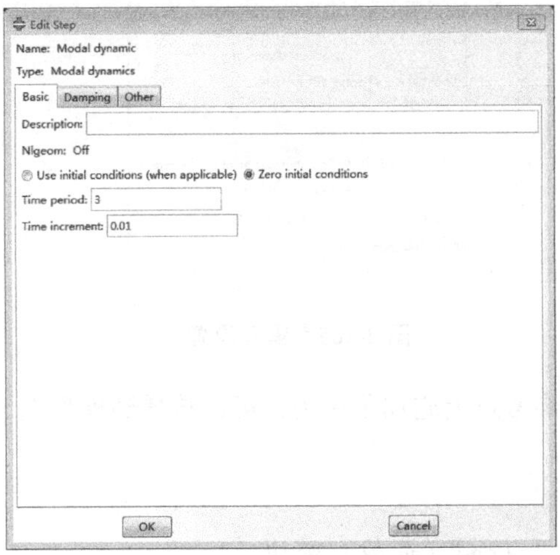

图 2-100 设置 Basic 选项卡中的参数

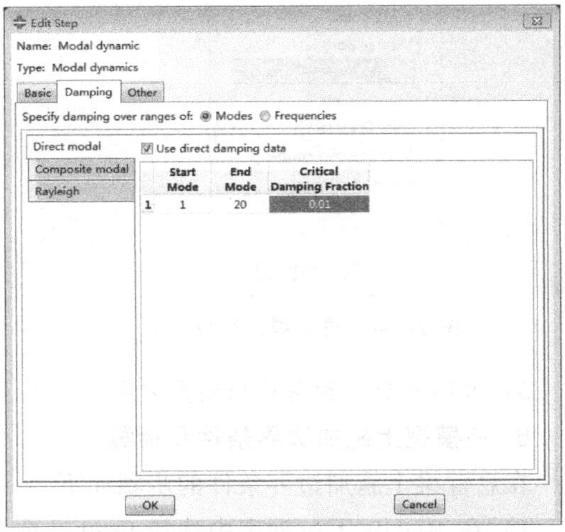

图 2-101 设置 Damping 选项卡中的参数

5）单击 OK 按钮，完成分析步的设置。

5. 建立参考点

为了方便在悬臂梁上加载集中力，在悬臂梁加载端建立参考点，具体步骤如下。

1）在 Module 下拉列表中选择 Interaction 选项（图 2-102），进入 Interaction（相互作用）模块。

2）选择主菜单中的 Tools→Reference Point 命令，选择悬臂梁横截面上的表面中点，单击鼠标中键确定，建立参考点 RP-1（图 2-103）。

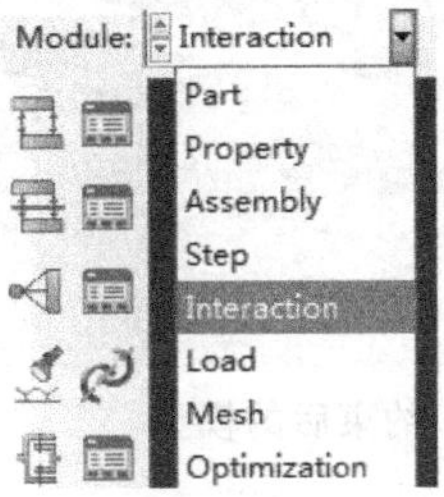

图 2-102 选择 Interaction 选项

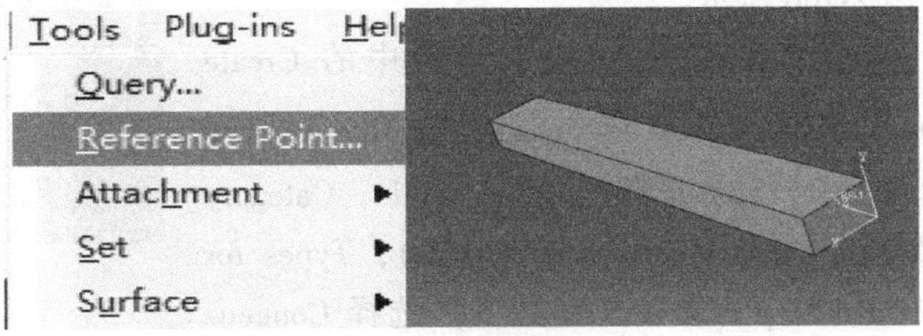

图 2-103 建立参考点 RP-1

3）单击相互作用工具栏中的 Create Constraint（创建约束）按钮，在弹出的 Create Constraint 对话框中选择 Coupling（耦合）选项，建立参考点与模型之间的联系，单击 Continue 按钮（图 2-104）。

4）此时提示 Select the constraint control point，在图形区单击先前创建的参考点，然后单击鼠标中键确认。此时提示 Select the constraint region type，单击窗口底部提示区的 Node Region 按钮，再在图形区单击参考点所在悬臂梁的边，单击鼠标中键确认，弹出 Edit Constraint 对话框，保持默认设置，单击 OK 按钮（图 2-105）。

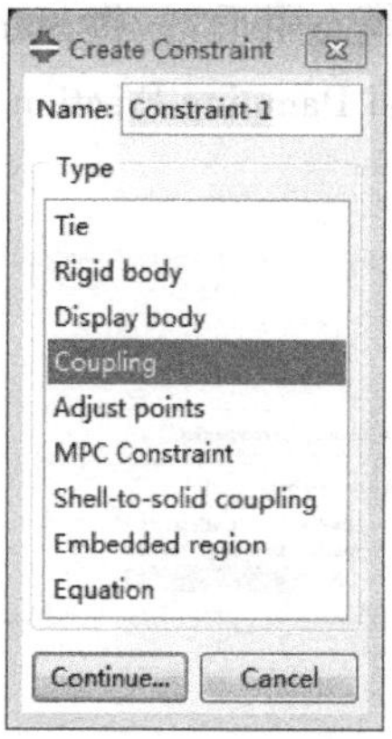

图 2-104　建立耦合约束

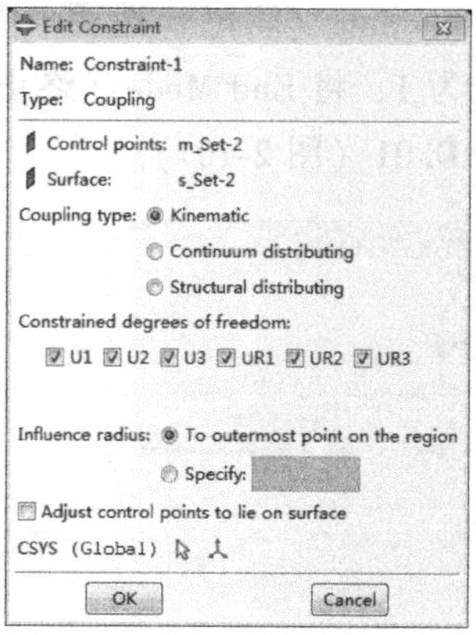

图 2-105　耦合设置

5）此时建立了参考点与模型之间的关系，在参考点上施加集中力，可以传递到模型上。

6. 在模型上施加边界条件和荷载

在悬臂梁上施加边界条件的步骤如下。

1）在 Module 下拉列表中选择 Load 选项，进入 Load（荷载）模块。

2）在 Load 模块的工具栏中，单击 Create Boundary Condition（创建边界条件）按钮，弹出 Create Boundary Condition（创建边界条件）对话框。

3）在 Create Boundary Condition 对话框中，Step 选择 Initial，在 Category（类型）选项组中，选择 Mechanical（力学）单选按钮，在 Types for Selected Step（选择步骤类型）选项组中选择 Symmetry/Antisymmetry/Encastre（对称/反对称/完全固定）选项，并单击 Continue 按钮。

4）在图形窗中拾取悬臂梁一端端面，单击鼠标中键，弹出 Edit Boundary Condition 对话框，选择 ENCASTRE（U1=U2=U3=UR1=UR2=UR3）（固支），单击 OK 按钮。

5）此时完成模型约束，约束后的模型如图 2-106 所示。

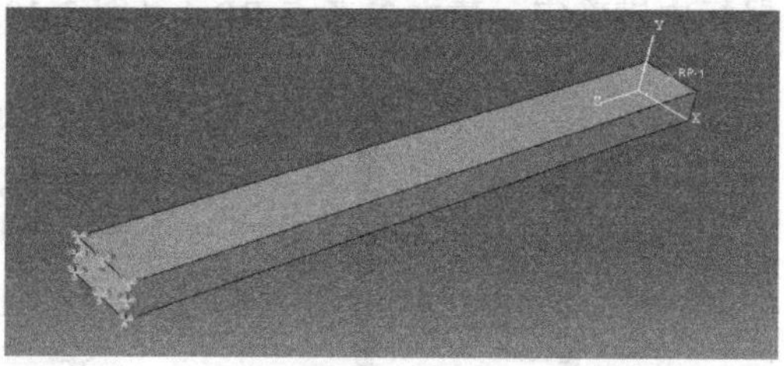

图 2-106　约束后的模型

6）单击 Load 模块工具栏中的 Create Load（创建荷载）按钮，在 Create Load 对话框中，Step 选择 Modal dynamic，Category（类型）选择 Mechanical（力学），Types for Selected Step（选择步骤类型）选择 Concentrated force，单击 Continue 按钮。在图形区选中参考点 RP-1，单击 Continue 按钮，弹出 Edit Load 对话框，在 CF2 文本框中输入-1000。此时为了设置正弦荷载输入，需要设置荷载幅值曲线，单击 Edit Load 对话框中的 Create Amplitude 按钮，创建幅值曲线（图 2-107）。

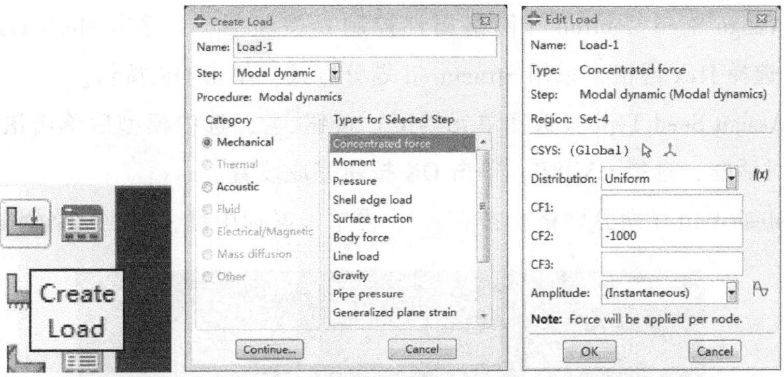

a) 创建荷载　　b) 选择力学控制　　c) 设置荷载参数

图 2-107　设置荷载

7）在弹出的 Create Amplitude 对话框中选择 Periodic（周期）单选按钮（图 2-108），单击 Continue 按钮，弹出 Edit Amplitude 对话框。

8）在 Edit Amplitude 对话框中，在 Circular frequency 文本框中输入 31.4，在 Starting time 文本框中输入 0，在 Initial amplitude 文本框中输入 0，A 输入 0，B 输入 1，单击 OK 按钮，完成幅值曲线的设置。图 2-109 中各参数的含义如下，其中，α 为幅值曲线的值，Circular frequency 为 ω，Starting time 为 t_0，Initial amplitude 为 A_0，A 和 B 分别为正弦值和余弦波的振幅。

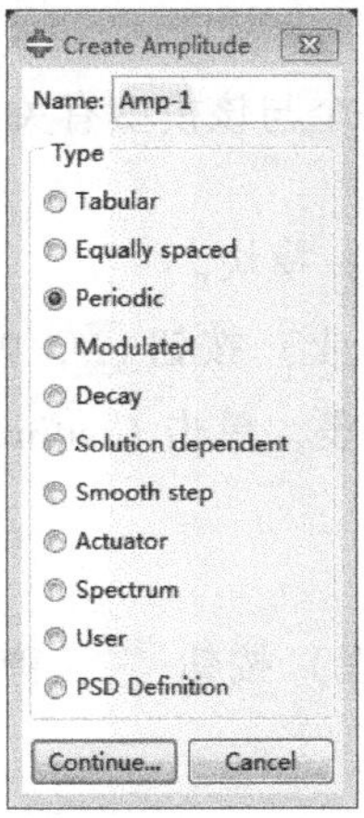

图 2-108　设置周期性荷载

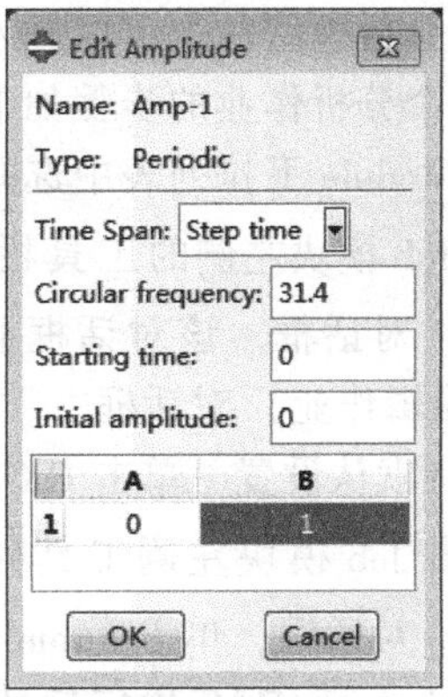

图 2-109　荷载参数

$$\alpha = A_0 + A\cos\omega(t - t_0) + B\sin\omega(t - t_0)$$

9）在 Edit Load 对话框中，在 Amplitude 下拉列表中设置荷载幅值曲线为 Amp-1，完成正弦激励的设置。

7. 模型的网格划分

网格划分的步骤如下。

1）在 Module 下拉列表中选择 Mesh 选项，进入 Mesh（网格）模块。

2）在 Mesh 模块的工具栏中单击 Seed Part Instant（布种）按钮，弹出 Global Seeds 对话框。从中将 Approximate global size（近似全局尺寸）设置为 0.01，将 Maximum deviation factor 设置为 0.05，单击 OK 按钮，完成布种。

3）单击 Assign Seed Controls（网格属性控制）按钮，弹出 Mesh Control（网格控制）对话框，选择 Hex 网格，采用 Structured 划分方式，单击 OK 按钮。

4）单击 Assign Seed Type（选择单元类型）按钮，选中模型后单击鼠标中键，弹出 Element Type 对话框，选择 C3D8R，单击 OK 按钮完成设置。

5）单击 Mesh Part（划分网格）按钮，再单击鼠标中键，完成网格划分（图 2-110）。

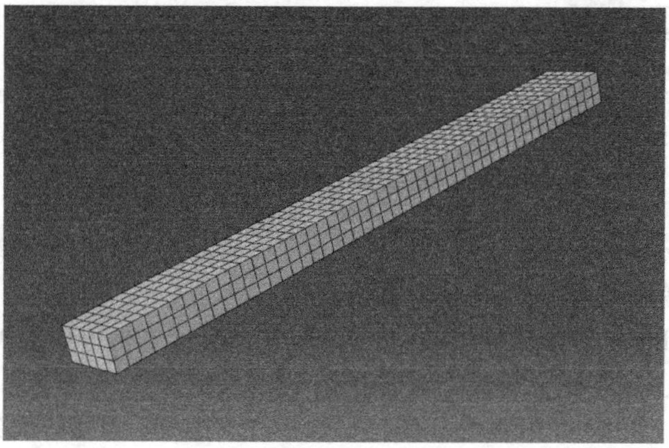

图 2-110 网格划分结果

8. 创建一个分析作业

设置好分析模型的，可以进入 Job（作业）模块，创建一个与该模型有关的作业。

创建一个分析作业的步骤如下。

1）在 Module 下拉列表中选择 Job 选项，进入 Job（作业）模块。

2）在 Job 模块左侧的工具栏中单击 Create Job（创建作业）按钮，弹出 Create Job（创建作业）对话框。该对话框显示模型数据库中模型的列表，单击 Continue 按钮，弹出 Edit Job（编辑作业）对话框。

3）保持默认设置，单击 OK 按钮，完成作业设置。

4）单击 Job 模块左侧工具栏中的 Job Manger（作业管理）按钮，弹出 Job Manger（作业管理）对话框，单击 Submit（提交）按钮，提交运算。

9. 用 Abaqus/CAE 进行后处理

当作业分析运算成功地完成后，用户可应用 Visualization 模块观察分析结果。在 Job Manager（作业管理器）对话框中单击 Results（结果）按钮，进入可视化界面。

显示和设置变形形状图（Deformed Shape Plot）的操作如下。

现在将显示模型变形后的形状，利用绘图选项修改变形放大系数，并将变形图覆盖在未变形图上。

在主菜单栏中选择 Plot→Deformed Shape 命令，或单击工具箱中的按钮，Abaqus/CAE 显示变形后的模型图，如图 2-111 所示。

输出各阶振型图的操作如下。

单击 Field Output（场输出）按钮，弹出 Field Output 对话框。从中单击 Step/Frame（分析步/帧）按钮，弹出 Step/Frame 对话框，选择 freq 分析步。

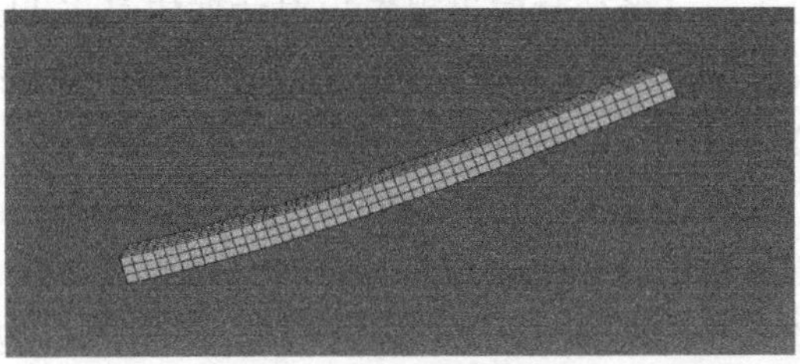

图 2-111 变形后的梁

悬臂梁振动
响应分析
后处理

在 Step/Frame 对话框中列出了前 20 阶固有频率，依次选择 Frame1～20，可获得梁的前 20 阶模态振型，提取的前 5 阶模态振型图如图 2-112 所示。

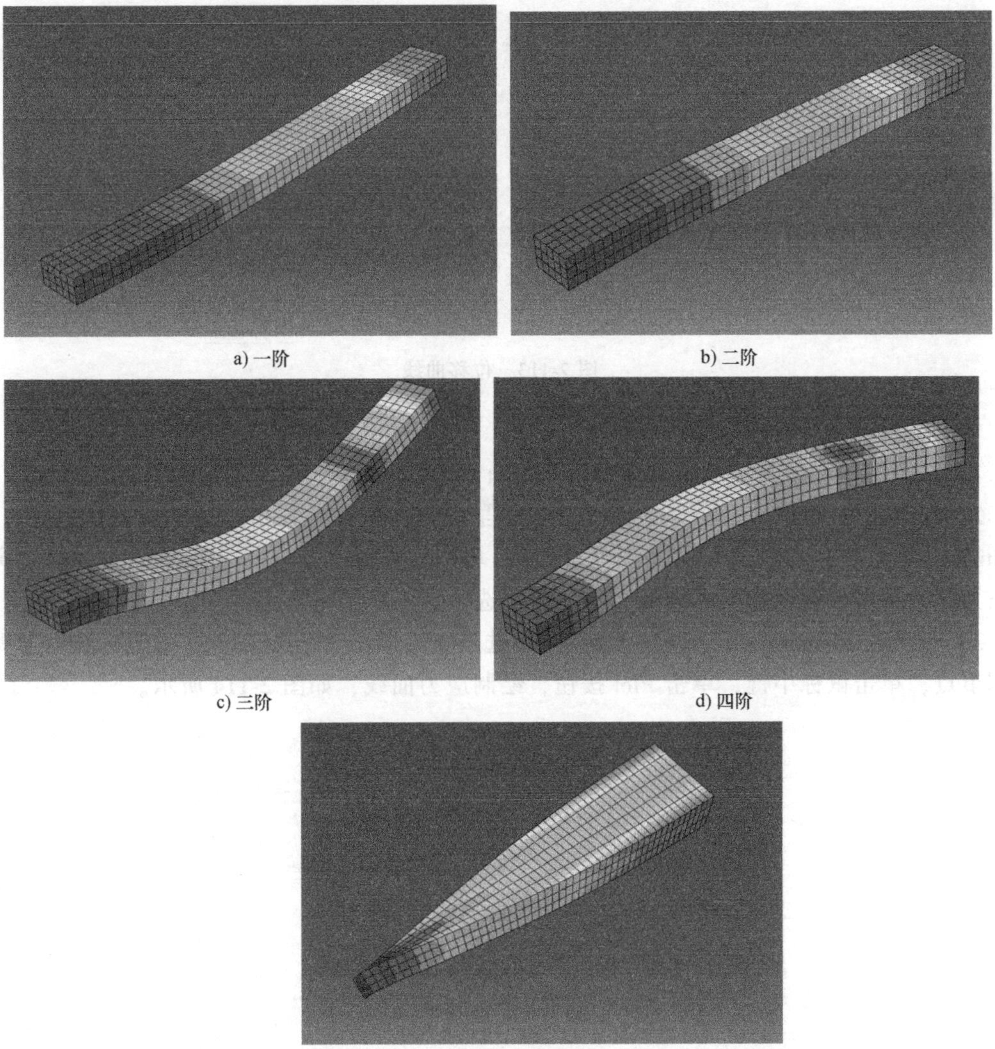

a) 一阶 b) 二阶 c) 三阶 d) 四阶 e) 五阶

图 2-112 前 5 阶模态振型图

输出位移场变量数据的操作步骤如下。

1）在主菜单栏中选择 Report→Field Output 命令。

2）在 Report Field Output（场变量输出报告）对话框的 Variable（变量）选项卡中，将 Position 设置为 Unique Nodal（唯一节点处）。单击 U：Spatial displacement（空间位移）旁边的三角形，扩展已存在变量的列表，从列表中选中 U2 复选框。

3）切换到 Element/Nodes（单元/节点）选项卡，单击 Edit Selection 按钮，选中悬臂梁端部节点，单击鼠标中键，由于计算中使用了两个分析步，要单击 Report Field Output 对话框右上角的 Active Steps/Frames 按钮，关闭 freq 分析步。单击 Plot 按钮，绘制位移曲线，如图 2-113 所示。

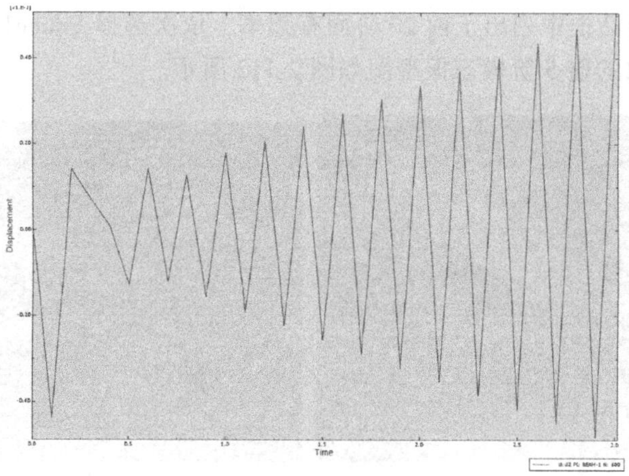

图 2-113　位移曲线

输出应力场变量数据的操作步骤如下。

1）在主菜单栏中选择 Report→Field Output 命令。

2）在 Report Field Output（场变量输出报告）对话框的 Variable（变量）选项卡中，将 Position 设置为 Intergration Point（积分点处）。单击 S：Stress components（应力分量）旁边的三角形，扩展已存在变量的列表，从列表中选中 S11 复选框。

3）切换到 Element/Nodes（单元/节点）选项卡，单击 Edit Selection 按钮，选中悬臂梁根部节点，单击鼠标中键，单击 Plot 按钮，绘制应力曲线，如图 2-114 所示。

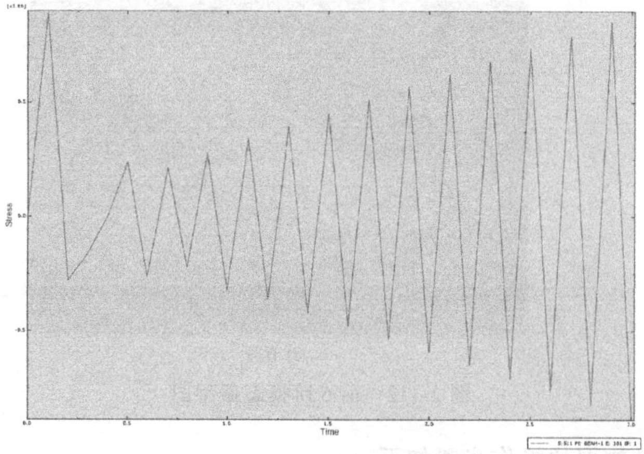

图 2-114　应力曲线

2

MODULE

[工作页 2-3]

项目名称	悬臂梁振动响应分析		
班　级		姓　名	
地　点		日　期	
第__小组成员			

1. 收集信息

【引导问题】

工程中常见静定梁的三种基本形式是________________________________。

【查阅资料】

1）悬臂梁的受力分析有________________________________。

2）悬臂梁振动的加载方式是________________________________。

2. 计划组织

小组组别	
设备工具	
组织安排	
准备工作	

3. 项目实施

作业内容	质量要求	完成情况
		□完成　□未完成
		□完成　□未完成
		□完成　□未完成
		□完成　□未完成

4. 评价反思

在教师指导下，反思自己的工作方式和工作质量。

评价表			
项目	评价指标	自评	互评
专业技能		□合格　□不合格	□合格　□不合格
		□合格　□不合格	□合格　□不合格
		□合格　□不合格	□合格　□不合格
工作态度		□合格　□不合格	□合格　□不合格
		□合格　□不合格	□合格　□不合格
		□合格　□不合格	□合格　□不合格
个人反思		完成项目的过程中,安全、质量等方面是否达到了最佳,请提出个人的改进建议	
教师评价	教师签字 年　月　日		

项目10　导热管传热分析

【项目要求】

建立如图2-115所示导热管，材料为不锈钢，密度为7800kg/m^3，弹性模量为193GPa，泊松比为0.3，导热系数为25.96W/(m·K)，比热容为451J/(kg·℃)。导热管内部温度为250℃，外部处于20℃常温环境，计算导热管的传热过程。

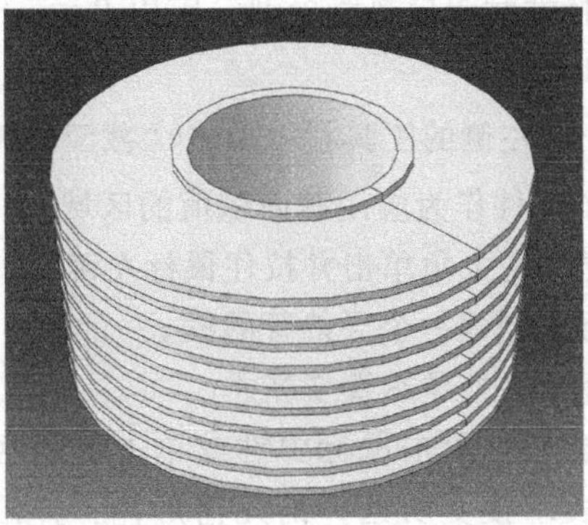

图2-115　导热管

导热管传热分析

【项目实施】

1. 创建材料

用户可应用Property（特性）模块创建材料和定义材料的参数。在本项目中材料选为不锈钢，并假设线弹性，采用弹性模量为193GPa，泊松比为0.3，导热系数为25.96W/(m·K)，比热容为451J/(kg·℃)。应用这些参数，创建导热管的材料属性。

1）在工具栏的模块Module列表中，选择Property进入Property（特性）模块。

2）在主菜单栏中选择Material→Create，创建新的材料，显示Edit Material（编辑材料）对话框。

3）取材料名为Steel。

4）在材料编辑器的菜单栏中依次选择Mechanical→Elasticity→Elastic。

5）在相应的位置分别输入弹性模量193e9和泊松比0.3。

6）在材料编辑器的菜单栏中选择General→Density，在相应的位置输入7800。

7）在材料编辑器的菜单栏中选择Thermal→Conductivity，在相应的位置输入25.96。

8）在材料编辑器的菜单栏中选择Thermal→Specific Heat，在相应的位置输入451。

9）单击OK按钮，退出材料编辑器。

2. 定义和赋予截面（Section）特性

定义一个模型的截面（Section）特性，需要在Property模块中创建一个截面（section）。在截面创建完成后，可以应用下面两种方法中的一种将该截面特性赋予当前图形窗口（Viewport）中的部件。

1）直接选择部件中的区域，并赋予截面特性到该区域。

2）利用Set（集合）工具创建一个同类（homogeneous）集，包含该区域并赋予截面特性到该集合对模型，通过在视图中选择该部件，创建实体截面特性。截面特性将参照刚刚创建的材料Steel。

3. 定义截面

1）在Property左侧的工具栏中单击“创建截面”（Create Section）按钮，弹出“Create Section”（创建截面）对话框，选择类型为Solid Homogeneous，单击Continue按钮。

2）在弹出的Edit Section（编辑截面）对话框中，接受默认的Steel选择作为截面的Material（材料）属性，单击OK按钮。若已定义了其他材料，可单击Material文本框旁的下拉箭头，在材料列表中选择对应的材料。

3）将截面特性赋予导热管模型。应用Property模块中的Assign菜单项将截面特性赋予导热管，步骤如下。

① 在Property左侧的工具栏中单击“截面指派”（Assign Section）按钮。

② 选择整个部件作为应用截面赋值的区域。

a. 在图形窗口左上角单击并按住鼠标左键。

b. 拖动光标，创建一个导热管的框。

c. 松开鼠标，整个导热管变亮。

4）在图形窗口中单击鼠标中键或单击提示区的Done按钮，表示接受所选择的几何形体，弹出Assign Section对话框，列出已经存在的截面。

5）接受默认的Section-1的截面特性，并单击OK按钮，完成模型的材料属性赋予（图2-116）。

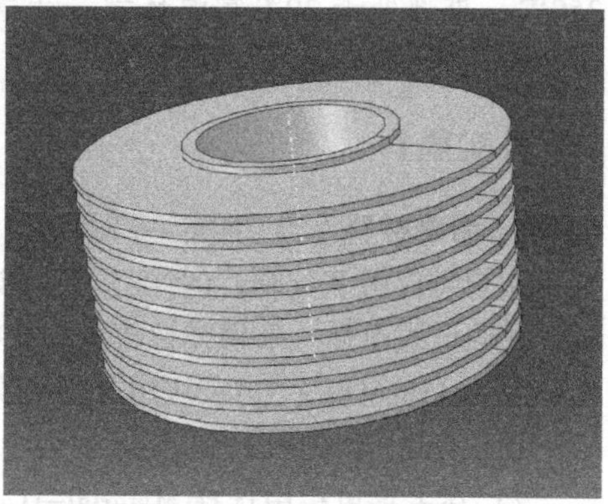

图2-116　赋予材料属性

4. 定义装配（Assembly）

每一个部件都创建在自己的坐标系中，并在模型中彼此独立。通过创建各个部件的实体（instance）并在整体坐标系中将它们定位，即为应用Assembly（装配）模块定义装配件的几何形状。尽管一个模型可能包含多个部件，但只能包含一个装配件。

定义装配的步骤如下。

1）在工具栏的Module列表中单击Assembly，进入装配模块。

2）在装配模块左侧的工具栏中单击“创建实体”（Create Instance）按钮，弹出Create Instance（创建实体）对话框。

3）在该对话框中选择Part-1，并单击OK按钮。

5. 设置分析过程

在Abaqus中有两类分析步：一般分析步（General Analysis Steps），可以用来分析线性或非线性响应；线性摄动步（Linear Perturbation Steps），只能用来分析线性问题。

应用Step模块在初始分析步之后创建一个热传导分析步的步骤如下。

1）在工具栏的Module列表中单击Step，进入Step（分析步）模块。

2）在Step模块的工具栏中单击Create Step（创建分析步）按钮，弹出Create Step（创建分析步）对话框。

3）选择General（通用）、Heat transfer（热传导），单击Continue按钮。

4）在弹出的Edit Step（编辑分析步）对话框中选择Response（响应）为Transient（瞬态），定义Time period（时间步长）为25，即求解25s导热管的传热过程；切换到Incrementation（增量）选项卡，按图2-117所示进行设置。

2 MODULE

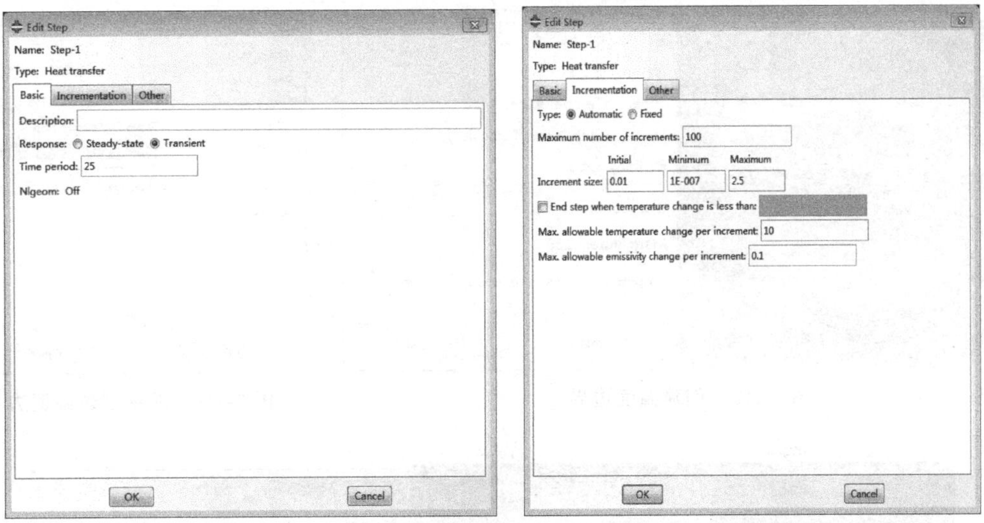

a) 基本设置　　b) 增量设置

图 2-117　设置分析步参数

5）单击 Other（其他）页并查看其内容；可以接受对该步骤所提供的默认值。

6）单击 OK 按钮创建分析步，并退出 Edit Step 对话框。

6. 在模型上施加边界条件和荷载

施加的条件，例如边界条件（Boundary Conditions）和荷载（Loads），是与分析步相关的，即用户必须指定边界条件和荷载在哪个或那些分析步中起作用。现在，已经定义了分析步，可以应用 Load（荷载）模块定义施加的条件。

在导热管上施加边界条件的步骤如下。

1）在工具栏中的 Module 列表中单击 Load，进入 Load（荷载）模块。

2）在 Load 模块的工具栏中单击 Create Boundary Condition（创建边界条件）按钮，弹出 Create Boundary Condition（创建边界条件）对话框。

3）在 Create Boundary Condition 对话框中选择 Step-1，在 Category（类型）列表中选择 Other（其他），在 Types for Selected Step（选择步骤类型）列表中选择 Temperature（温度），并单击 Continue 按钮。

4）在图形窗口中拾取导热管内部，单击鼠标中键，弹出 Edit Boundary Condition 对话框，将 Magnitude 设置为 250，单击 OK 按钮（图 2-118）。

5）在 Load 模块的工具栏中再次单击 Create Boundary Condition（创建边界条件）按钮，在 Create Boundary Condition 对话框中选择 Step-1，在 Category（类型）列表中选择 Other（其他），在 Types for Selected Step（选择步骤类型）列表中选择 Temperature（温度），并单击 Continue 按钮（图 2-119）。

6）在图形窗口中拾取导热管外侧所有平面，单击鼠标中键，弹出 Edit Boundary Condition 对话框，将 Magnitude 设置为 20，单击 OK 按钮（图 2-120）。

7）完成温度环境约束后的模型如图 2-121 所示。

7. 模型的网格划分

用户可应用 Mesh（网格）模块生成有限元网格，步骤如下。

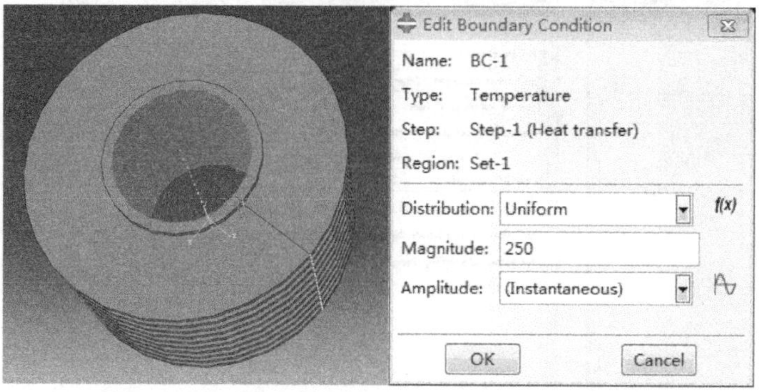

图 2-118 创建温度边界

图 2-119 继续创建温度边界

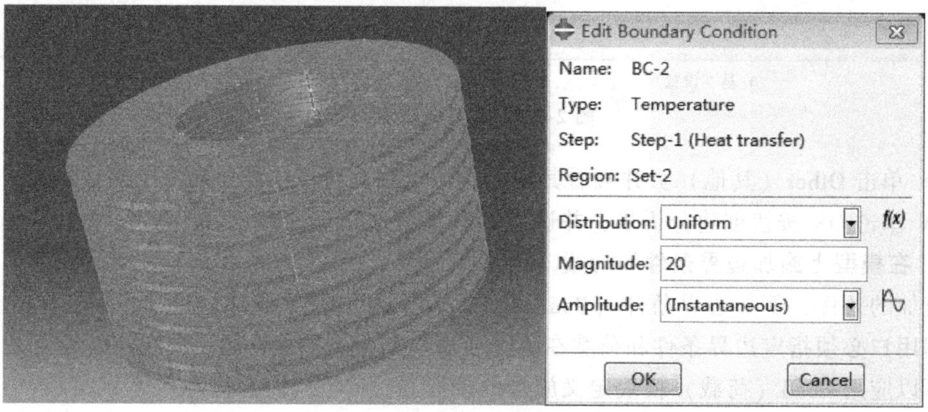

图 2-120 创建其他位置的温度边界条件

1）在工具栏的 Module 列表中单击 Mesh 进入 Mesh（网格）模块。

2）在 Load 模块的工具栏中单击 Seed Part Instant（布种）按钮，弹出 Global Seed 对话框。将 Approximate Global Size（近似全局尺寸）设置为 0.01，Maximum Deviation Factor 设置为 0.01，单击 OK 按钮，完成布种。

3）单击 Assign Seed Controls（网格属性控制）按钮，弹出 Mesh Control（网格控制）对话框，选择 Hex（六面体）网格，采用 Sweep（扫掠）划分方式，单击 OK 按钮。

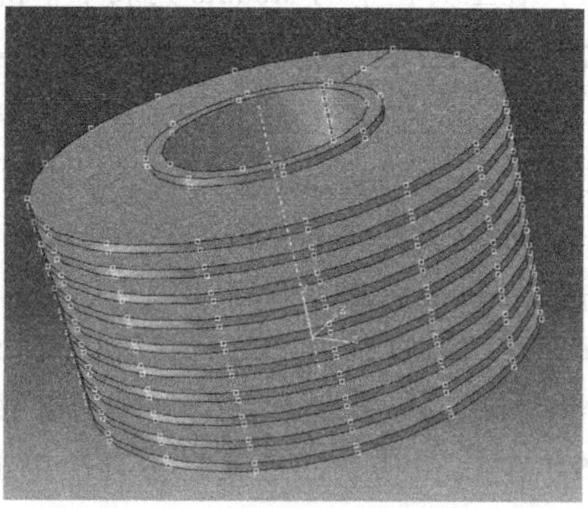

图 2-121 完成温度环境约束后的模型

4）单击 Assign Seed Type（选择单元类型）按钮，选中模型后单击鼠标中键，弹出 Element Type 对话框，在 Family（族）中选择 Heat Transfer（热传导），选择 DC3D8（线性八节点热传导单元），单击 OK 按钮完成设置（图 2-122）。

5）单击 Mesh Part（划分网格）按钮，再单击鼠标中键，完成网格划分（图 2-123）。

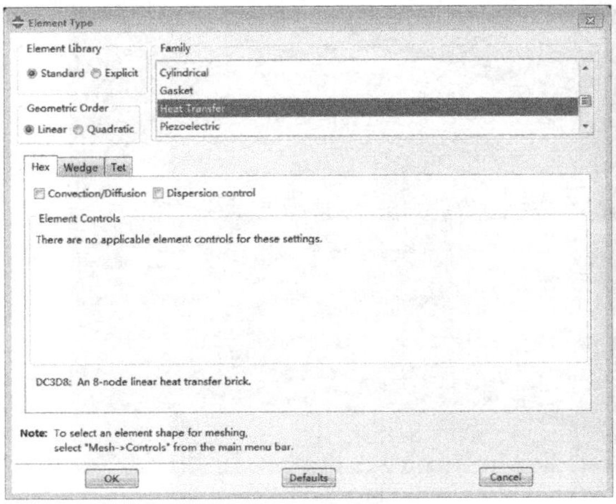

图 2-122　选择单元类型

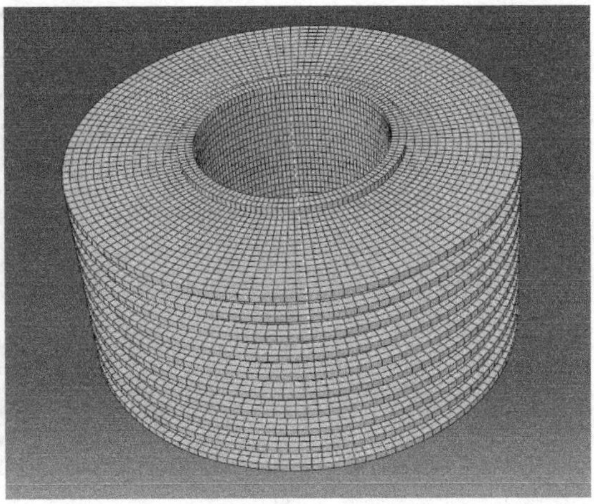

图 2-123　网格划分

8. 创建一个分析作业

现在，已经设置好了分析模型，可以进入到 Job（作业）模块中创建一个与该模型有关的作业，步骤如下。

1）在工具栏的 Module 列表中单击 Job，进入 Job（作业）模块。

2）在 Job 模块左侧的工具栏中单击 Create Job（创建作业）按钮，弹出 Create Job（创建作业）对话框，显示模型数据库中模型的列表，单击 Continue 按钮，弹出 Edit Job（编辑作业）对话框。

3）保持默认设置，单击 OK 按钮，完成作业设置。

4）单击 Job 模块左侧工具栏中的 Job Manger（作业管理）按钮，弹出 Job Manger（作业管理）对话框，单击 Submit（提交）按钮，提交运算。

9. 用 Abaqus/CAE 进行后处理

（1）输出热流量矢量图　为了方便检查导热管内部的热流量情况，隐藏一半导热管，单击图像区上方工具栏中的按钮，显示导热管 y 方向正视图，框选一半导热管，继续单击图像区上方工具栏中的 Remove Selected（移除所选）按钮，即可只显示剩下的部分。如需恢复显示，单击旁边的 Replace All（恢复全部）按钮即可（图 2-124）。

单击 Plot Contourson Deformed Shape（绘制云图）按钮，在主菜单下方的场输出变量中设置变量 HFL，显示热流量变化云图。图 2-125 所示分别为 Increment（增量步）为 10、20、30 时的热流量矢量云图。

（2）输出场变量数据

1）在主菜单栏中选择 Report→Field Output。

2）在 Report Field Output（场变量输出报告）对话框的 Variable（变量）选项页中，将 Position 设置为 Unique Nodal（唯一节点的），单击 NT11：Nodal Temperature（节点温度）按钮。

3）切换到 Element/Nodes（单元/节点）选项，单击 Edit Selection，在图形界面中选择管壁节点，单击鼠标中键，选中节点，单击 Plot 按钮，绘制温度变化曲线（图 2-126）。

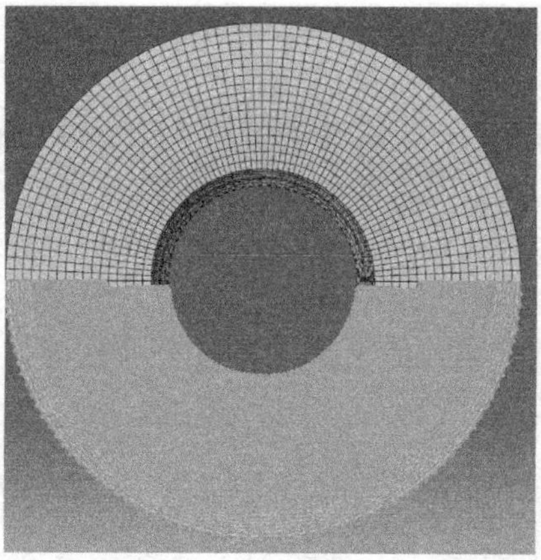

a)

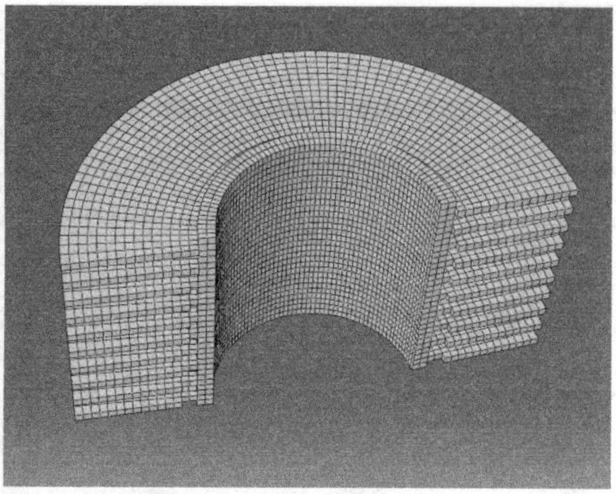

b)

图 2-124　移除显示

a) 增量步为10

b) 增量步为20

c) 增量步为30

图 2-125　热流量矢量云图

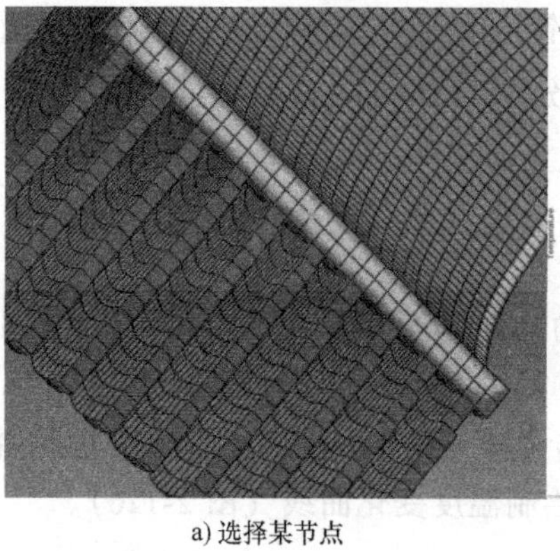

a) 选择某节点

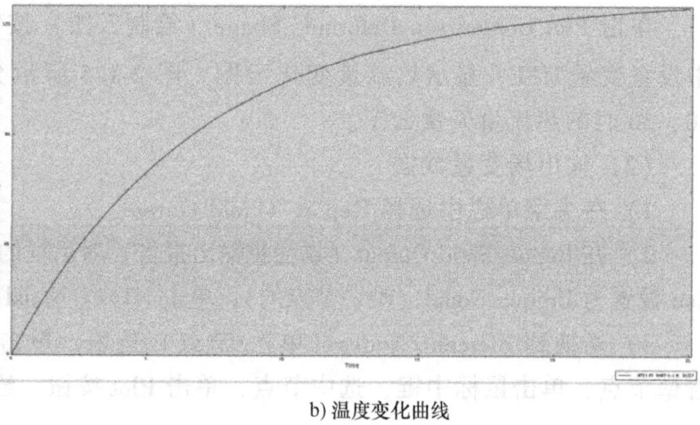

b) 温度变化曲线

图 2-126　某节点的温度变化曲线

[工作页 2-4]

项目名称	导热管传热分析		
班　级		姓　名	
地　点		日　期	
第__小组成员			

1. 收集信息

【引导问题】

导热管的类型有______________________________。

【查阅资料】

导热管仿真温度场的设置方法是______________________________。

2. 计划组织

小组组别	
设备工具	
组织安排	
准备工作	

3. 项目实施

作业内容	质量要求	完成情况	
		□完成	□未完成
		□完成	□未完成
		□完成	□未完成
		□完成	□未完成

4. 评价反思

在教师指导下，反思自己的工作方式和工作质量。

评价表

项目	评价指标	自评		互评	
专业技能		□合格	□不合格	□合格	□不合格
		□合格	□不合格	□合格	□不合格
		□合格	□不合格	□合格	□不合格
工作态度		□合格	□不合格	□合格	□不合格
		□合格	□不合格	□合格	□不合格
		□合格	□不合格	□合格	□不合格
个人反思		完成项目的过程中,安全、质量等方面是否达到了最佳,请提出个人的改进建议			
教师评价	教师签字 年　月　日				

项目 11 四连杆机构多体动力学分析

【项目要求】

建立四连杆机构多体动力学分析实例，如图 2-127 所示。杆件为刚体，杆 1、3 底部约束除转动之外的所有自由度，杆 1 做 360° 逆时针方向旋转，杆 1 和杆 3 之间的连杆由于约束不产生任何位移，因此做简化处理，不予考虑，计算机构整体的运动情况。

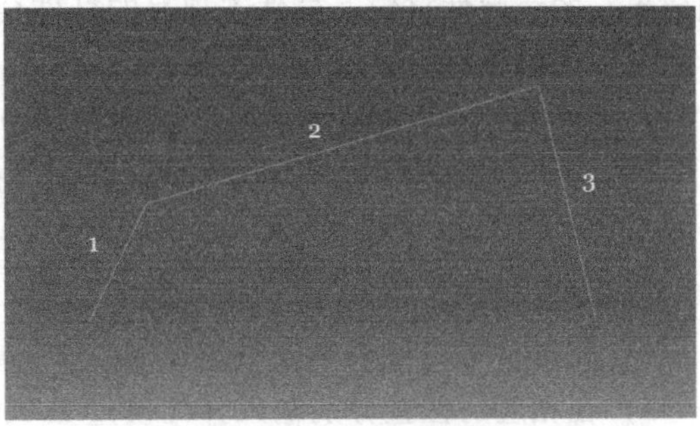

图 2-127 四连杆机构

【项目实施】

1. 创建部件

1）启动 Abaqus/CAE，创建一个模型数据库，进入 Part 模块。

2）单击 Part 模块中的 Create Part（创建部件）按钮，弹出 Create Part（创建部件）对话框时，将带孔板命名为 Beam-1，选择 3D 平面，Type 选择 Deformable，Shape 选择 Wire，在 Approximate size（大致尺寸）域内输入 1，单击 Continue 按钮，进入绘图界面，如图 2-128 所示。

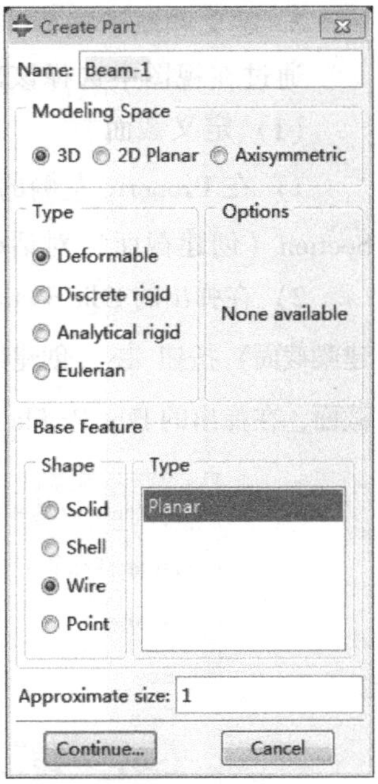

图 2-128 绘图界面

3）单击左侧绘图工具栏中的 Create Lines：Connected（创建直线）按钮，依次输入（0，0）、（0.2，0.4），单击鼠标中键，再单击 Done 按钮，完成杆 1 的绘制。

4）再次单击 Part 模块中的 Create Part（创建部件）按钮，弹出 Create Part（创建部件）对话框时，将带孔板命名为 Beam-2，选择 3D 平面，Type 选择 Deformable，Shape 选择 Wire，在 Approximate size（大致尺寸）域内输入 5，单击 Continue 按钮，进入绘图界面。

5）单击左侧绘图工具栏中的 Create Lines：Connected（创建直线）按钮，依次输入（0.2，0.4）、（1.6，0.8），单击鼠标中键，再单击 Done 按钮，完成杆 2 的绘制。

6）再次单击 Part 模块中的 Create Part（创建部件）按钮，弹出 Create Part（创建部件）对话框时，将带孔板命名为 Beam-3，选择 3D 平面，Type 选择 Deformable，Shape 选择 Wire，在 Approximate size（大致尺寸）域内输入 5，单击 Continue 按钮，进入绘图界面。

7）单击左侧绘图工具栏中的 Create Lines：Connected（创建直线）按钮，依次输入（1.6，0.8）、（1.8，0），单击鼠标中键，再单击 Done 按钮，完成杆 3 的绘制。

8）完成四连杆机构各部分的模型创建。

2. 创建材料

可应用 Property（特性）模块创建材料和定义材料的参数。在本项目中带孔圆盘材料选为钢，并假设线弹性，采用弹性模量为200GPa、泊松比为0.3。这样，应用这些参数，将创建单一的线弹性材料。虽然本项目的杆件会在后续约束中设置为刚体，但是依然要赋予材料属性，否则计算无法运行。

1）在工具栏的模块 Module 列表中选择 Property，进入到 Property（特性）模块。

2）在主菜单栏中选择 Material→Create，创建新的材料，弹出 Edit Material（编辑材料）对话框。

3）设置材料名为 Steel。

4）在材料编辑器菜单栏中选择 Mechanical→Elasticity→Elastic。

5）在相应的位置分别输入弹性模量200e9和泊松比0.3。

6）在材料编辑器的菜单栏中选择 General→Density，在相应的位置输入7800。

7）单击 OK 按钮，退出材料编辑器。

3. 定义和赋予截面（Section）特性

通过在视图中选择该部件，创建实体截面特性。截面特性将参照刚刚创建的材料 Steel。

（1）定义截面

1）在 Property 左侧的工具栏中单击“创建截面”（Create Section）按钮，弹出 Create Section（创建截面）对话框，选择类型为 Beam Beam，单击 Continue 按钮。

2）在弹出的 Edit Section（编辑截面）对话框中单击 Beam Shape 后的 Create Beam Profile（创建梁截面）按钮，创建梁的横截面类型。在弹出的 Create Profile 对话框中选择 Circular（圆形）截面，在弹出的 Edit Profile 对话框中输入圆截面半径 r：0.05，单击 OK 按钮（图2-129）。

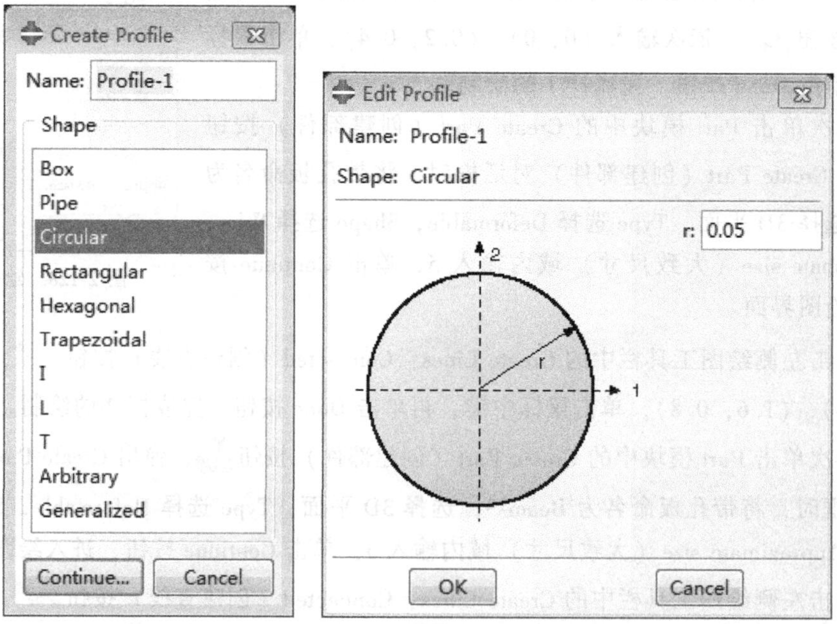

a) 创建截面　　b) 输入参数

图2-129　设置梁截面参数

3）继续在 Edit Beam Section 对话框中进行参数设置，Beam Shape 选择先前设置的梁截面，Material name 选择 Steel 作为截面的 Material（材料）属性，Section Poisson's Ratio 设为 0.3，其他设置保持默认，单击 OK 按钮。若已定义了其他材料，可单击 Material name 文本框旁的下拉箭头，在下拉材料表中选择对应的材料。

（2）将截面特性赋予模型　应用 Property 模块中的 Assign 菜单项将截面特性赋予各杆件，步骤如下。

1）在 Property 左侧的工具栏中单击“截面指派”（Assign Section）按钮。

2）选择 Beam-1 作为应用截面赋值的区域，单击鼠标中键，弹出 Edit Section Assignment 对话框，列出已经存在的截面。

3）接受默认的 Section-1 的截面特性，并单击 OK 按钮，完成模型的材料赋予。

4）使用相同的方法对 Beam-2、Beam-3 进行截面指派。

5）单击工具栏中的 Assign Beam Orientation（指派梁方向）按钮，选择 Beam-1 部件，单击鼠标中键，接受默认的梁方向矢量（0.0，0.0，-1.0），再次单击鼠标中键，显示梁矢量方向，单击 OK 按钮或鼠标中键确定（图 2-130）。

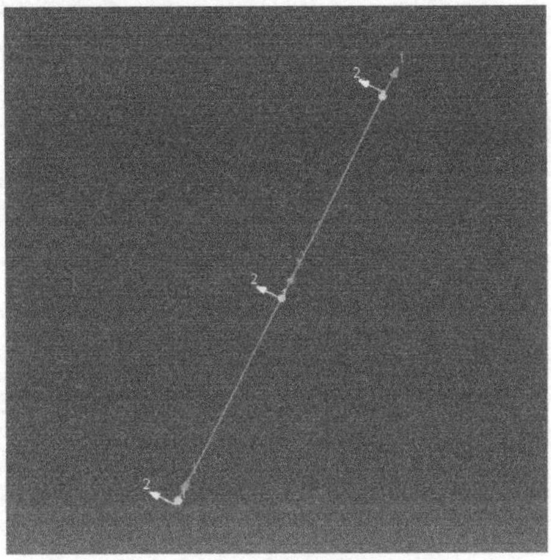

图 2-130　指派梁的方向

6）按同样的方法完成 Beam-2、Beam-3 的梁方向指派，完成模型的材料赋予。

4. 定义装配（Assembly）

1）在工具栏的 Module 列表中单击 Assembly，进入装配模块。

2）在装配模块左侧的工具栏中单击“创建实体”（Create Instance）按钮，弹出 Create Instance（创建实体）对话框。

3）在该对话框中，依次单击 Beam-1、Beam-2、Beam-3，并单击 OK 按钮。由于建模过程坐标已选取了正确位置，不需要再进行调整。建模结果如图 2-131 所示。

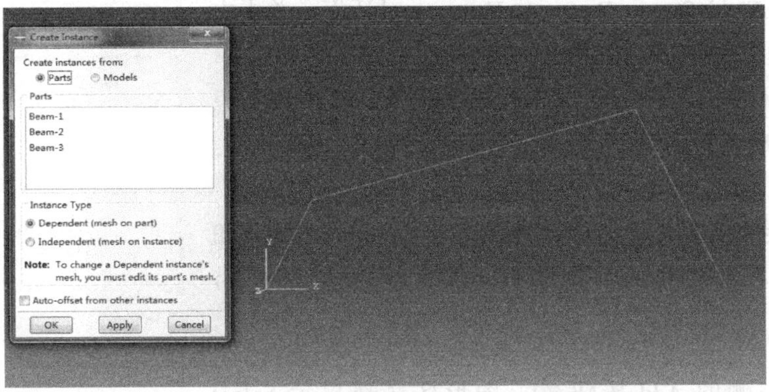

图 2-131　装配好的四连杆机构

5. 设置分析过程

应用 Step 模块在初始分析步之后创建一个通用分析步，步骤如下。

1）在工具栏的 Module 列表中单击 Step，进入 Step（分析步）模块。

2）在 Step 模块的工具栏中单击 Create Step（创建分析步）按钮，弹出 Create Step（创建分析步）对话框。

3）命名分析步为 contact，选择 General（通用）、Static General（静态通用），单击 Continue 按钮。

4）在弹出的 Edit Step（编辑分析步）对话框中选择 Nlgeom 为 On，将 Time period 设为 5，切换到 Incrementation（增量）选项卡，将 Increment size 设为 0.01，单击 OK 按钮，完成分析步的设置（图 2-132）。

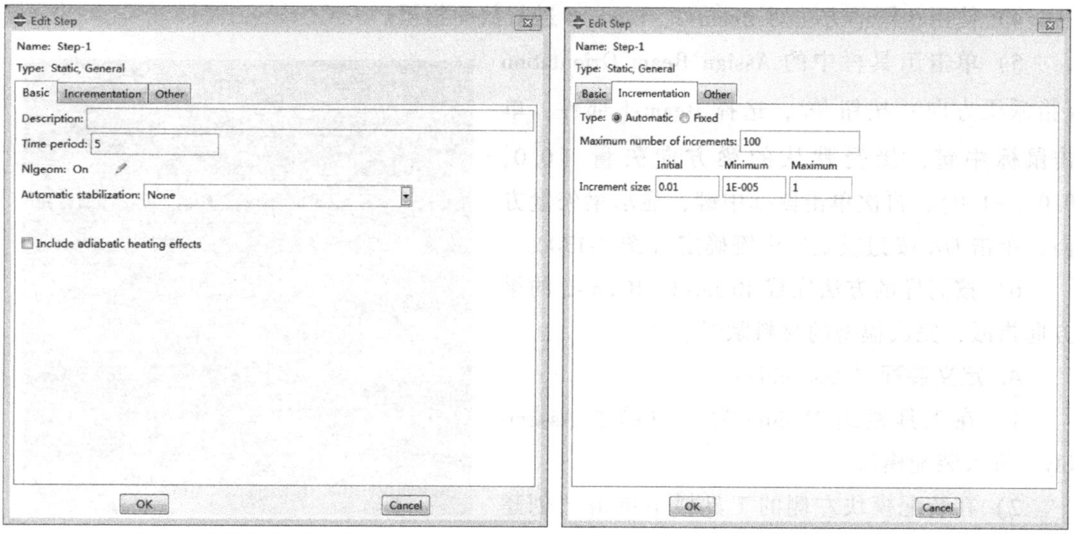

a) 设置基本参数　　b) 设置增量参数

图 2-132　分析步设置

5）单击 OK 按钮创建分析步，并退出 Edit Step 对话框。

6）单击工具栏中的 Create Field Output（创建场输出）按钮，弹出 Field Output Requests Manager 对话框，单击右侧的 Edit，弹出 Edit Field Output Request 对话框。

7）在 Edit Field Output Request 对话框中，输出数据只勾选位移，完成场输出的设置。

6. 定义连接

1）首先定义各杆件之间的连接线。单击 Interaction（相互作用）工具栏中的 Create Wire Feature（创建连线特征）按钮，弹出 Create Wire Feature 对话框（图 2-133）。

2）单击右侧的 Add 按钮，图形区底部提示 Select First Point，选择 Beam-1 右侧端点，由于此时三根杆已经装

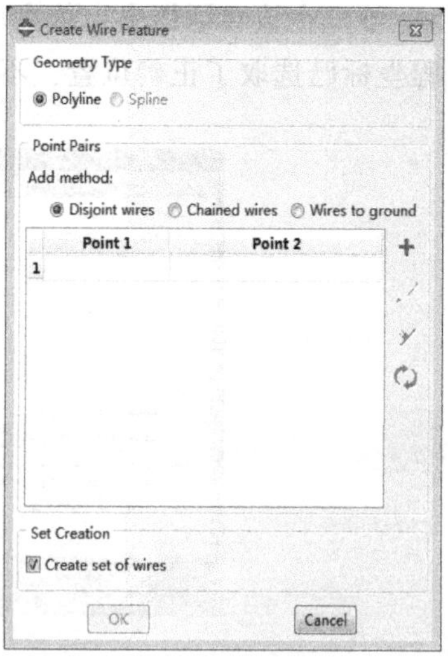

图 2-133　创建连接线

配到一起，Beam-1 左侧端点和 Beam-2 右侧端点重合，因此需要单击菜单栏下方的 Replace Selected 按钮，暂时只显示 Beam-1。具体操作步骤为：单击 Replace Selected（替换所选）按钮，选中 Beam-1，单击鼠标中键，此时图形区只显示 Beam-1，可方便选取其右端点（图 2-134）。

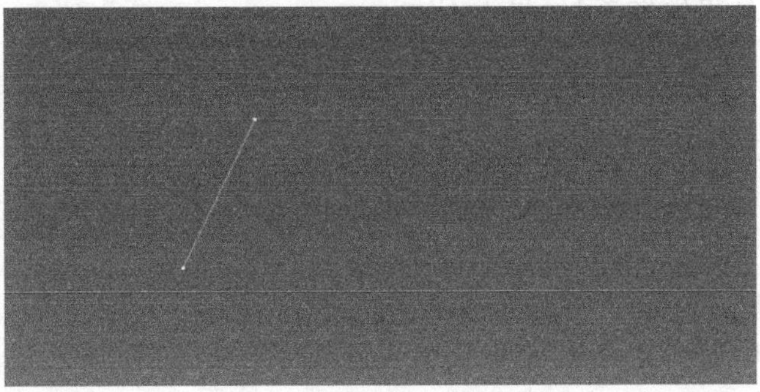

图 2-134　Beam-1 及其端点

单击菜单栏下方的 Replace All 按钮即可将隐藏的部件重新显示。按相同的操作方法，只显示 Beam-2，选择 Beam-2 左端点为 Second Point，单击鼠标中键，完成点的选取，然后勾选 Create Wire Featare 对话框下方的 Create set of wires，单击 OK 按钮（图 2-135）。

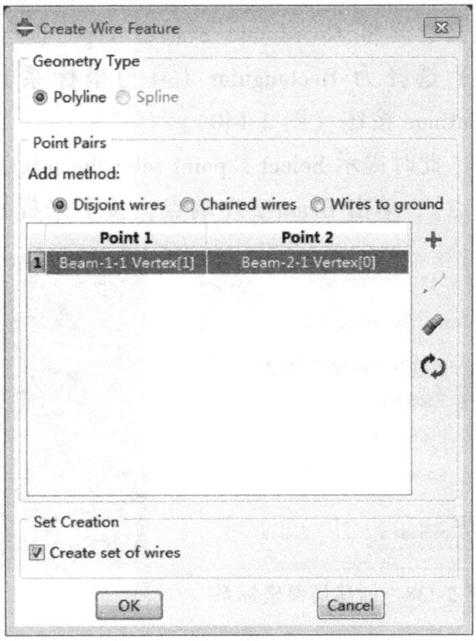

图 2-135　选择 Beam-2 的端点

3）按照相同的操作方法，在 Beam-2 右端点和 Beam-3 左端点建立 Wire。

4）在接触模块的工具栏中单击 Create Connector Section（创建连接器）按钮，弹出 Create Connector Section 对话框，选择 Connection Category 为 Assembled/Complex，在 Assembled/Complex type 下拉菜单中选择 U Joint（图 2-136），单击 Continue 按钮，各项参数保持默认，单击 OK 按钮（图 2-137）。

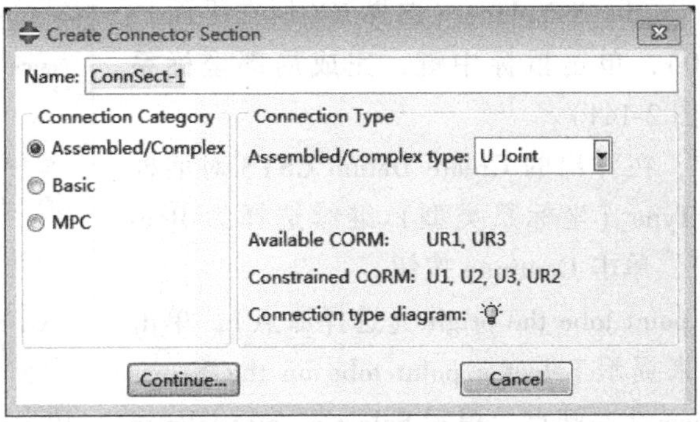

图 2-136　选择 U Joint

5）建立局部坐标系。单击接触工具栏中的Create Datum CSYS：3Point（3点创建局部坐标系）按钮，在弹出的Create Datum CSYS对话框中，Coordinate System Type（坐标系类型）选择为Rectangular（直角坐标系），单击Continue按钮（图2-138）。

此时提示Select a point tobe the origin（选择原点），单击Beam-1右端点，接下来提示Select a point tobe on the X-axis（选择X轴），单击Beam-1左端点，提示Select a point tobe in the X-Yplane（选择XY所在平面），在后面输入（0，1，0），单击鼠标中键，完成局部坐标系Datumcsys-2的创建（图2-139）。

6）然后会继续弹出Create Datum CSYS对话框，继续将Coordinate System Type（坐标系类型）选择为Rectangular（直角坐标系），单击Continue按钮（图2-140）。

此时提示Select a point tobe the origin（选择原点），单击Beam-2左端点，接下来提示Select

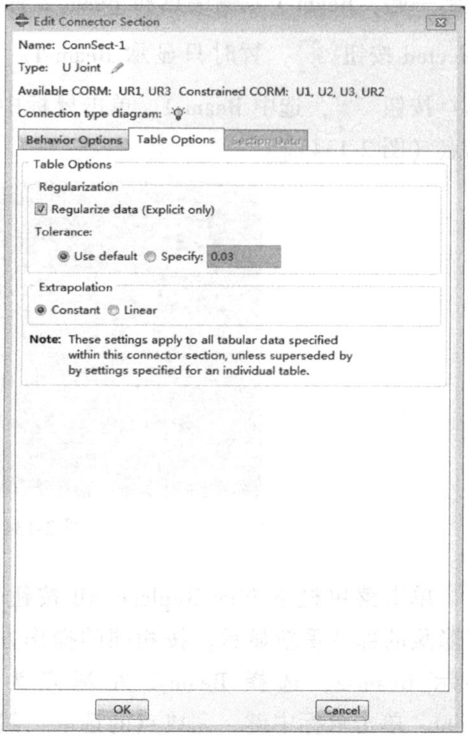

图2-137　其他默认参数

图2-138　创建局部坐标系

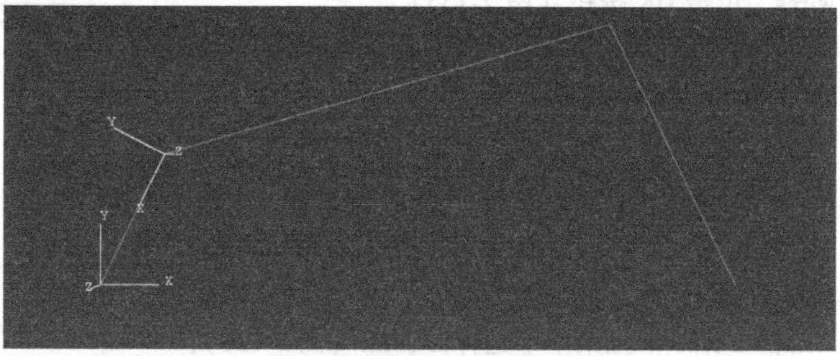

图2-139　局部坐标系创建完成

a point tobe on the X-axis（选择X轴），单击Beam-2右端点，提示Select a point tobe in the X-Yplane（选择XY所在平面），在后面输入（0，1，0），单击鼠标中键，完成局部坐标系Datumcsys-3的创建（图2-141）。

7）重复上述操作，在弹出的Create Datum CSYS对话框中，Coordinate System Type（坐标系类型）继续选择为Rectangular（直角坐标系），单击Continue按钮。

此时提示Select a point tobe the origin（选择原点），单击Beam-2右端点，接下来提示Select a point tobe on the X-axis（选择X轴），单击Beam-2左端点，提示Select a point tobe in

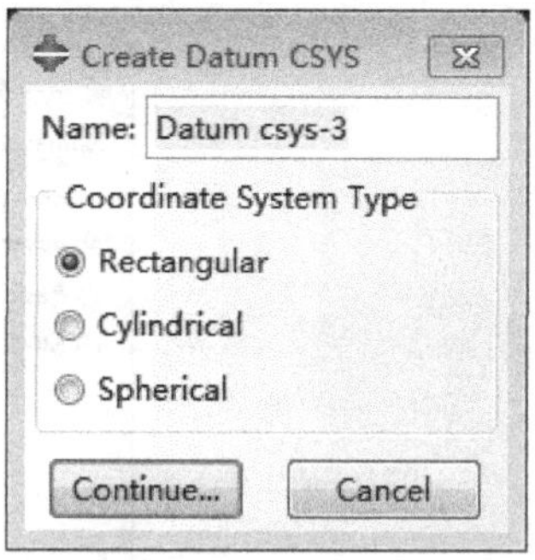

图2-140　创建直角坐标系

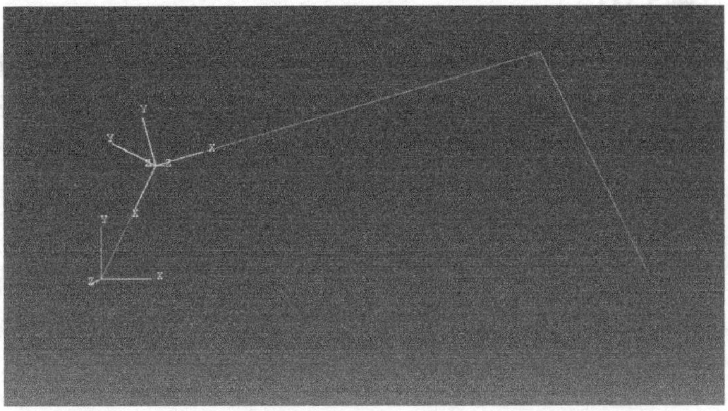

图 2-141　局部直角坐标系创建完成

the X-Yplane（选择 XY 所在平面），在后面输入（0，1，0），单击鼠标中键，完成局部坐标系 Datumcsys-4 的创建。

8）再次重复上述操作，在弹出的 Create Datum CSYS 对话框中，Coordinate System Type（坐标系类型）继续选择为 Rectangular（直角坐标系），单击 Continue 按钮。

此时提示 Select a point tobe the origin（选择原点），单击 Beam-3 左端点，接下来提示 Select a point tobe on the X-axis（选择 X 轴），单击 Beam-3 右端点，Select a point tobe in the X-Yplane（选择 XY 所在平面），在后面输入（0，1，0），单击鼠标中键，完成局部坐标系 Datumcsys-5 的创建。

9）至此所有接触点的局部坐标系均建立完成。

10）单击接触工具栏中的 Create Connector Assignment（分配连接器）按钮，单击提示栏右侧的 Sets... 弹出 Region Selection 对话框中，选择 Wire-1-Set-1，单击 Continue 按钮（图 2-142）。

11）此时弹出 Edit Connector Section Assignment 对话框，在 Section 选项卡中选择先前设置好的连接器（图 2-143）。

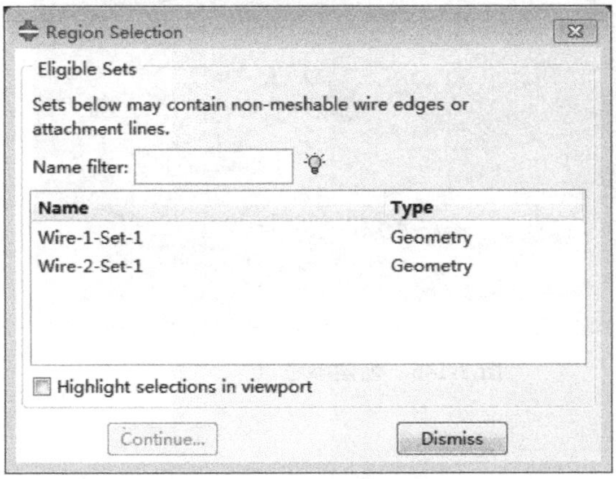

图 2-142　创建连接器

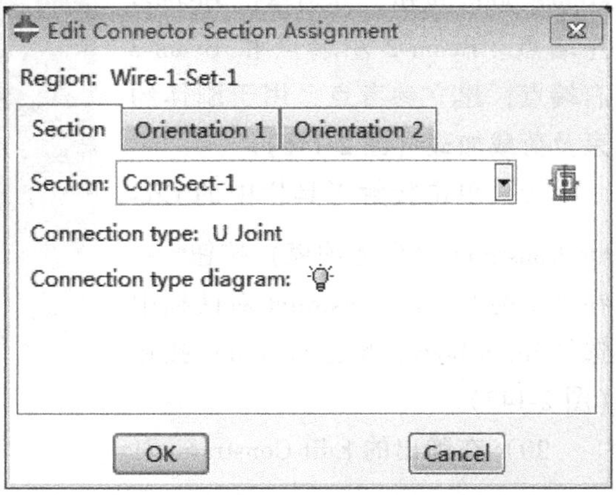

图 2-143　分配连接器

12）打开 Orientation 1 选项卡，单击 Edit 图标按钮，在图形区选择先前建立的 Datumcsys-2 坐标系（图 2-144）。

13）打开 Orientation 2 选项卡，选中 No modifications to CSYS，再单击 Edit 图标按钮，在图形区选择先前建立的 Datumcsys-3 坐标系，单击 OK 按钮，完成连接器的指派（图 2-145）。

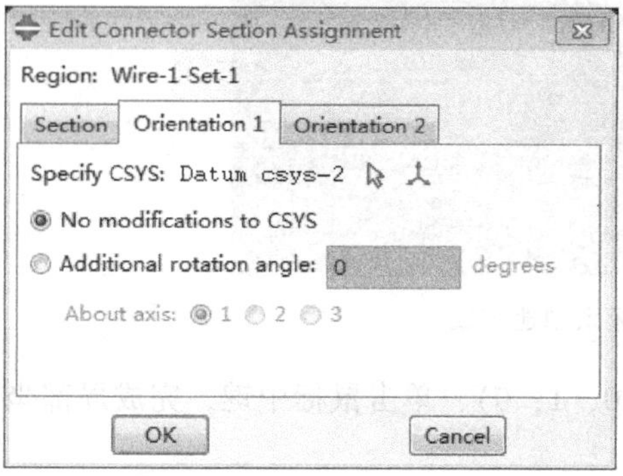

图 2-144　定义第一个方向

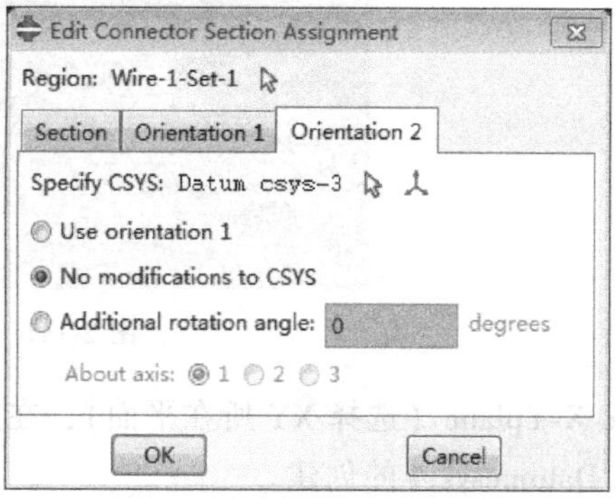

图 2-145　定义第二个方向

14）按相同的方法再次单击接触工具栏中的 Create Connector Assignment（分配连接器）按钮，单击提示栏右侧的 Sets... 在弹出的 Region Selection 对话框中选择 Wire-2-Set-1，单击 Continue 按钮。

15）此时弹出 Edit Connector Section Assignment 对话框，在 Section 选项卡中选择先前设置好的连接器。

16）打开 Orientation 1 选项卡，单击 Edit 图标按钮，在图形区选择先前建立的 Datumcsys-4 坐标系。

17）打开 Orientation 2 选项卡，选中 No modifications to CSYS，再单击 Edit 图标按钮，在图形区选择先前建立的 Datumcsys-5 坐标系，单击 OK 按钮，完成连接器的指派。

18）单击主菜单中的 Tool-Reference point 按钮，分别单击 Beam-1 左端点、Beam-2 左端点和 Beam-3 右端点，建立参考点，用于刚体约束及荷载加载（图 2-146）。

图 2-146　创建参考点

19）单击接触工具栏中的 Create Constraint（创建约束）按钮，在弹出的 Create Constraint 对话框中选择 Rigid body，单击 Continue 按钮（图 2-147）。

20）在弹出的 Edit Constraint 对话框中选择 Body（elements），再单击右侧的 Edit Selection 按钮，在图形区选择 Beam-1，单击鼠标中键，再单击 Point 右侧的 Edit 图标按钮，选取参考点 RP-1，建立 Beam-1 的刚体约束（图 2-148）。

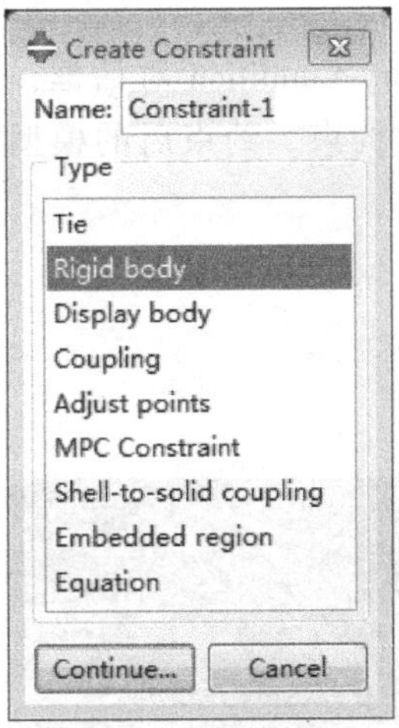

图 2-147　刚体约束

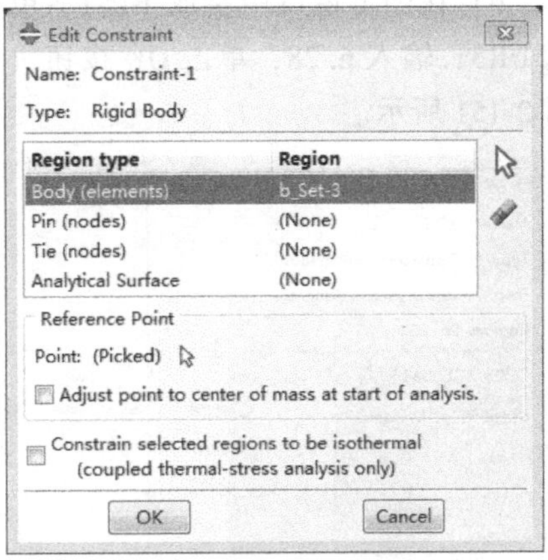

图 2-148　建立 Beam-1 的刚体约束

21）按相同的方法建立 Beam-2 与 RP-2、Beam-3 与 RP-3 之间的刚体约束，此处不再赘述，完成整个四连杆机构的刚体约束（图 2-149）。

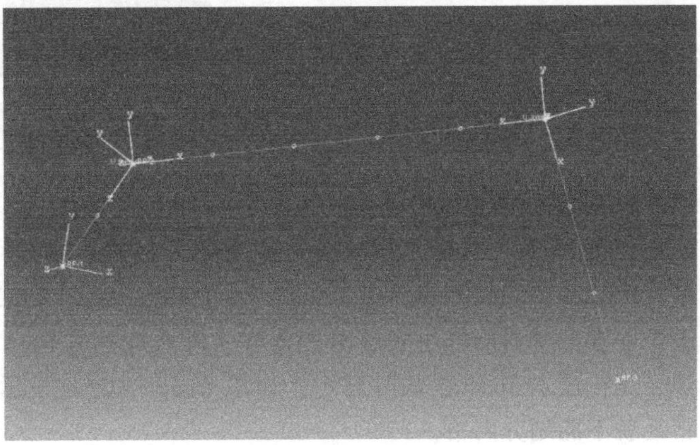

图 2-149　创建所有约束

至此，连接器设置完成。

7. 在模型上施加边界条件和荷载

施加的条件，例如边界条件（Boundary Conditions）和荷载（Loads），是与分析步相关的，即用户必须指定边界条件和荷载在哪个或哪些分析步中起作用。现在，已经定义了分析的步骤，可以应用 Load（荷载）模块定义施加的条件。

1）在工具栏的 Module 列表中单击 Load 按钮，进入 Load（荷载）模块。

2）在 Load 模块的工具栏中单击 Create Boundary Condition（创建边界条件）按钮，弹出 Create Boundary Condition（创建边界条件）对话框。

3）在 Create Boundary Condition 对话框中选择 Initial，在 Category（类型）列表中接受 Mechanical（力学）作为默认的类型选项。在 Types for Selected Step（选择步骤类型）列表中选择 Displacement/Rotation（位移/旋转），并单击 Continue 按钮。

4）打开图形窗中，按住<Shift>键的同时拾取 RP-1 和 RP-3，单击鼠标中键，弹出 Edit Boundary Condition 对话框，约束除 UR3 之外的所有自由度，单击 OK 按钮。

5）在 Load 模块的工具栏中再次单击 Create Boundary Condition（创建边界条件）按钮，弹出 Create Boundary Condition（创建边界条件）对话框。新建约束条件，Step 选择为 Step-1，在 Category（类型）列表中接受 Mechanical（力学）作为默认的类型选项。在 Types for Selected Step（选择步骤类型）列表中选择 Symmetry/Antisymmetry/Encastre（对称/反对

称/完全固定），并单击 Continue 按钮。

6）在图形窗口中拾取 RP-1，单击鼠标中键，弹出 Edit Boundary Condition 对话框，勾选 UR3，输入 6.28，单击 OK 按钮（图 2-150），完成四连杆机构的约束。约束后的模型如图 2-151 所示。

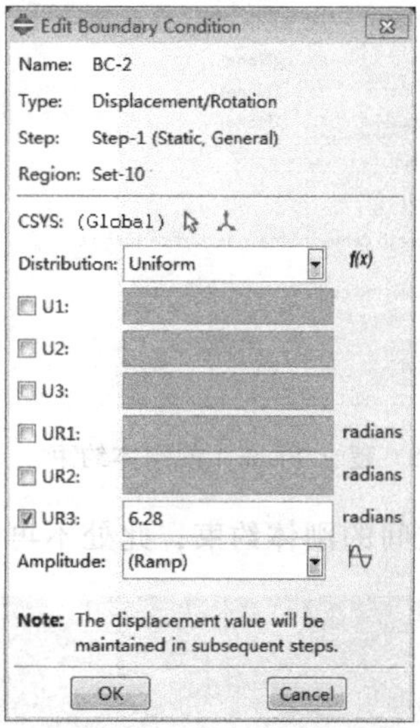

图 2-150　转动边界条件

图 2-151　完成约束的四连杆机构模型

8. 模型的网格划分

应用 Mesh（网格）模块可生成有限元网格。用户可以选择 Abaqus/CAE 的创建网格、单元形状和单元类型等网格生成技术。尽管 Abaqus/CAE 具有一系列的网格生成技术，但是关于一维区域的网格生成后不能改变。默认应用在模型中的网格生成技术由模型的颜色标识，且在进入 Mesh 模块时显示。如果 Abaqus/CAE 显示模型为橙黄色，则表示没有用户的帮助就不能划分网格。

1）在工具栏的 Module 列表中单击 Mesh，进入 Mesh（网格）模块。

2）在 Mesh 模块的工具栏中单击 Seed Part Instant（布种）按钮，弹出 Global Seed 对话框，将 Approximateg lobal size（近似全局尺寸）设置为 0.01，Maximum deviation factor 设置为 0.1，单击 OK 按钮，完成布种。

3）单击 Assign Seed Type（选择单元类型）按钮，选中模型，单击鼠标中键，弹出 Element Type 对话框，在 Family（族）中选择 Beam（梁）、B31，单击 OK 按钮完成设置。

4）单击 Mesh Part（划分网格）按钮，再单击鼠标中键，完成网格划分。

5）使用同样的方法完成 Beam-2 和 Beam-3 的网格划分。完成网格划分后机构整体如图 2-152 所示。

9. 创建一个分析作业

至此，已经设置好了分析模型，可以进入到 Job（作业）模块中创建一个与该模型有关的作业。

1）在工具栏中的 Module 列表中单击 Job，进入 Job（作业）模块。

2）在 Job 模块左侧的工具栏中单击 Create Job（创建作业）按钮，弹出 Create Job（创建作业）对话框，显示模型数据库中模型的列表，单击 Continue 按钮，弹出 Edit Job（编辑作业）对话框。

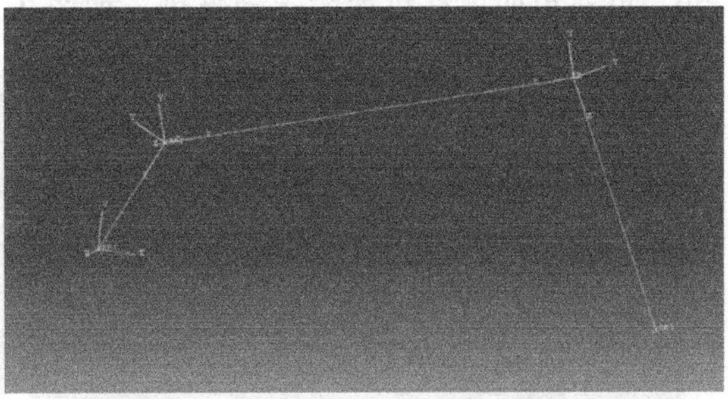

图 2-152　网格划分后的机构整体

3）保持默认设置，单击 OK 按钮，完成作业设置。

4）单击 Job 模块左侧工具栏中的 Job Manger（作业管理）按钮，弹出 Job Manger（作业管理）对话框，单击 Submit（提交）按钮，提交运算。

10. 用 Abaqus/CAE 进行后处理

当作业分析运算完成后，可应用 Visualization 模块观察分析结果。单击 Job Manager（作业管理器）右边的按钮，单击 Results（结果），进入可视化界面，Abaqus/CAE 将载入 Visualization 模块，打开由该作业生成的输出数据库，并立即绘出模型的草图（fast plot）。该图形基本上绘出了未变形模型的形状，它表示打开了希望观察的文件。另一种进入可视化模块的方法是在工具栏的 Module 列表中单击 Visualization 按钮，选择 File→Open，在弹出的输出数据库文件列表中选择 Job-1. odb，并单击 OK 按钮。

（1）输出机构运动图　单击 Field Output Dialog（场输出）按钮，弹出 Field Output 对话框（图 2-153）。单击 Step/Frame（分析步/帧）按钮，弹出 Step/Frame 对话框（图 2-154）。在 Step/Frame 对话框中列出了随时间变化的 20 个分析步，依次选择 Increment

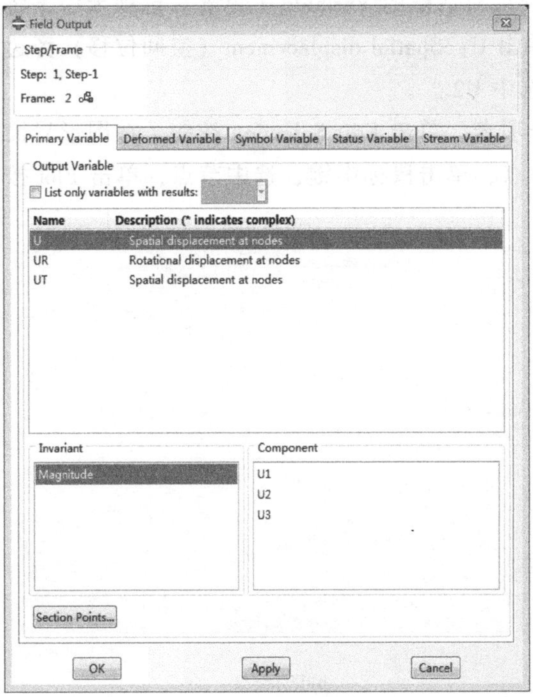

图 2-153　选择输出参数

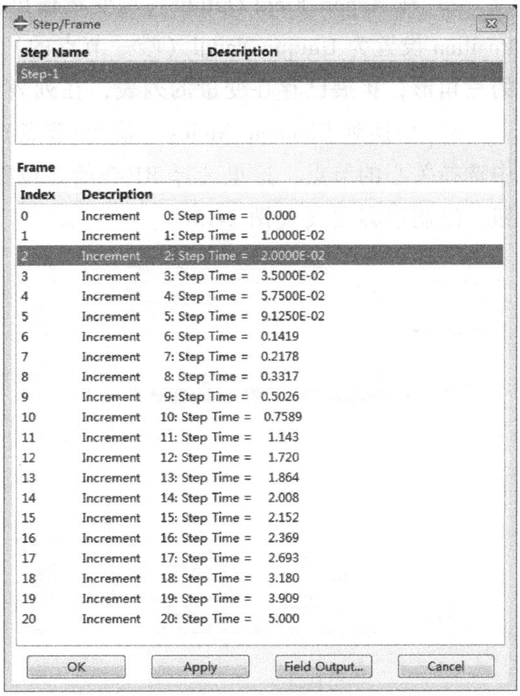

图 2-154　20 个分析步

1~20，可获得四连杆机构的运动趋势，如图 2-155 所示。

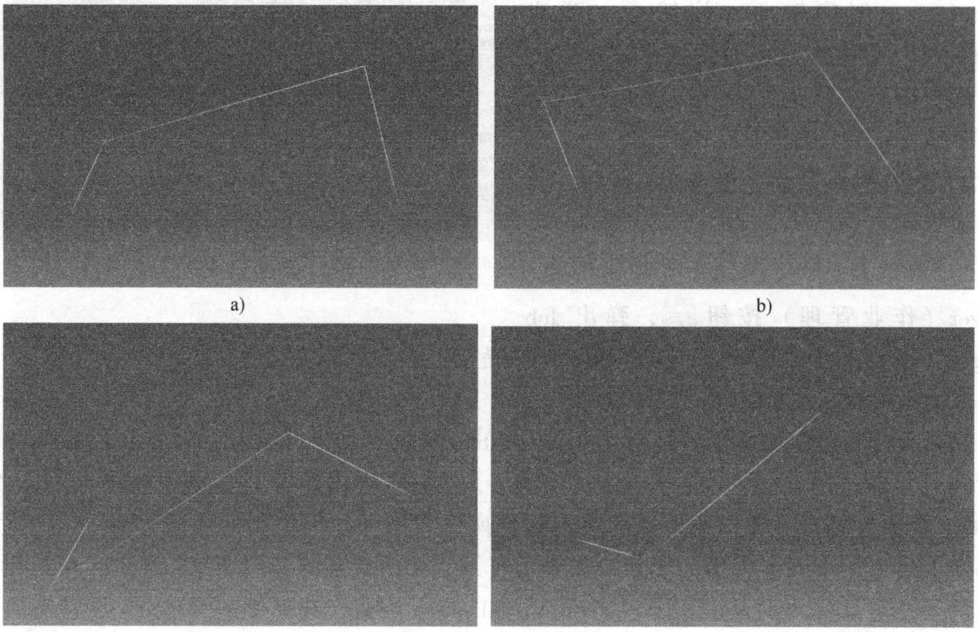

a) b) c) d)

图 2-155　四连杆机构不同时刻的位移

（2）输出场变量数据

1）在主菜单栏中选择 Report→Field Output。

2）在 Report Field Output（场变量输出报告）对话框的 Variable（变量）选项卡中，将 Position 设置为 Unique Nodal（唯一节点的），单击 U：Spatial displacement（空间位移）旁边的三角形，扩展已存在变量的列表，在列表中选中 U2。

3）切换到 Element/Nodes（单元/节点）选项卡，单击 Edit Selection 按钮，在图形界面中选择关心的节点，这里选择 RP-2 所在位置节点，单击鼠标中键，选中节点，单击 Plot 按钮，绘制位移曲线（图 2-156）。

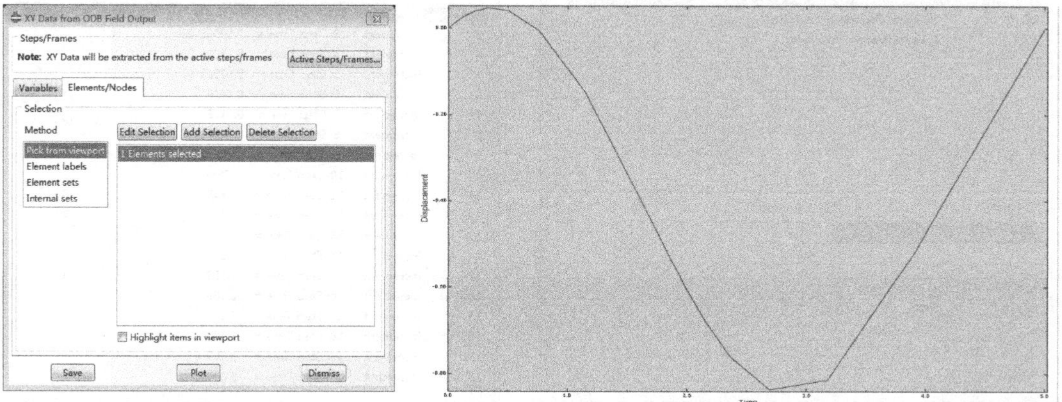

a) 创建点　　b) 显示结果

图 2-156　不同时刻的节点位移曲线

[工作页 2-5]

项目名称	四连杆机构多体动力学分析		
班 级		姓 名	
地 点		日 期	
第__小组成员			

1. 收集信息

【引导问题】

连杆机构是____。

【查阅资料】

使用连杆机构的优点和缺点分别是什么？

2. 计划组织

小组组别	
设备工具	
组织安排	
准备工作	

3. 项目实施

作业内容	质量要求	完成情况	
		□完成	□未完成
		□完成	□未完成
		□完成	□未完成
		□完成	□未完成

4. 评价反思

在教师指导下，反思自己的工作方式和工作质量。

评价表

项目	评价指标	自评		互评	
专业技能		□合格	□不合格	□合格	□不合格
		□合格	□不合格	□合格	□不合格
		□合格	□不合格	□合格	□不合格
工作态度		□合格	□不合格	□合格	□不合格
		□合格	□不合格	□合格	□不合格
		□合格	□不合格	□合格	□不合格
个人反思		完成项目的过程中，安全、质量等方面是否达到了最佳，请提出个人的改进建议			
教师评价	教师签字 年 月 日				

项目 12　金属材料切削加工过程分析

【项目要求】

创建如图 2-157 所示的金属材料切削模型，工件的长为 30mm、宽为 5mm、高为 10mm，刀具尺寸如图 2-158 所示，其中深度为 3mm，倒圆角为 *R*0.05mm，刀具以一定速度切削金属材料表面。

加工中所用刀具及模型特性参数见表 2-1～表 2-3。

表 2-1　刀具参数

密度	弹性模量	泊松比	熔点	导热系数
15630kg/m^3	71000MPa	0.25	2780℃	59W/(m^2·℃)

表 2-2　J-C 模型参数

密度	弹性模量	泊松比	屈服应力 *A*	应变强化系数 *B*	应变强化指数 *n*	温度敏感系数 *m*	应变速率效应 *c*
44300kg/m^3	11000MPa	0.33	1098MPa	1092MPa	0.93	1.1	0.014

表 2-3　J-C 损伤参数

d1	d2	d3	d4	d5	熔点	转变温度	参考应变率
-0.09	0.25	0.5	0.014	3.87	1630℃	20℃	1

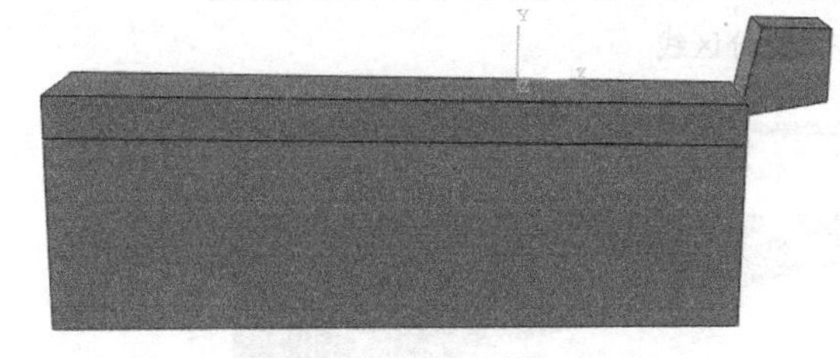

图 2-157　切削模型

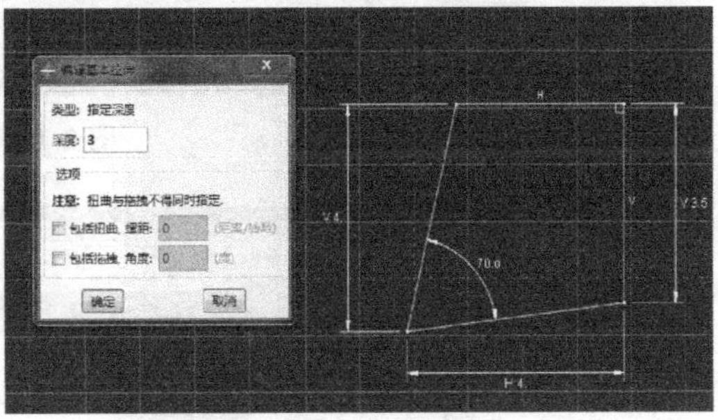

图 2-158　刀具尺寸

【项目实施】

1. 创建分区

部件的创建在前面项目中已经有详细的说明，此处不再赘述。在创建刀具和工件时，分别将其命名为 daoju 和 gongjian。刀具的材料硬度远远大于工件材料的硬度，所以刀具材料可以选择离散刚体。这里需要详细说明下工件分区，工件分区后根据需要可以对不同区域分别进行网格划分。选择工件后，具体的分区操作过程如下。

金属材料切削加工过程分析

1）在工具栏中选择 Tools→Partition，进入 Create Partition 窗口，如图 2-159 所示，选择 Face→Sketch，在窗口中选择要草绘的平面并进行草绘，如图 2-160 所示。

2）完成草绘后，再一次选择 Tools→Partition，进入 Create Partition 窗口，

选择 Cell→Extrude/Sweep edges，在窗口中选择草绘分区线，单击 Done 按钮，如图 2-161 所示；单击 Extrude Along Direction 按钮，选择一条边作为扫描方向，如图 2-162 所示，单击 OK 按钮，最后单击 Done 按钮，完成部件分区，如图 2-163 所示。

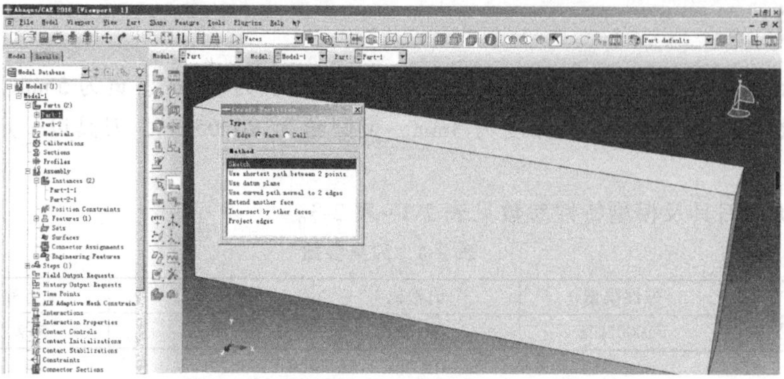

图 2-159　创建分区

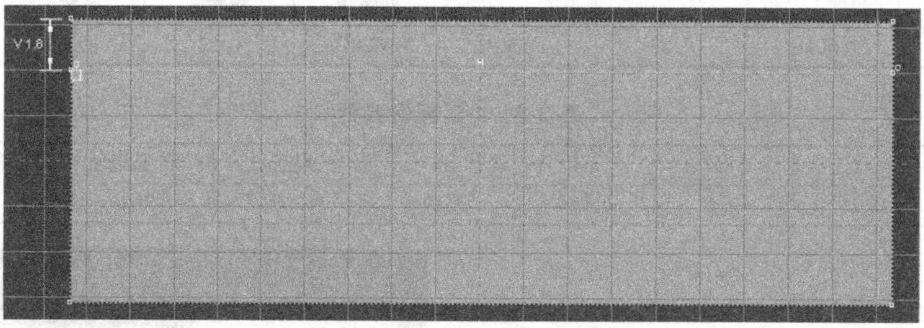

图 2-160　草绘分区线

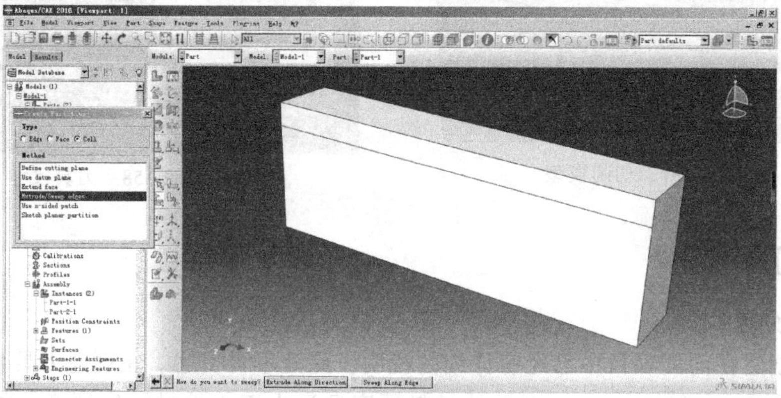

图 2-161　选择分区线

2. 创建材料

用户可应用 Property（特性）模块创建材料和定义材料的参数。在本项目中有工件和刀具两个部件，刀具材料为刚体，不需要设置，工件的材料根据已经给出的参数进行设置。

1）在工具栏的模块 Module 列表中选择 Property，进入 Property（特性）模块。

2）在主菜单栏中选择 Material→Create，创建新的材料，显示 Edit Material（编辑材料）

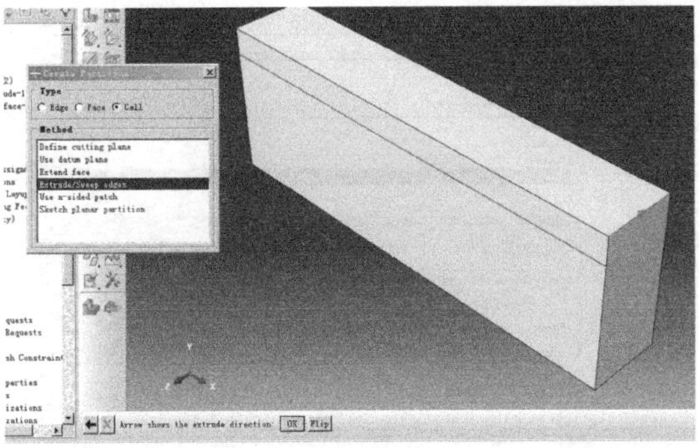

图 2-162　设定扫描方向

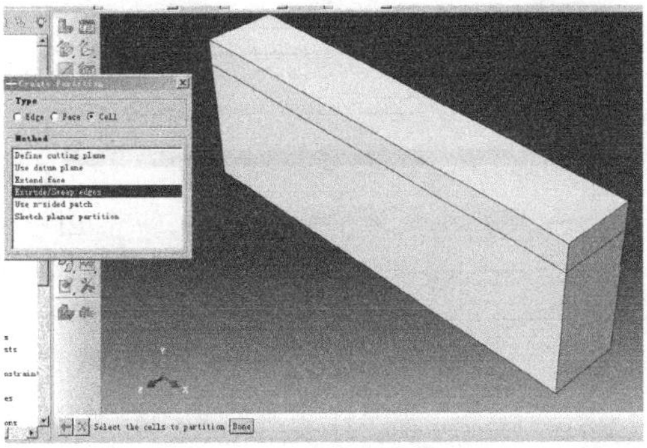

图 2-163　完成部件分区

对话框。

3）定义材料名为 gongjian。

4）在材料编辑器的菜单栏中选择 General→Density，在相应的位置输入 4.43×10^{-9}，如图 2-164 所示。

5）在材料编辑器的菜单栏中选择 Mechanical→Elasticity→Elastic，在相应的位置分别输入弹性模量，如图 2-165 所示；选择 Mechanical→Plasticity→Plastic，在相应的位置分别输入 A、B、m、n、Melting Temp 和 Transition Temp，如图 2-166 所示。

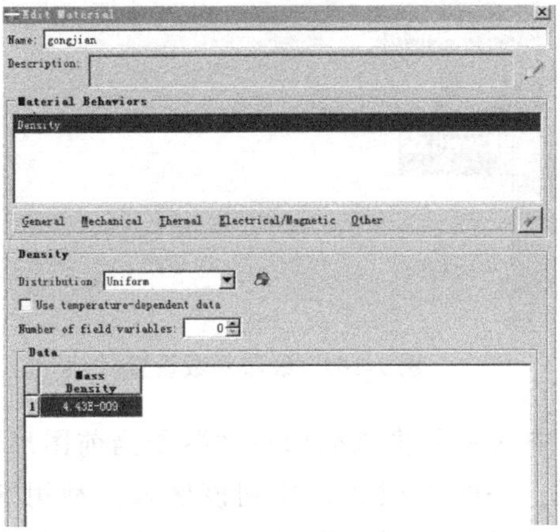

图 2-164　密度设置

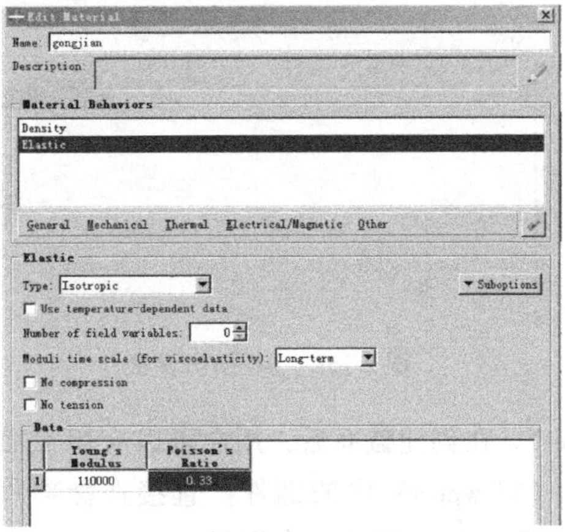

图 2-165　弹性模量和泊松比设置

6）在材料编辑器的菜单栏中选择 Thermal→Conductivity，设置导热系数，如图 2-167 所示。

7）在材料编辑器的菜单栏中选择 Mechanical→Damage for ductile metals→Johnson-Cook Damage，设置 J-C 损伤参数，如图 2-168 所示。

8）在材料编辑器的菜单栏中选择 Mechanical→Expansion，设置线胀系数，如图 2-169 所示。

9）单击 OK 按钮，退出材料编辑器。

3. 定义和赋予截面（Section）特性

要定义一个模型的截面（Section）特性，需要在 Property 模块中创建一个截面（Sec-

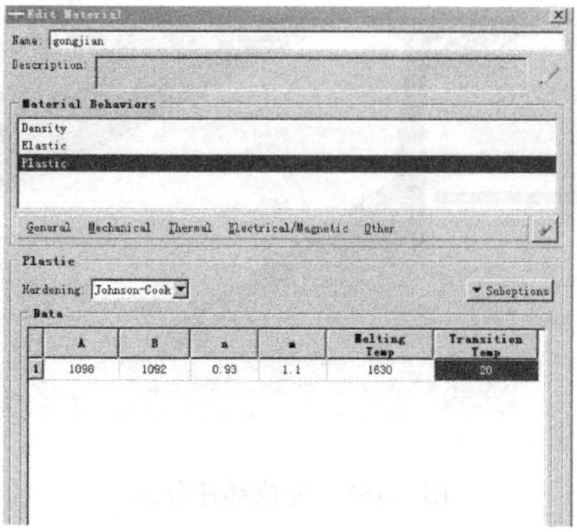

图 2-166 J-C 模型设置

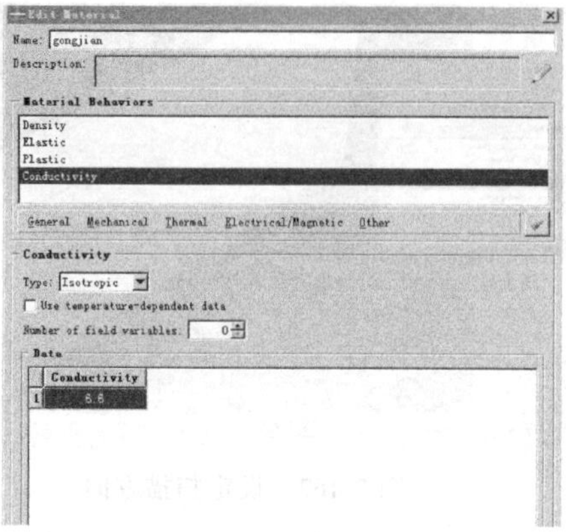

图 2-167 导热系数设置

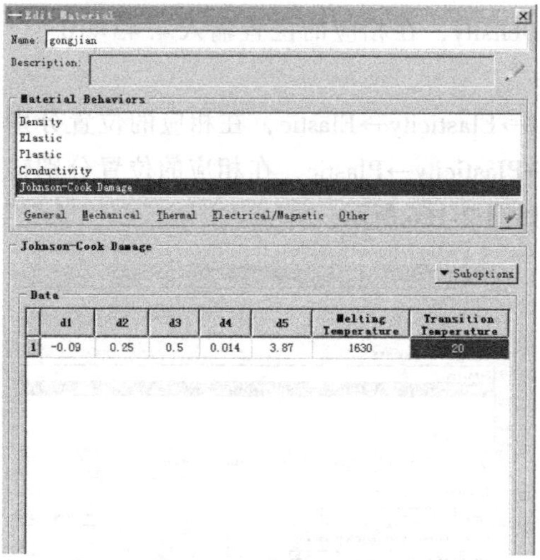

图 2-168 J-C 损伤设置

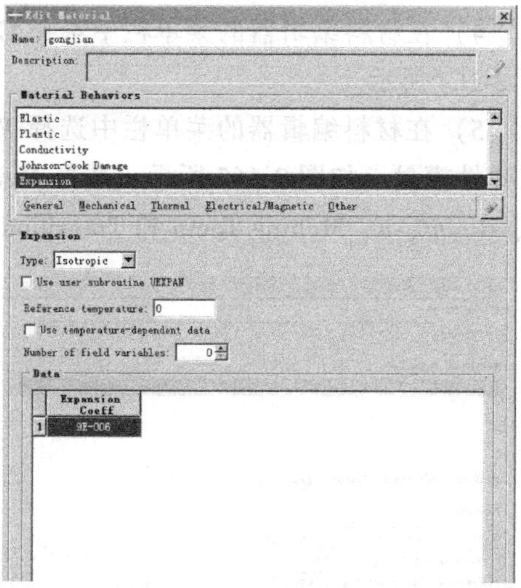

图 2-169 线胀系数设置

tion）。在创建截面后，用户可以应用下面两种方法中的一种将该截面特性赋予当前图形窗口（Viewport）中的部件：直接选择部件中的区域，并赋予截面特性到该区域；利用 Set（集合）工具创建一个同类（Homogeneous）集，它包含该区域并赋予截面特性到该集合，对模型，通过在视图中选择该部件，可创建实体截面特性。截面特性参照刚刚创建的 gongjian。

（1）定义截面

1）在 Property 左侧的工具栏中单击“创建截面”（Create Section）按钮，弹出 Create Section（创建截面）对话框，选择类型为 Solid Homogeneous，单击 Continue 按钮。

2）在 Edit Section（编辑截面）对话框中接受默认的 gongjian 作为截面的 Material（材料）属性，单击 OK 按钮。若已定义了其他材料，可单击 Material 文本框旁的箭头，在材料列表中选择对应的材料。

（2）将截面特性赋予工件模型　应用 Property 模块中的 Assign 菜单项将截面特性赋予工件，其步骤与前文所述类似，不再赘述。

4. 定义装配（Assembly）

1）在工具栏的 Module 列表中单击 Assembly 按钮，进入装配模块。

2）在装配模块左侧的工具栏中单击“创建实体”（Create Instance）按钮，弹出 Create Instance（创建实体）对话框。

3）在该对话框中，选择 daoju 和 gongjian，并单击 OK 按钮。

本项目中需要创建两个部件，工件和刀具。创建完成后进行装配，装配时主要通过平移和选装两个命令完成工件与刀具之间的空间位置调整。

5. 设置分析过程

1）在工具栏的 Module 列表中单击 Step，进入 Step（分析步）模块。

2）在 Step 模块的工具栏中单击 Create Step（创建分析步）按钮，弹出 Create Step（创建分析步）对话框。

3）命名分析步为 qiexiao，Insert new step after 选择为 Initial，Procedure type 选择为 Dynamic Temp-disp Expilict（动力、温度-位移、显式），单击 Continue 按钮，如图 2-170 所示。

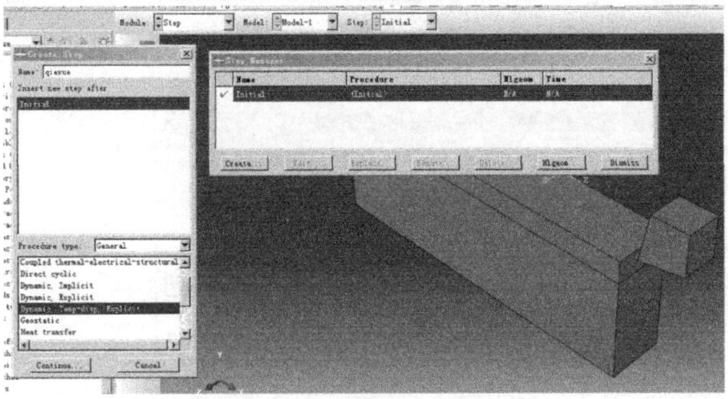

图 2-170　创建分析步

4）在弹出的 Edit Step（编辑分析步）对话框的 Time period 处输入 0.01，即切削过程的时长。

5）打开 Other（其他）选项卡并查看其内容，可以接受对该步骤所提供的默认值。

6）单击 OK 按钮创建分析步，并退出 Edit Step 对话框。

6. 参考点建立与相互作用设置

（1）建立参考点　为了方便给刀具加载切削速度，需要在刀具上建立参考点，具体步骤如下。

1）在工具栏的 Module 列表中单击 Interaction 按钮，进入 Interaction（荷载）模块（图 2-171）。

2）单击主菜单中的 Tools→Reference Point，选择刀具上表面中点，单击鼠标中键确定，建立参考点 RP-1（图 2-172）。

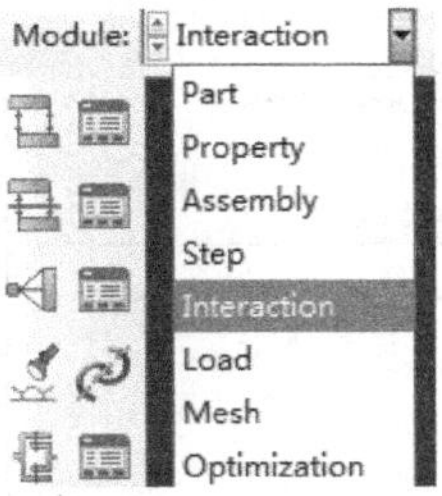

图 2-171　Interaction 模块

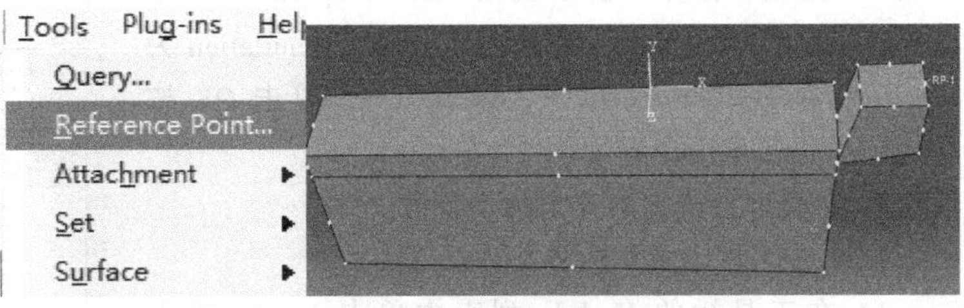

图 2-172　建立参考点

（2）设置刀具与材料之间的相互作用　单击相互作用工具栏中的 Create Interaction（创

建相互作用）按钮，在弹出的对话框中选择 Surface-to-Surface contact（表面与表面接触），建立刀具与工件之间的相互作用，单击 Continue 按钮（图 2-173），按<Shift>键，选择工件分区切削部分的表面，单击 Done 按钮，在弹出的界面下面选择 Surface，然后选择第二个表面（图 2-174），即刀具表面，再单击 Brown 按钮，在弹出的 Edit Interaction 窗口中，将

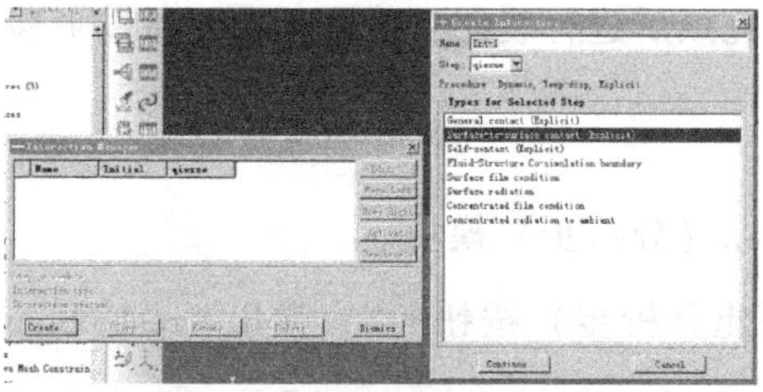

图 2-173　面面设置选择

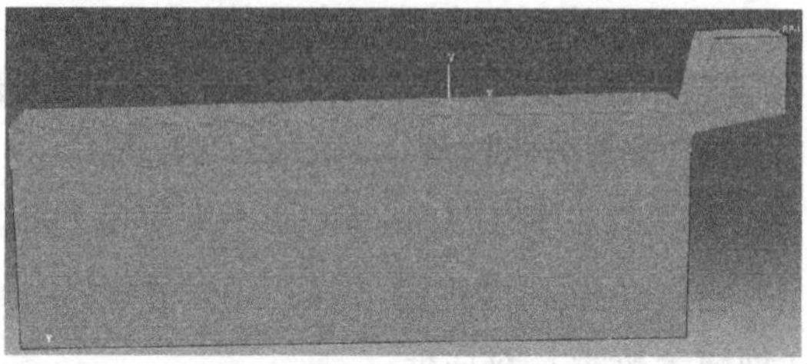

图 2-174　面面选择

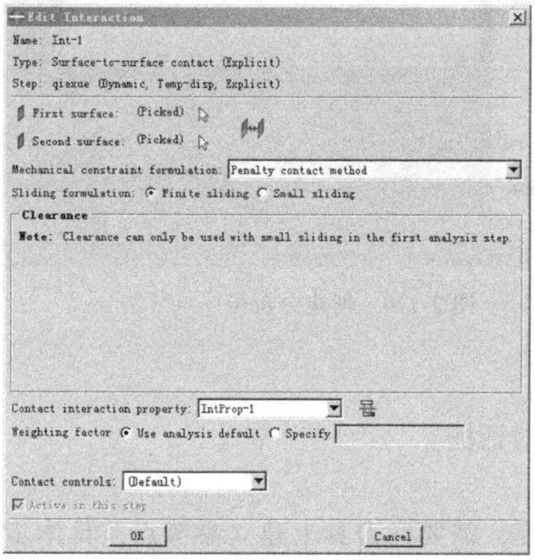

图 2-175　力学约束公式化选择

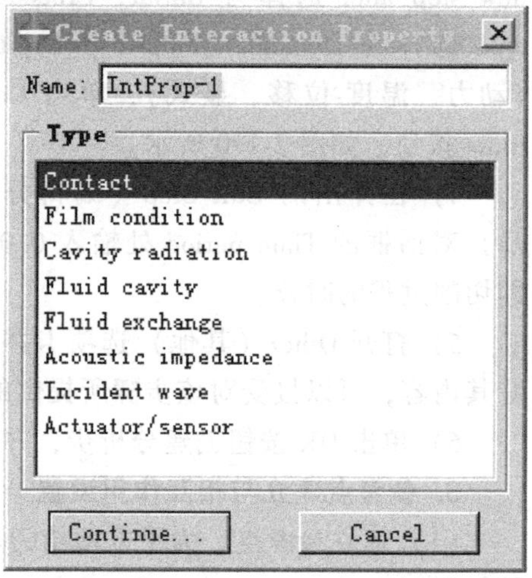

图 2-176　接触作用属性选择

Mechanical constraint formulation 项选择为 Penalty contact method，单击 Contact Interaction property 后面的按钮（图 2-175），选择 Contact（图 2-176），单击 Continue 按钮，在弹出的 Edit Contact Property 窗口中选择 Tangential Behavior，并选择 Friction formulation 为 Penalty，在 Friction Coeff 下面输入 0.1，单击 OK 按钮，完成相互作用设置（图 2-177）。

7. 在模型上施加边界条件和荷载

（1）在工件上施加边界条件

1）在工具栏的 Module 列表中单击 Load，进入 Load（荷载）模块。

2）在 Load 模块的工具栏中单击 Create Boundary

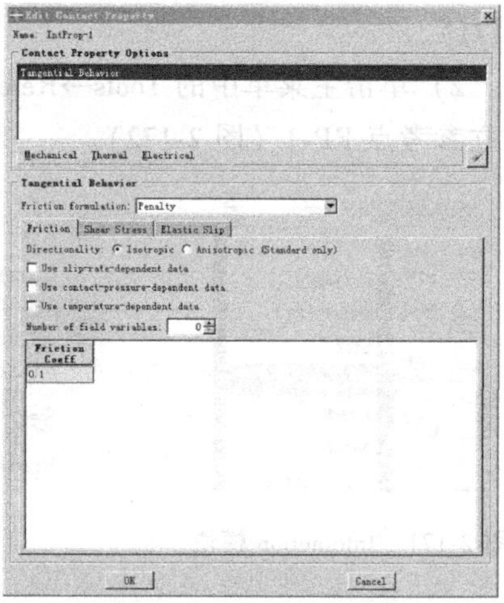

图 2-177　接触作用属性设置

Condition（创建边界条件）按钮，弹出 Create Boundary Condition（创建边界条件）对话框。

3）在 Create Boundary Condition 对话框中，选择 Initial，在 Category（类型）列表中，接受 Mechanical（力学）作为默认的类型选项。在 Types for Selected Step（选择步骤类型）列表中，选择 Symmetry/Antisymmetry/Encastre（对称/反对称/完全固定），并单击 Continue 按钮。

4）在图形窗口中拾取工件底面，单击鼠标中键，弹出 Edit Boundary Condition 对话框，选择 ENCASTRE（U1 = U2 = U3 = UR1 = UR2 = UR3 = 0）（完全固定），如图 2-178 所示，单击 OK 按钮。

5）完成工件约束，约束后的模型如图 2-179 所示。

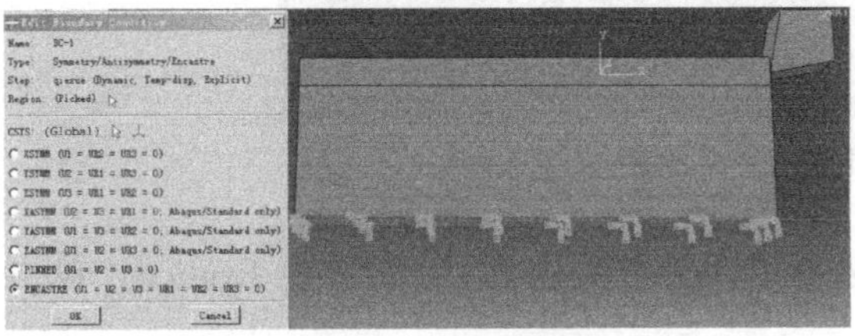

图 2-178　工件完全固定

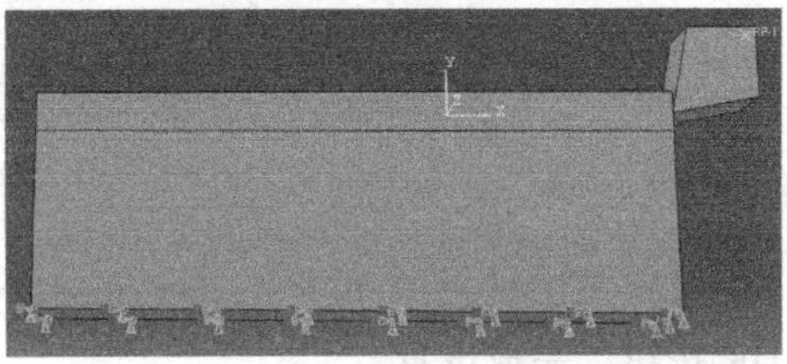

图 2-179　约束后的模型

（2）在刀具上施加边界条件

1）在工具栏的 Module 列表中单击 Load，进入 Load（荷载）模块。

2）在 Load 模块的工具栏中单击 Create Boundary Condition（创建边界条件）按钮，弹出 Create Boundary Condition（创建边界条件）对话框。

3）在 Create Boundary Condition 对话框中，选择 Initial，在 Category（类型）列表中，接受 Mechanical（力学）作为默认的类型选项。在 Types for Selected Step（选择步骤类型）列表中，选择 Velocity/Angularvelocity（速度/角速度），并单击 Continue 按钮。

4）在图形窗口中，拾取参考点 RP-1，单击鼠标中键，弹出 Edit Boundary Condition 对话框，设置刀具平移速度为 10，如图 2-180 所示。为了设置平滑荷载输入，需要设置荷载曲线。单击 Edit Load 对话框中的 Create Amplitude 按钮，创建幅值曲线，单击 OK 按钮。

5）完成刀具边界条件设置。

8. 模型的网格划分

（1）刀具网格划分

1）在工具栏的 Module 列表中单击 Mesh，进入 Mesh（网格）模块，选择 Object 1→Part：daoju。

2）在模块工具栏中单击 Seed Part（布种）按钮，弹出 Global Seed 对话框。将 Approximate globalsize（近似全局尺寸）设置为 0.4，Maximum deviation factor 设置为 0.05，单击 OK 按钮，完成布种。

3）在工具栏中单击 Assign Seed Controls（网格属性控制）按钮，弹出 Mesh Control（网格控制）对话框，单击 OK 按钮。

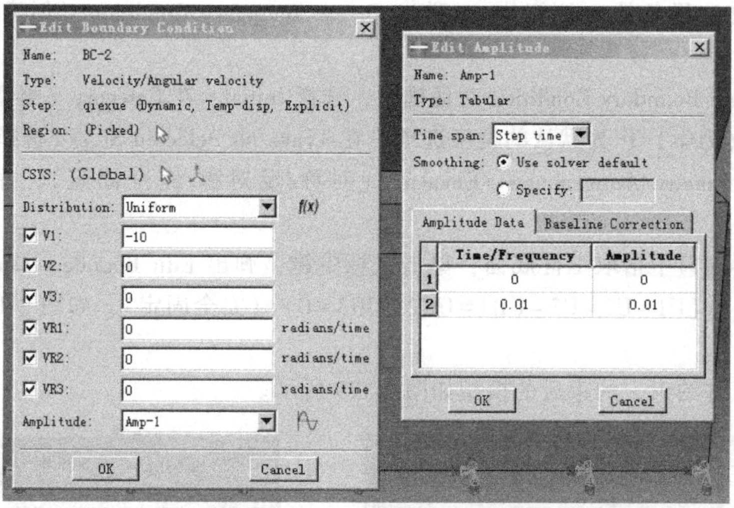

图 2-180　刀具切削速度设置

4）在工具栏中单击 Assign Seed Type（选择单元类型）按钮，选中 Explicit，单击 OK 按钮，完成设置。

5）在工具栏中单击 Mesh Part（划分网格）按钮，再单击鼠标中键，完成网格划分（图 2-181）。

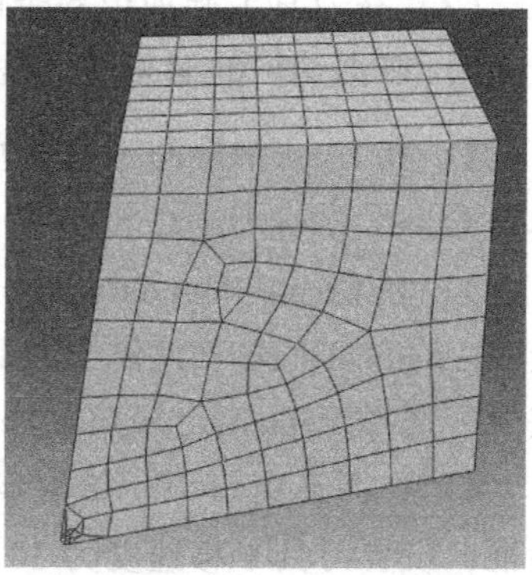

图 2-181　刀具网格划分结果

（2）工件网格划分

1）在工具栏的 Module 列表中单击 Mesh，进入 Mesh（网格）模块，选择 Object 1→Part:gongjian。

2）从模块工具栏中单击 Seed Part（布种）按钮，按<Shift>键，选择细化区域长边的 By number，设置单元数量（Number of elements）为 110，单击 OK 按钮。同理，设置长和宽分别为 30、10，工件非细化区域边上的单元可以粗略设置，完成布种，如图 2-182 所示。

3）在工具栏中单击 Assign Seed Controls（网格属性控制）按钮，弹出 Mesh Control（网格控制）对话框，单击 OK 按钮。

4）在工具栏中单击 Assign Seed Type（选择单元类型）按钮，选中 Explicit，单击 OK 按钮完成设置。

5）在工具栏中单击 Mesh Part（划分网格）按钮，再单击鼠标中键，完成网格划分（图 2-183）。

9. 创建一个分析作业

1）在工具栏中的 Module 列表中单击 Job，进入 Job（作业）模块。

2）在 Job 模块左侧的工具栏中单击 Create Job（创建作业）按钮，弹出 Create Job（创建作业）对话框，显示模型数据库中模型的列表，单击 Continue 按钮，弹出 Edit Job

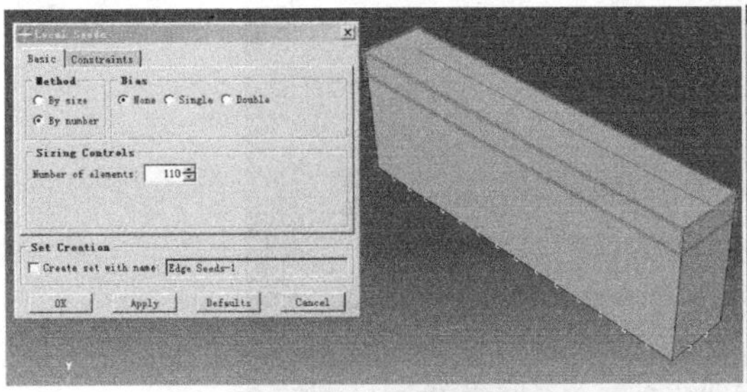

a) 网格细化区域长边单元数设置

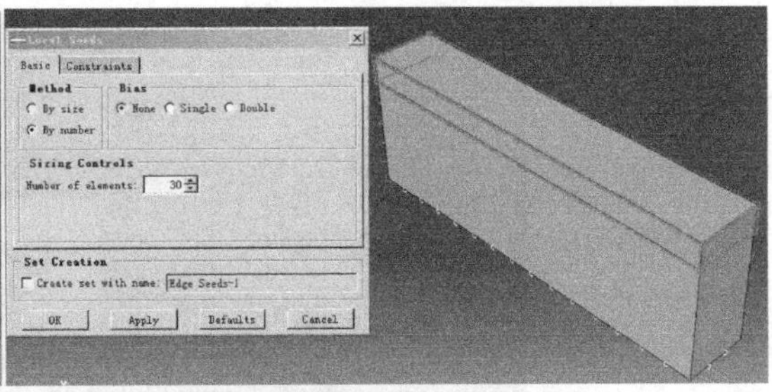

b) 网格细化区域宽边单元数设置

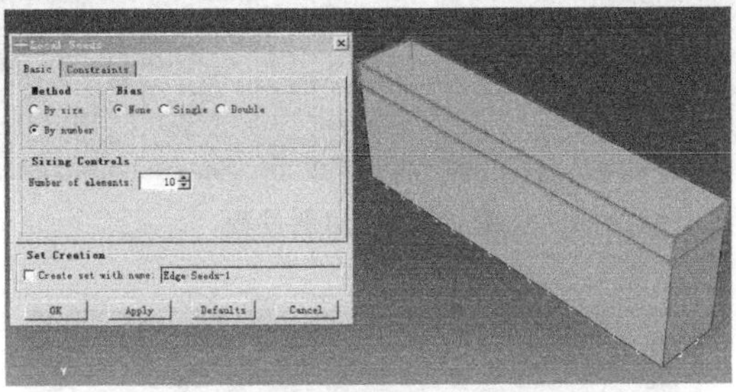

c) 网格细化区域高边单元数设置

图 2-182　工件边长布种设置

（编辑作业）对话框。

3）保持默认设置，单击 OK 按钮，完成作业设置。

4）单击 Job 模块左侧工具栏中的 Job Manger（作业管理）按钮，弹出 Job Manger（作业管理）对话框，单击 Submit（提交）按钮，提交运算。

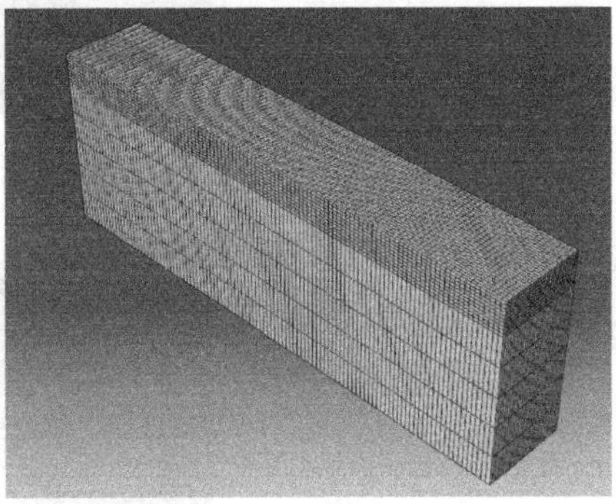

图 2-183　工件网格划分

10. 用 Abaqus/CAE 进行后处理

当作业分析运算成功地完成后，可应用 Visualization 模块观察分析结果。单击 Job Manager（作业管理器）右边的按钮，再单击 Results（结果）按钮，进入可视化界面。

Abaqus/CAE 将载入 Visualization 模块，打开由该作业生成的输出数据库，并立即绘出模型的草图（fast plot）。该图形基本上绘出了未变形模型的形状，它表示打开了希望观察的文件。另一种进入可视化模块的方法是在工具栏的 Module 列表中单击 Visualization 按钮，选择 File→Open，在弹出的输出数据库文件列表中选择 Job-1. odb，并单击 OK 按钮。

现在，将显示模型变形后的形状，利用绘图选项修改变形放大系数，并将变形图覆盖在未变形图上。

在菜单栏中单击（Animate-Time History）按钮，可以查看变形过程的动画显示，如图 2-184 所示。

当切削深度为 1.25mm、切削速度为 30mm/s 时，完成切削后三个方向的应力如图 2-185、图 2-186 和图 2-187 所示。

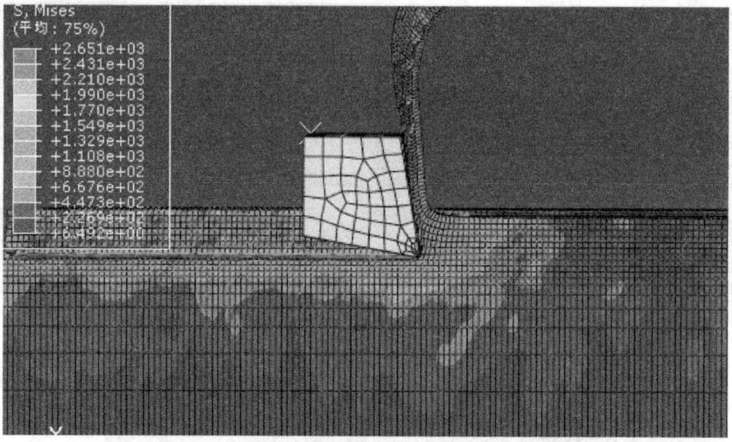

图 2-184 切削过程

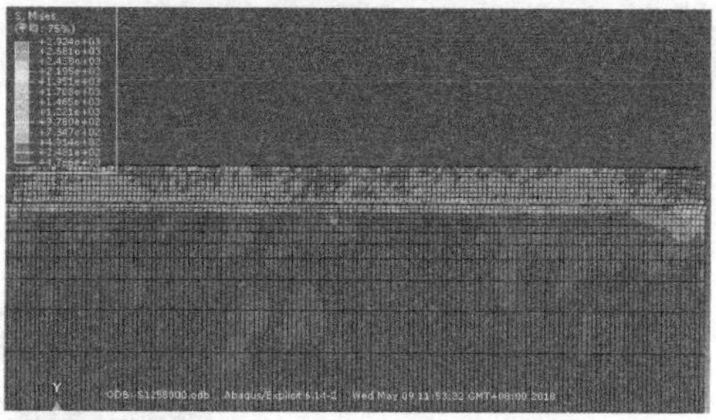

图 2-185 X 方向应力

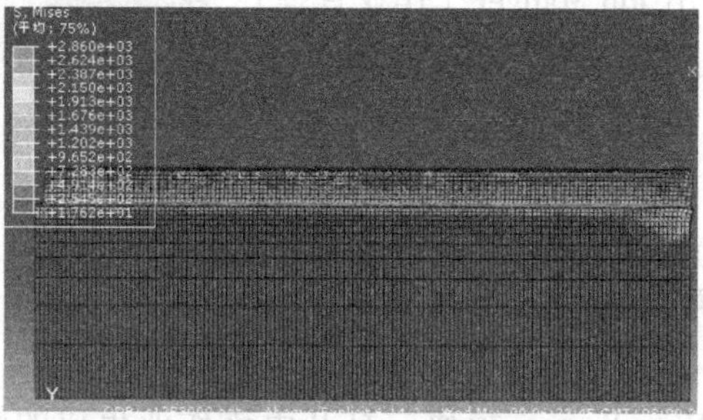

图 2-186 Y 方向应力

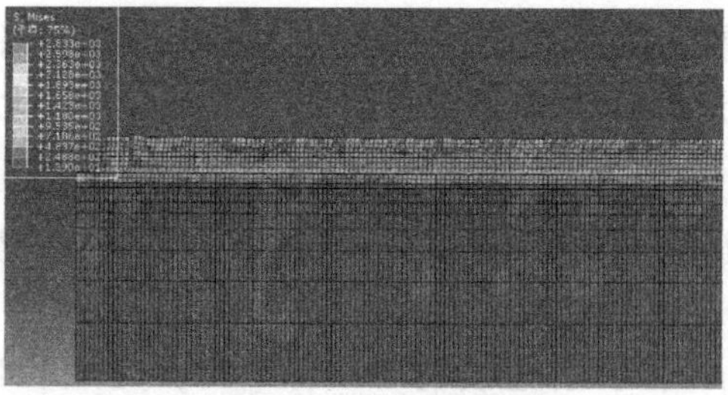

图 2-187 Z 方向应力

[工作页 2-6]

项目名称	金属材料切削加工过程分析		
班　级		姓　名	
地　点		日　期	
第__小组成员			

1. 收集信息

【引导问题】

1）切削是______________________________。

2）切削主要分为______________________________。

【查阅资料】

1）有限元仿真切削参数的设置方法。

2）金属材料切削仿真时本构方程的选择方法。

2. 计划组织

小组组别	
设备工具	
组织安排	
准备工作	

3. 项目实施

作业内容	质量要求	完成情况	
		□完成	□未完成
		□完成	□未完成
		□完成	□未完成
		□完成	□未完成

4. 评价反思

在教师指导下，反思自己的工作方式和工作质量。

评价表					
项目	评价指标	自评		互评	
专业技能		□合格	□不合格	□合格	□不合格
		□合格	□不合格	□合格	□不合格
		□合格	□不合格	□合格	□不合格
工作态度		□合格	□不合格	□合格	□不合格
		□合格	□不合格	□合格	□不合格
		□合格	□不合格	□合格	□不合格
个人反思		完成项目的过程中，安全、质量等方面是否达到了最佳，请提出个人的改进建议			
教师评价	教师签字 年　月　日				

项目 13 圆筒焊缝滚压处理过程分析

【项目要求】

建立图 2-188 所示金属圆筒焊接后的焊缝模型，圆筒高度为 1000mm，底面半径为 250mm，筒壁厚度为 10mm。滚压轮的半径为 30mm，滚压轮外缘为圆弧，圆弧半径为 250mm，与圆筒外部轮廓贴合，可达到滚压平整的效果。工件材料的 J-C 模型参数见表 2-4，建立的焊缝模型如图 2-189 所示。

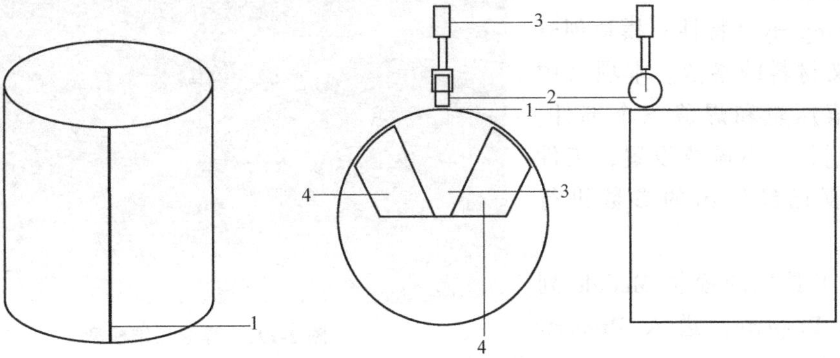

图 2-188 滚压原理图

1—焊缝 2—滚压轮 3—控制滚压轮的液压装置 4—轨道上固定圆筒的装置

表 2-4 工件材料（2A12）的 J-C 模型参数

A/MPa	B/MPa	C	m	n	T_γ/℃	T_m/℃	密度 ρ /(kg/m³)	弹性模量 E/MPa	泊松比 μ
369	584	0.0083	1.7	0.73	25	1520	2770	73×10^3	0.33

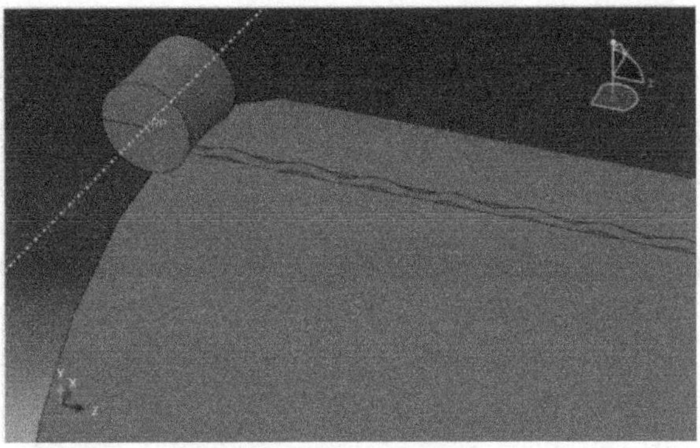

图 2-189 建立焊缝模型

【项目实施】

1. 创建部件

按前文介绍的方法创建部件，创建完成后的各部件如图 2-190~图 2-192 所示。

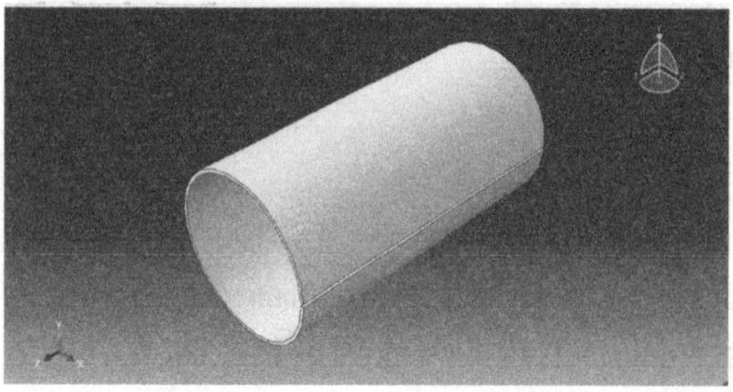

图 2-190　圆筒工件三维模型

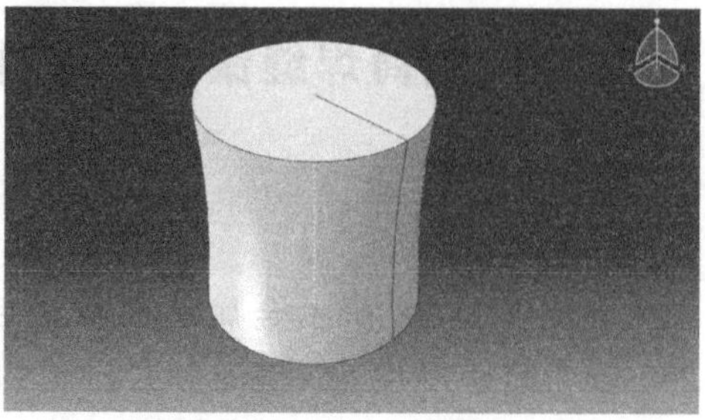

图 2-191　滚压轮三维模型

2. 创建材料

应用 Property（特性）模块创建材料和定义材料的参数。本项目中有圆筒、滚压轮和焊缝三个部件，滚压轮为刚体，不需要设置，工件的材料根据已经给出的参数进行设置。

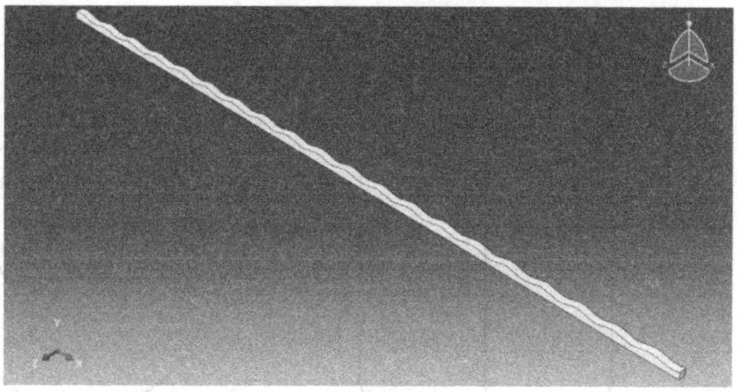

图 2-192　焊缝三维模型

1）在工具栏的模块 Module 列表中选择 Property，进入 Property（特性）模块。

2）在主菜单中选择 Material→Create，创建新的材料，显示 Edit Material（编辑材料）对话框。

3）定义材料名为 yuantong。

4）在材料编辑器的菜单栏中选择 General→Density，在相应的位置输入参数，如图 2-193 所示。

圆筒焊缝滚压处理过程分析

5）在材料编辑器的菜单栏中选择 Mechanical→Elasticity→Elastic，在相应的位置分别输入弹性模量和泊松比，如图 2-194 所示；选择 Mechanical→Plasticity→Plastic，在相应的位置分别输入 A、B、m、n、Melting Temp 和 Transition Temp，

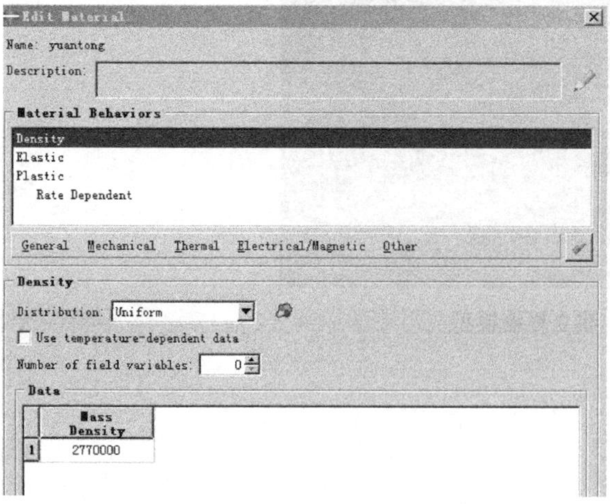

图 2-193　密度设置

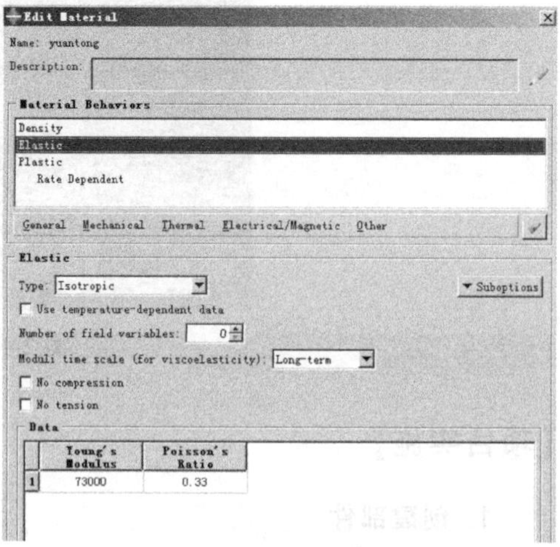

图 2-194　弹性模量和泊松比设置

如图 2-195 和图 2-196 所示。

6）单击 OK 按钮，退出材料编辑器。

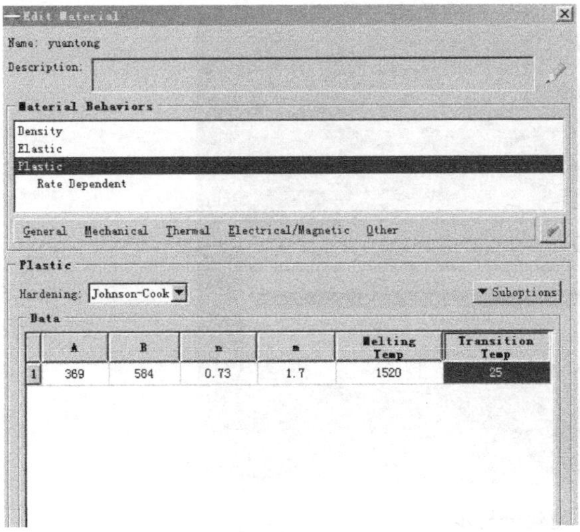

图 2-195 J-C 模型设置

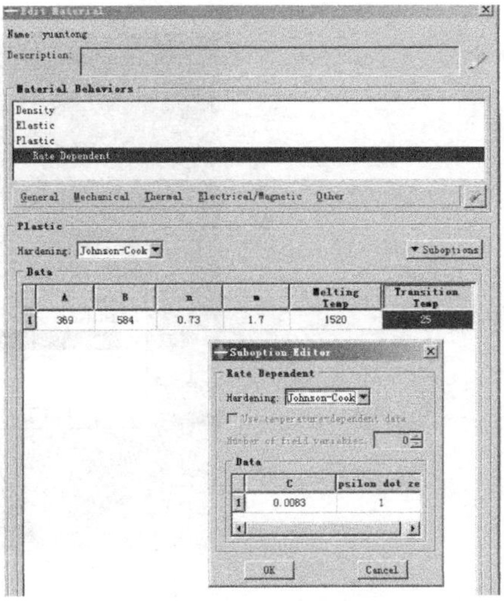

图 2-196 导热系数设置

3. 定义和赋予截面（Section）**特性**

截面特性将参照刚刚创建的材料 yuantong。

（1）定义截面

1）在 Property 左侧的工具栏中单击“创建截面”（Create Section）按钮。显示 Create Section（创建截面）对话框，选择类型为 Solid Homogeneous，单击 Continue 按钮。

2）在弹出的 Edit Section（编辑截面）对话框中，接受默认的 yuantong 作为截面的 Material（材料）属性，单击 OK 按钮。若已定义了其他材料，可单击 Material 文本框旁的箭头，在材料列表中选择对应的材料。

（2）将截面特性赋予工件模型 应用 Property 模块中的 Assign 菜单项将截面特性赋予工件。

4. 定义装配（Assembly）

1）在工具栏的 Module 列表中单击 Assembly 按钮，进入装配模块。

2）在装配模块左侧的工具栏中单击“创建实体”（Create Instance）按钮，弹出 Create Instance（创建实体）对话框。

3）在该对话框中，选择 yuantong、gunyalun 和 hanfeng，并单击 OK 按钮。

5. 设置分析过程

1）在工具栏的 Module 列表中单击 Step，进入 Step（分析步）模块。

2）在 Step 模块的工具栏中单击 Create Step（创建分析步）按钮，弹出 Create Step（创建分析步）对话框。

3）命名分析步为 gunyahanfeng，Insert new step after 选择为 Initial，Procedure type 选择为 Dynamic，Explicit（动力、显式），单击 Continue 按钮，如图 2-197 所示。

4）在弹出的 Edit Step（编辑分析步）对话框的 Time period 处输入 0.01，即滚压过程的时长。

5）打开 Other（其他）选项卡并查看其内容；可以接受对该步骤所提供的默认值。

6）单击 OK 按钮，创建了分析步，并退出 Edit Step 对话框。

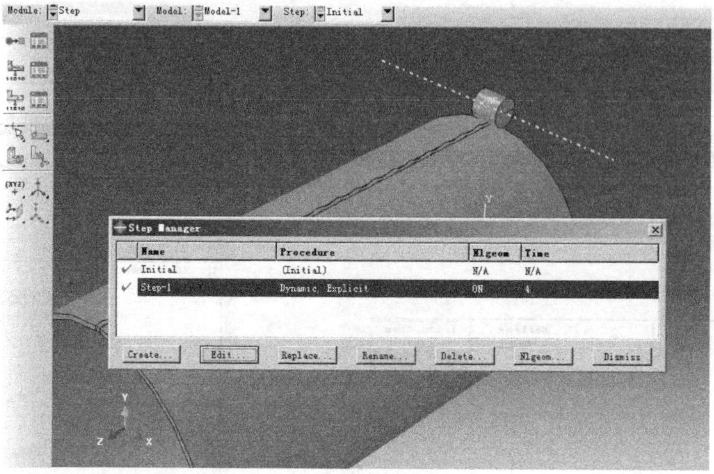

图 2-197　创建分析步

6. 参考点建立与相互作用设置

（1）建立参考点　为了方便给滚压轮加载滚压速度，需要在滚压轮上建立参考点，具体步骤如下。

1）在工具栏的 Module 列表中单击 Part 按钮，在 Part 选项中选择 gunyalun。

2）选择主菜单中的 Tool→Reference point，选择滚压轮上表面中点，单击鼠标中键确定，建立参考点 RP-1（图 2-198）。

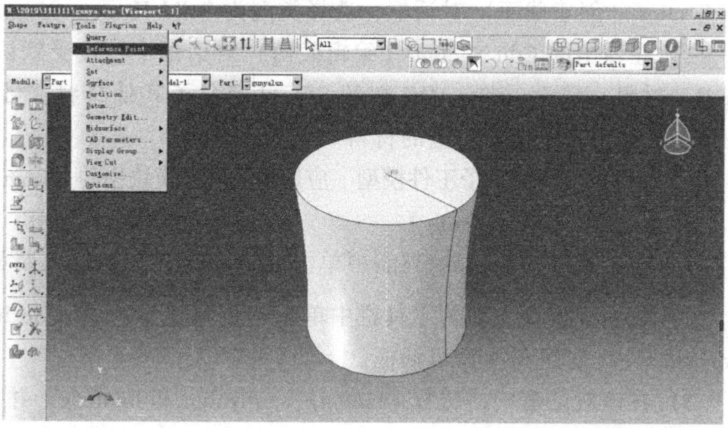

图 2-198　建立参考点

（2）设置滚压轮与圆筒和焊缝之间的相互作用　单击相互作用工具栏中的 Create Interaction（创建相互作用）按钮，在弹出的对话框中选择 Surface-to-surface contact（表面与表面接触），建立滚压轮与圆筒之间的相互作用，单击 Continue 按钮（图 2-199），选择滚压轮表面，在界面下面单击 Brown 按钮，单击 Done 按钮，在弹出的界面下面选择 Surface，选择第二个表面，即圆筒表面（图 2-200），在弹出的 Edit Interaction 窗口中，选择 Mechanical constraint formulation 为 Penalty contact method，单击 Contact interaction property 后面的按钮（图 2-201），选择 Contact（图 2-202），单击 Continue 按钮，在弹出的 Edit Contact Property 窗口中选择 Tangential Behavior，并在 Friction formulation 后面选择 penalty，在 Friction Coeff 下面填 0.1，单击 OK 按钮，完成相互作用设置（图 2-203）。同理，

设置滚压轮与焊缝之间的相互作用，如图 2-204 所示。

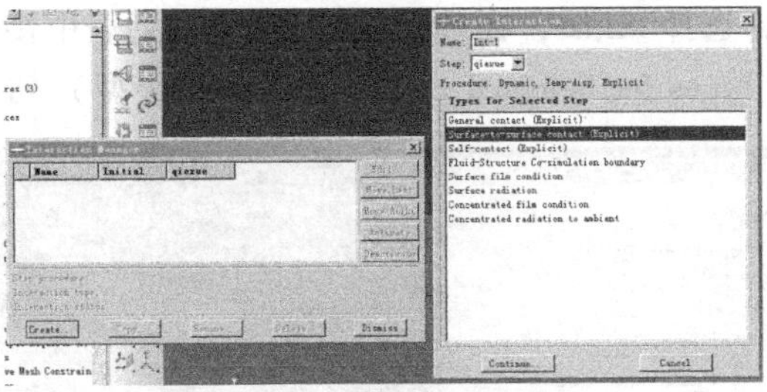

图 2-199　面面设置选择

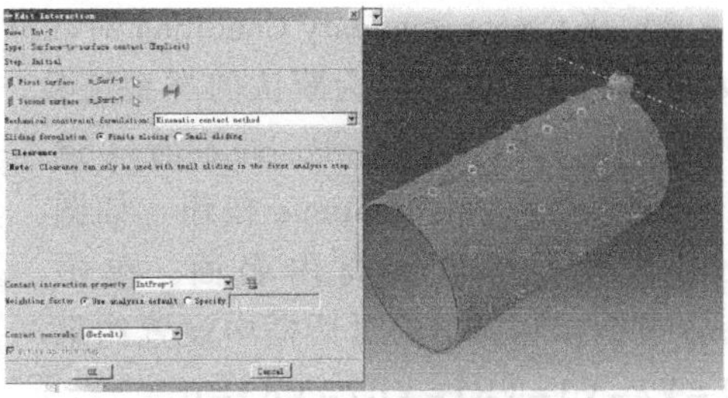

图 2-200　面面选择

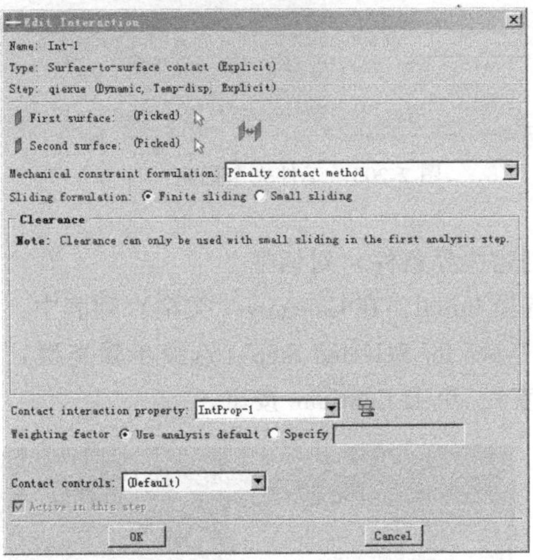

图 2-201　力学约束公式化选择

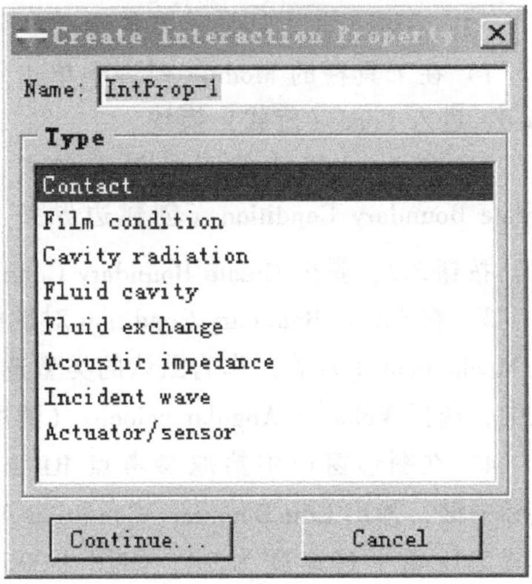

图 2-202　接触作用属性选择

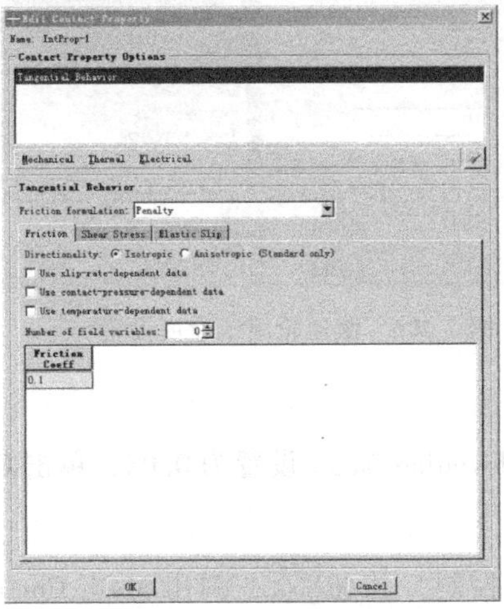

图 2-203　接触作用属性设置（一）

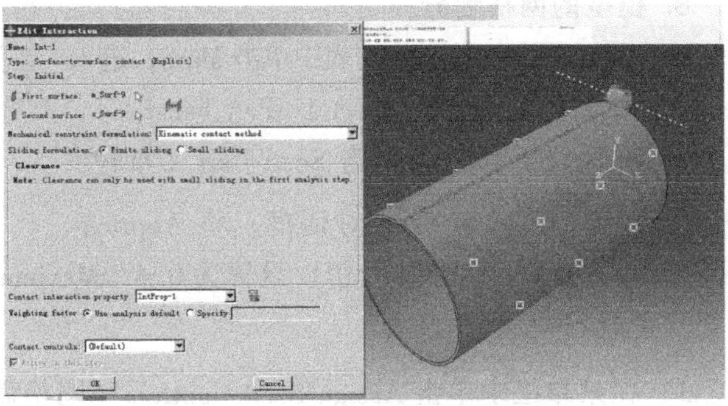

图 2-204　接触作用属性设置（二）

7. 在模型上施加边界条件和荷载

（1）在工件上施加边界条件

1）在工具栏的 Module 列表中单击 Load，进入 Load（荷载）模块。

2）在 Load 模块的工具栏中单击 Create Boundary Condition（创建边界条件）按钮，

弹出 Create Boundary Condition（创建边界条件）对话框。

3）在 Create Boundary Condition 对话框中，选择 Initial，在 Category（类型）列表中接受 Mechanical（力学）作为默认的类型选项。在 Types for Selected Step（选择步骤类型）列表中，选择 Velocity/Angular velocity（速度/角速度），单击 Continue 按钮，如图 2-205 所示，拾取圆筒内表面，单击 Done 按钮，在弹出的对话框中设置约束 V1 = V2 = V3 = VR1 = VR2 = VR3 = 0。

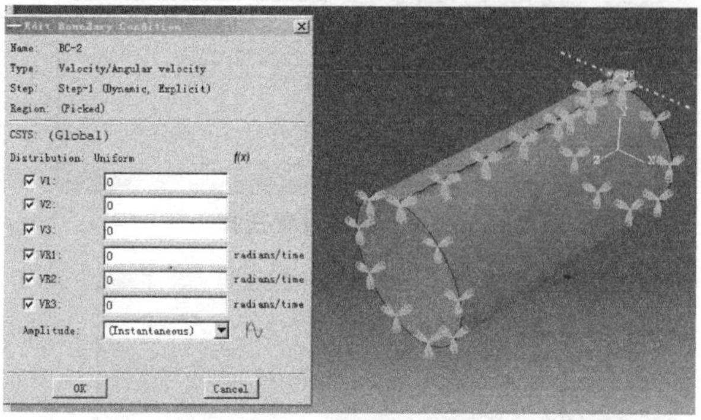

图 2-205 工件完全固定

4）完成圆筒约束。

（2）在滚压轮上施加边界条件

1）在工具栏的 Module 列表中单击 Load，进入 Load（荷载）模块。

2）在 Load 模块的工具栏中单击 Create Boundary Condition（创建边界条件）按钮，弹出 Create Boundary Condition（创建边界条件）对话框。

3）在 Create Boundary Condition 对话框中，选择 Initial，在 Category（类型）列表中，接受 Mechanical（力学）作为默认的类型选项。在 Types for Selected Step（选择步骤类型）列表中，选择 Velocity/Angular velocity（速度/角速度），单击 Continue 按钮。

4）在图形窗口中拾取参考点 RP-1，单击鼠标中键，弹出 Edit Boundary Condition 对话框，设置滚压轮平移速度为 10，如图 2-206 所示。为了设置平滑荷载输入，需要设置荷载曲线。单击 Edit Load 对话框中的 Create Amplitude 按钮，创建幅值曲线，单击 OK 按钮。

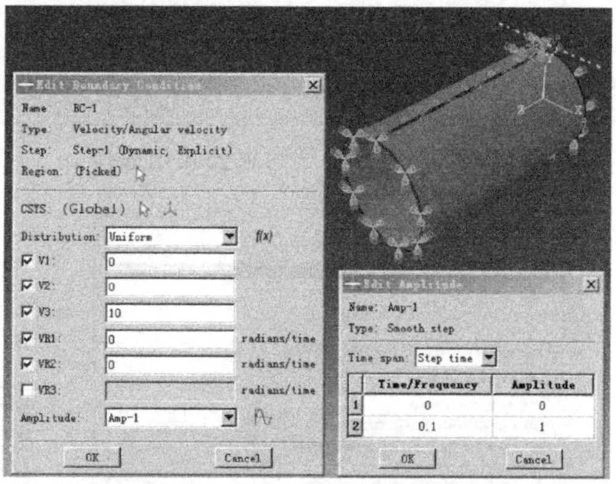

图 2-206 滚压轮滚压速度设置

5）完成滚压轮边界条件设置。

8. 模型的网格划分

1）在工具栏的 Module 列表中单击 Mesh，进入 Mesh（网格）模块，选择 Object 1→Part:hanxi。

2）在模块工具栏中单击 Seed Part（布种）按钮，弹出 Global Seed 对话框。将 Approximate globalsize（近似全局尺寸）设置为 0.4，Maximum deviation factor 设置为 0.05，单击 OK 按钮，完成布种。

3）在菜单栏中单击 Assign Seed Controls（网格属性控制）按钮，弹出 Mesh Control（网格控制）对话框，单击 OK 按钮。

4）在菜单栏中单击 Assign Seed Type（选择单元类型）按钮，选中 Explicit，单击 OK 按钮完成设置。

5）在菜单栏中单击 Mesh Part（划分网格）按钮，再单击鼠标中键，完成焊缝网格划分（图 2-207）。

同理，可以对圆筒进行网格划分，如图 2-208 所示。

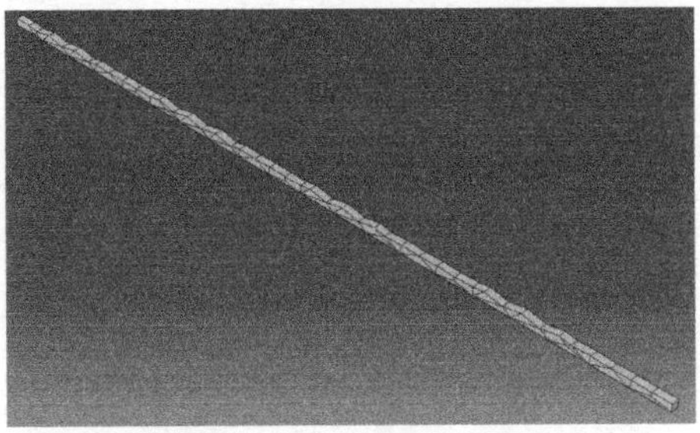

图 2-207 焊缝网格划分

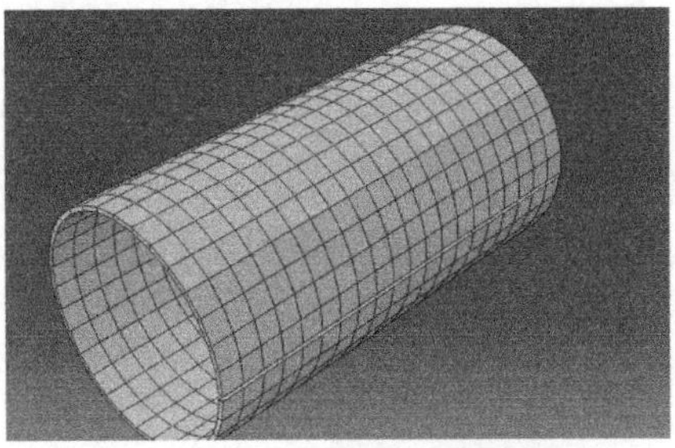

图 2-208 圆筒网格划分

9. 创建一个分析作业

1）在工具栏的 Module 列表中单击 Job，进入 Job（作业）模块。

2）在 Job 模块左侧的工具栏中单击 Create Job（创建作业）按钮，弹出 Create Job（创建作业）对话框，显示模型数据库中模型的列表，单击 Continue 按钮，弹出 Edit Job（编辑作业）对话框。

3）保持默认设置，单击 OK 按钮，完成作业设置。

4）单击 Job 模块左侧工具栏中的 Job Manger（作业管理）按钮，弹出 Job Manger（作业管理）对话框，单击 Submit（提交）按钮，提交运算。

10. 用 Abaqus/CAE 进行后处理

在主菜单栏中选择 Plot→Deformed Shape；或单击工具栏中的工具按钮，Abaqus/CAE 显示变形后的模型图，如图 2-209 所示。

单击（Animate-Time History）按钮，可以查看变形过程的动画显示。

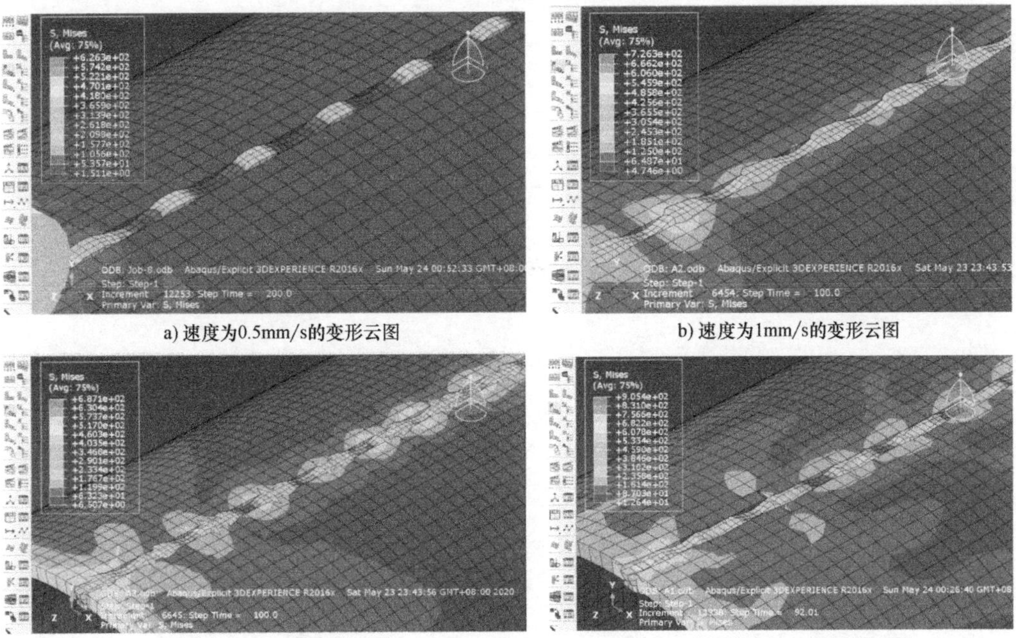

a) 速度为0.5mm/s的变形云图　b) 速度为1mm/s的变形云图

c) 速度为1.5mm/s的变形云图　d) 速度为2mm/s的变形云图

图 2-209 不同滚压速度下焊缝处变形云图

[工作页 2-7]

项目名称	圆筒焊缝滚压处理过程分析		
班　级		姓　名	
地　点		日　期	
第__小组成员			

1. 收集信息

【引导问题】

1）焊缝处理方法分类____。

2）金属材料塑性变形的影响因素________________________________。

3）金属塑性变形本构方程有____________________________________。

【查阅资料】

1）有限元仿真技术的使用方法。

2）本构方程的选择及使用方法。

2. 计划组织

小组组别	
设备工具	
组织安排	
准备工作	

3. 项目实施

作业内容	质量要求	完成情况	
		□完成	□未完成
		□完成	□未完成
		□完成	□未完成
		□完成	□未完成

4. 评价反思

在教师指导下，反思自己的工作方式和工作质量。

评价表					
项目	评价指标	自评		互评	
专业技能		□合格	□不合格	□合格	□不合格
		□合格	□不合格	□合格	□不合格
		□合格	□不合格	□合格	□不合格
工作态度		□合格	□不合格	□合格	□不合格
		□合格	□不合格	□合格	□不合格
		□合格	□不合格	□合格	□不合格
个人反思		完成项目的过程中，安全、质量等方面是否达到了最佳，请提出个人的改进建议			
教师评价	教师签字 年　月　日				

模块3

计算机辅助工艺规程设计（CAPP）——基于KMCAPP的CAPP项目实践

项目14　轴类零件工艺设计

【项目要求】

进行图3-1所示螺杆零件的工艺设计。

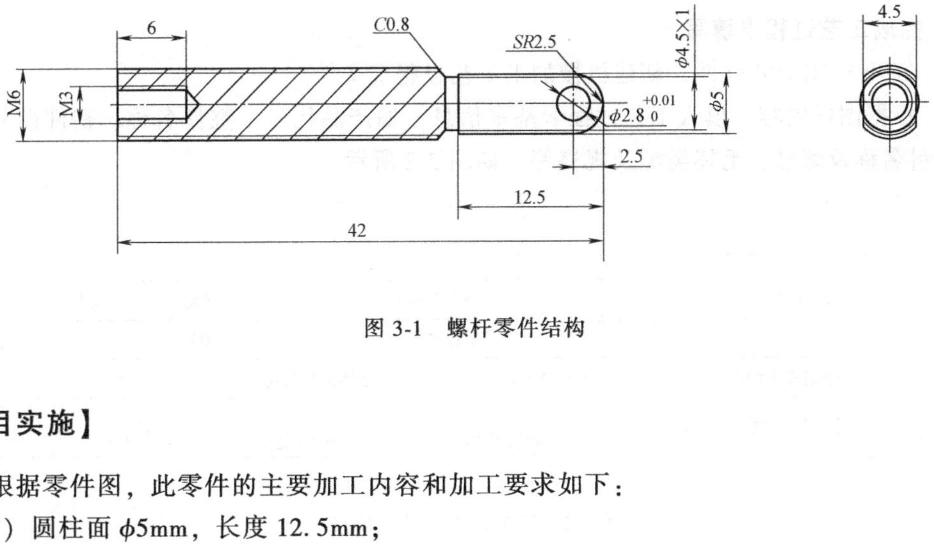

图3-1　螺杆零件结构

【项目实施】

根据零件图，此零件的主要加工内容和加工要求如下：

1）圆柱面 $\phi5$mm，长度12.5mm；

2）退刀槽 $\phi4.5$mm×1mm；

3）球面 *SR*2.5mm；

4）外螺纹M6；

5）内螺纹孔M3；

6）倒角 *C*0.8；

7）两端面总长保证42mm；

8）端面4.5mm及孔 $\phi2.8^{+0.01}_{0}$mm。

1. 螺杆加工工艺路线

1）用自定心卡盘装夹毛坯，伸出45mm，车端面；

2）粗、精车螺杆外圆 ϕ6mm、ϕ5mm 的圆柱面；

3）粗车球面 SR2.5mm；

4）车槽；

5）精车球面 SR2.5mm；

6）倒角 C0.8；

7）套螺纹M6；

8）切断，长42.5mm；

9）调头，车端面，保证尺寸42mm；

10）钻M3底孔（ϕ2.5mm）深8mm；

11）攻螺纹M3深6mm；

12）铣扁；

13）去毛刺，钻孔 ϕ2.8mm。

2. 确定毛坯尺寸

根据零件的加工余量及固定螺杆的尺寸，在保证螺杆加工过程中前后端面间的间距为42mm的前提下，确定毛坯为长度为47mm（42mm+5mm）、直径为8mm的不锈钢1Cr18Ni9Ti（在用旧牌号），其中42mm为零件加工尺寸，5mm为车床夹头料。

3. 完成工艺过程卡填写

1）打开KMCAPP软件，新建机械加工工艺过程卡文件。

2）根据图样内容，填入工艺过程卡基本信息，如产品代号、整件名称、整件图号、名称、材料名称及牌号、毛坯类型及规格等，如图3-2所示。

	产品代号	工艺过程卡	整件名称		名称	螺杆		
			整件图号		图号			
	材料名称及牌号	圆钢1Cr18Ni9Ti		毛坯类型及规格	ϕ8			
G-6	毛坯中零件数	N=(L−30)/(42+5)	每( )件消耗定额(kg)		来自何处		是否关重件	
					交往何处			

图3-2　工艺过程卡基本信息

3）双击工艺过程卡编辑框，进入编辑界面，按照工艺性分析所确定的加工方法填写工艺流程，如图3-3所示。

4）单击鼠标右键，在弹出的快捷菜单中选择“申请工序卡”命令，建立零件加工工序卡。

5）按照零件加工工序需要，填写零件加工工序卡，明确零件加工要素及加工顺序，如图3-4~图3-6所示。

G-6

产品代号	工 艺 过 程 卡	整件名称		名称	螺杆
		整件图号		图号	
材料名称及牌号	圆钢1Cr18Ni9Ti	毛坯类型及规格	$\phi 8$		
毛坯中零件数	$N=(L-30)/(42+5)$	每( )件消耗定额(kg)		来自何处 / 交往何处	是否关重件

工作地	工序号	工序名称	工 序(步) 内 容	设备、夹具模具及其他	切削工具测量工具	备 注
备	5	备料	$\phi 8\times L$，$L\leqslant 500$			
机加	10	钳	校直			
机加	15	车	车外圆、螺纹、钻孔			P1
机加	20	铣	铣扁			P2
机加	25	钳	去毛刺、过螺纹、钻孔			P3

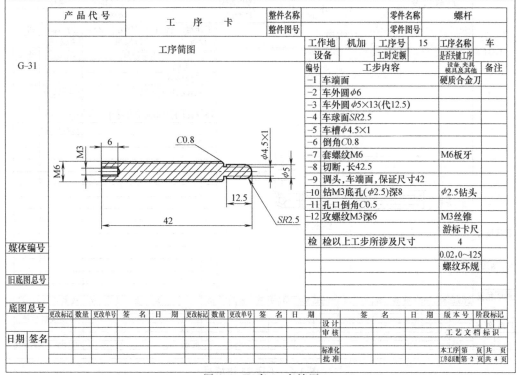

图 3-3　工艺流程填写

G-31

产 品 代 号	工　序　卡	整件名称		零件名称	螺杆
		整件图号		零件图号	

工作地	机加	工序号	15	工序名称	车
设备		工时定额		是否关键工序	

工序简图

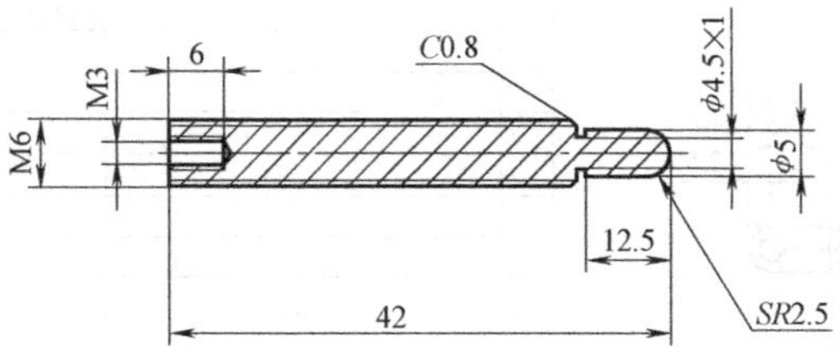

编号	工步内容	设备、夹具模具及其他	备注
-1	车端面	硬质合金刀	
-2	车外圆$\phi 6$		
-3	车外圆$\phi 5\times 13$(代12.5)		
-4	车球面$SR2.5$		
-5	车槽$\phi 4.5\times 1$		
-6	倒角$C0.8$		
-7	套螺纹M6	M6板牙	
-8	切断，长42.5		
-9	调头，车端面，保证尺寸42		
-10	钻M3底孔($\phi 2.5$)深8	$\phi 2.5$钻头	
-11	孔口倒角C0.5		
-12	攻螺纹M3深6	M3丝锥	
		游标卡尺	
检	检以上工步所涉及尺寸	4	
		0.02，0~125	
		螺纹环规	

媒体编号	旧底图总号	底图总号	日期	签名

更改标记	数量	更改单号	签　名	日　期	更改标记	数量	更改单号	签　名	日　期		签　名	日　期	版 本 号	阶段标记
										设 计				
										审 核			工 艺 文 档 标 识	
										标准化			本工序 第　页 共　页	
										批 准			工序总页数 第 2 页 共 4 页	

图 3-4　工序 15 车填写

3 MODULE

G-31

产品代号	工序卡	整件名称		零件名称	螺杆
		整件图号		零件图号	

工序简图	工作地	机加	工序号	20	工序名称	铣
	设备		工时定额		是否关键工序	

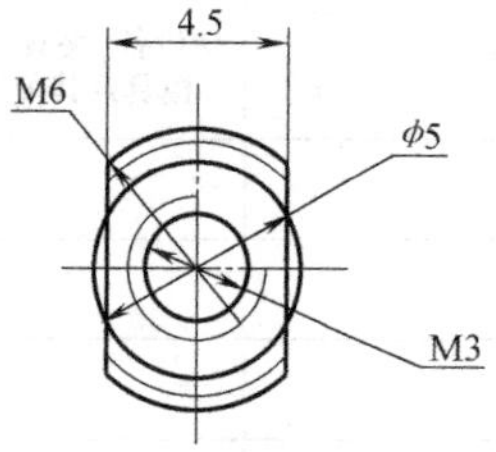

编号	工步内容	设备、夹具模具及其他	备注
	螺纹部分铣扁，保证尺寸4.5	$\phi3$棒铣刀	
检	检以上工步所涉及尺寸	游标卡尺	
		0.02，0~125	

媒体编号
旧底图总号
底图总号
日期 签名

更改标记	数量	更改单号	签名	日期	更改标记	数量	更改单号	签名	日期		签名	日期	版本号	阶段标记
										设计				
										审核			工艺文档标识	
										标准化			本工序 第 页	共 页
										批准			工序总页数 第 3 页	共 4 页

图 3-5　工序 20 铣填写

G-31

产品代号	工序卡	整件名称		零件名称	螺杆
		整件图号		零件图号	

工序简图	工作地	机加	工序号	25	工序名称	钳
	设备		工时定额		是否关键工序	

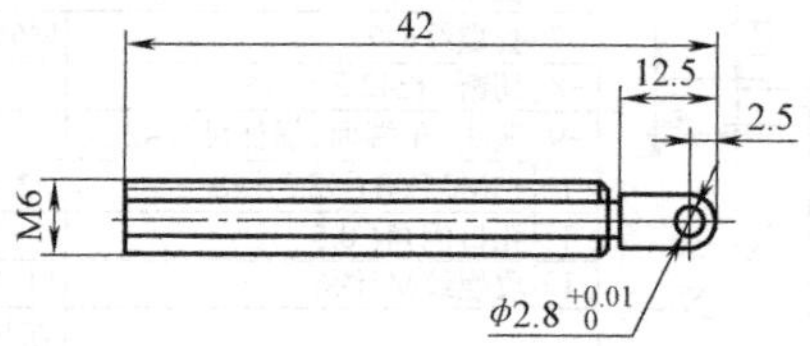

编号	工步内容	设备、夹具模具及其他	备注
-1	去毛刺		
-2	过丝M6		
-3	划线，钻孔$\phi2.8^{+0.01}_{0}$	$\phi2.8$钻头	
检	检以上工步所涉及尺寸	游标卡尺	
		0.02，0~125	

媒体编号
旧底图总号
底图总号
日期 签名

更改标记	数量	更改单号	签名	日期	更改标记	数量	更改单号	签名	日期		签名	日期	版本号	阶段标记
										设计				
										审核			工艺文档标识	
										标准化			本工序 第 页	共 页
										批准			工序总页数 第 4 页	共 4 页

图 3-6　工序 25 钳填写

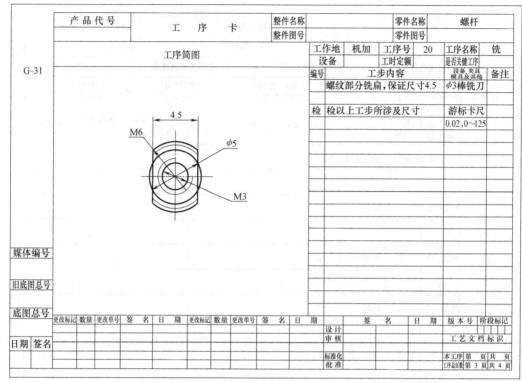

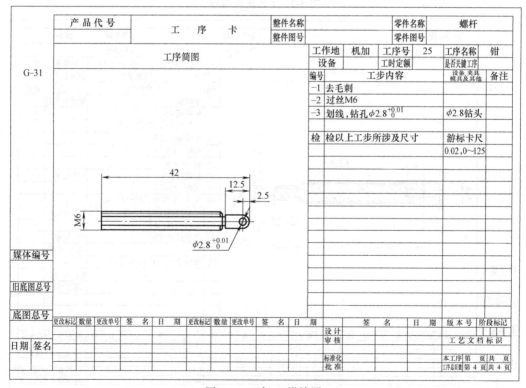

3 MODULE

[工作页 3-1]

项目名称	轴类零件工艺设计		
班　级		姓　名	
地　点		日　期	
第__小组成员			

1. 收集信息

【引导问题】

1）轴类零件分为________________________________。

2）工艺设计是指________________________________。

【查阅资料】

轴类零件一般工艺设计思路是________________________________。

2. 计划组织

小组组别	
设备工具	
组织安排	
准备工作	

3. 项目实施

作业内容	质量要求	完成情况	
		□完成	□未完成
		□完成	□未完成
		□完成	□未完成
		□完成	□未完成

4. 评价反思

在教师指导下，反思自己的工作方式和工作质量。

评价表					
项目	评价指标	自评		互评	
专业技能		□合格	□不合格	□合格	□不合格
		□合格	□不合格	□合格	□不合格
		□合格	□不合格	□合格	□不合格
工作态度		□合格	□不合格	□合格	□不合格
		□合格	□不合格	□合格	□不合格
		□合格	□不合格	□合格	□不合格
个人反思		完成项目的过程中，安全、质量等方面是否达到了最佳，请提出个人的改进建议			
教师评价	教师签字 年　月　日				

项目 15 钣金类零件工艺设计

【项目要求】

进行图 3-7 所示后板零件的工艺设计。

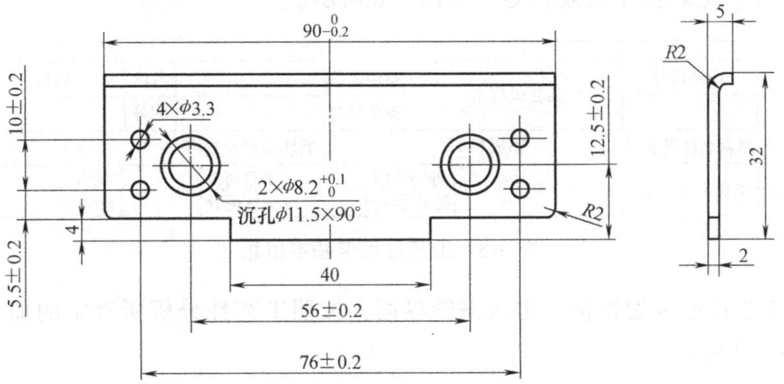

图 3-7 后板零件结构

【项目实施】

根据零件图，此零件的主要加工内容和加工要求如下：

1）后板，长度 $90_{-0.2}^{0}$mm，宽 32mm；

2）孔 4×φ3.3mm、沉孔 φ11.5mm×90°（2 个）；

3）凸台长 40mm，宽 4mm；

4）圆角 R2mm（2 处）。

1. 后板加工工艺路线

1）绘制数控加工用 CAD 图；

2）编制数控加工用程序；

3）试运行，调整数控程序；

4）准备数控冲加工所用模具；

5）数控冲孔 4×φ3.3mm、2×φ3.3mm 代 2×φ8.2mm；

6）数控冲缺口，保证尺寸 40mm，4mm；

7）数控冲外形，保证尺寸 43mm，$90_{-0.2}^{0}$mm；

8）修锉微连，去毛刺；

9）钻孔 2×φ8.2$^{+0.1}_{0}$mm，沉孔 φ11.5mm×90°；

10）修锉圆角 R2mm；

11）数控折弯，保证尺寸 32mm，R2mm；

12）划折弯边加工尺寸线，保证尺寸 5mm；

13）铣折弯边高，保证尺寸 5mm；

14）去毛刺。

3 MODULE

2. 确定毛坯尺寸

根据零件的展开图尺寸，在保证零件展开图外形尺寸为90mm×32mm的前提下，合理安排板料加工零件数量（10件），确定毛坯为长度600mm、宽度300mm、厚度2mm的铝板2A12。

3. 完成工艺过程卡的填写

1）打开KMCAPP软件，新建机械加工工艺过程卡文件。

2）根据图样内容，填入工艺过程卡基本信息，如产品代号、整件图号、图号、名称、材料名称及牌号、毛坯类型及规格等，如图3-8所示。

	产品代号	工艺过程卡		整件名称		名称	后板	
				整件图号		图号		
	材料名称及牌号	铝板2A12			毛坯类型及规格		≠2	
G-6	毛坯中零件数	10	每()件消耗定额(kg)		来自何处 交往何处		是否关重件	

图3-8　工艺过程卡基本信息

3）双击工艺过程卡编辑框，进入编辑界面，按照工艺性分析所确定的加工方法填写工艺流程，如图3-9所示。

	产品代号	工艺过程卡			整件名称		名称	后板	
					整件图号		图号		
	材料名称及牌号	铝板2A12				毛坯类型及规格		≠2	
G-6	毛坯中零件数	10		每()件消耗定额(kg)		来自何处 交往何处		是否关重件	
	工作地	工序号	工序名称	工　序(步)　内　容		设备、夹具模具及其他		切削工具测量工具	备注
	备	5	备料	≠2×600×300，*N*+2					
				工艺备损件按工序流转到折弯工序					
	钣机	10	数控冲	冲孔、落料					P1
	钣机	15	钳	修锉微连，去毛刺，校平、钻孔					P2
	钣机	20	数控折弯	压弯成形					P3
	钣机	25	钳	划加工线					P4
	钣机	30	铣	铣翻边高度					P5
	钣机	35	钳	去毛刺，校形					P6

图3-9　工艺流程填写

4）单击鼠标右键，在弹出的快捷菜单中选择“申请工序卡”命令，建立零件加工工序卡。

5）按照零件加工工步需要，填写零件加工工序卡，明确零件加工要素及加工顺序，如图 3-10～图 3-15 所示。

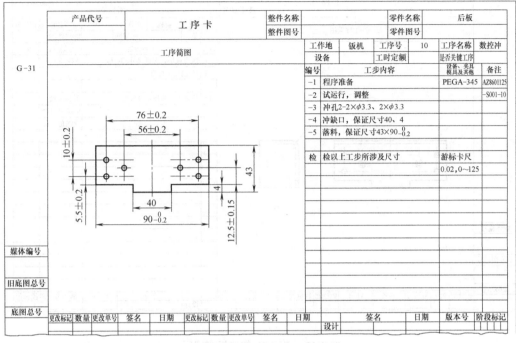

G-31

产品代号	工序卡	整件名称		零件名称	后板
		整件图号		零件图号	

工作地	钣机	工序号	10	工序名称	数控冲
设备		工时定额		是否关键工序	

编号	工步内容	设备、夹具模具及其他	备注
-1	程序准备	PEGA-345	AZ8601125
-2	试运行，调整		-S001-10
-3	冲孔2-2×ϕ3.3、2×ϕ3.3		
-4	冲缺口，保证尺寸40、4		
-5	落料，保证尺寸$43\times90^{0}_{-0.2}$		
检	检以上工步所涉及尺寸	游标卡尺	
		0.02,0～125	

工序简图

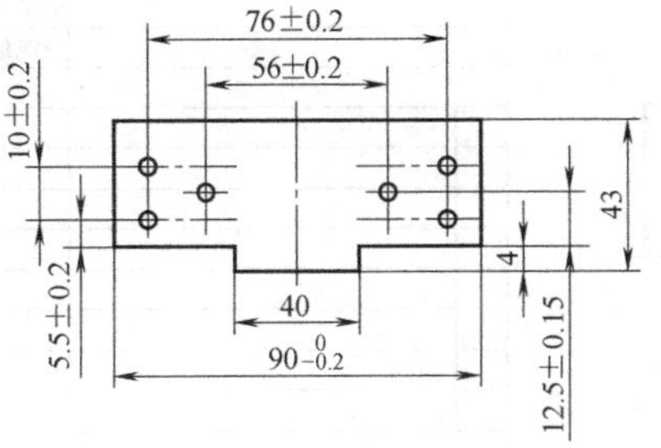

媒体编号

旧底图总号

底图总号

更改标记	数量	更改单号	签名	日期	更改标记	数量	更改单号	签名	日期		签名	日期	版本号	阶段标记
										设计				

图 3-10　工序 10 数控冲填写

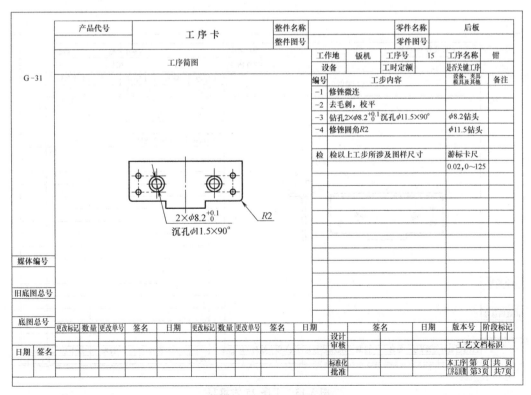

G-31

产品代号	工序卡	整件名称		零件名称	后板
		整件图号		零件图号	

工作地	钣机	工序号	15	工序名称	钳
设备		工时定额		是否关键工序	

编号	工步内容	设备、夹具模具及其他	备注
-1	修锉微连		
-2	去毛刺，校平		
-3	钻孔2×$\phi8.2^{+0.1}_{0}$沉孔ϕ11.5×90°	ϕ8.2钻头	
-4	修锉圆角R2	ϕ11.5钻头	
检	检以上工步所涉及图样尺寸	游标卡尺	
		0.02,0～125	

工序简图

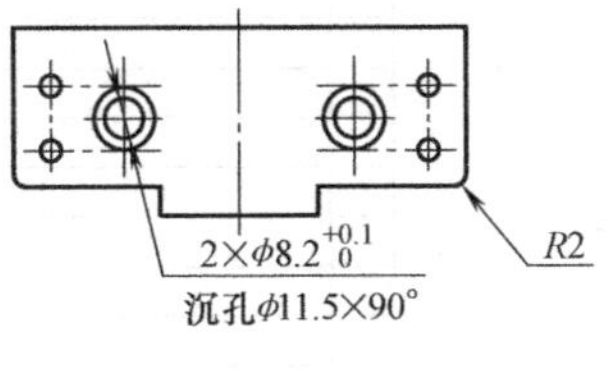

媒体编号

旧底图总号

底图总号

更改标记	数量	更改单号	签名	日期	更改标记	数量	更改单号	签名	日期		签名	日期	版本号	阶段标记
										设计				
										审核			工艺文档标识	
										标准化			本工序 第 页	共 页
										批准			工序总页数 第3页	共7页

日期	签名

图 3-11　工序 15 钳填写

产品代号	工序卡	整件名称		零件名称	后板
		整件图号		零件图号	

G-31	工序简图	工作地	钣机	工序号	20	工序名称	数控折弯
		设备		工时定额		是否关键工序	

编号	工步内容	设备、夹具模具及其他	备注
-1	压弯成形，保证尺寸32、R2	RG-80	
-2	校形(钳工配合)		
检	检以上工步所涉及尺寸	游标卡尺	
		0.02,0~125	
		成能角度尺	

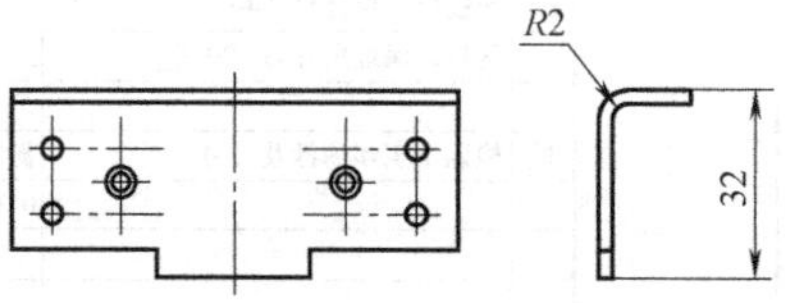

媒体编号	旧底图总号	底图总号

更改标记	数量	更改单号	签名	日期	更改标记	数量	更改单号	签名	日期		签名	日期	版本号	阶段标记
										设计				

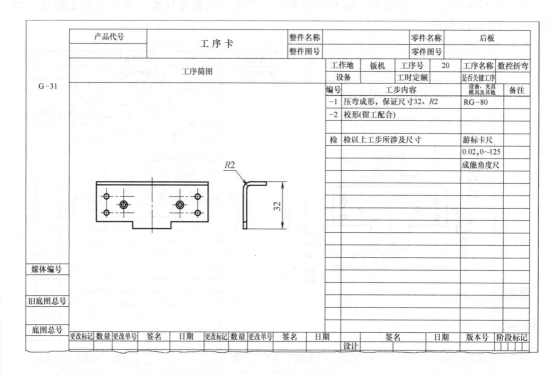

图 3-12　工序 20 数控折弯填写

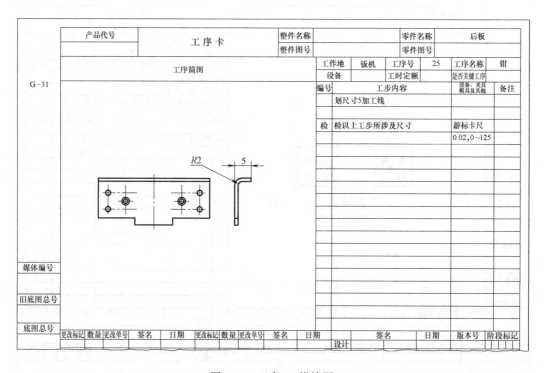

产品代号	工序卡	整件名称		零件名称	后板
		整件图号		零件图号	

G-31	工序简图	工作地	钣机	工序号	25	工序名称	钳
		设备		工时定额		是否关键工序	

编号	工步内容	设备、夹具模具及其他	备注
	划尺寸5加工线		
检	检以上工步所涉及尺寸	游标卡尺	
		0.02,0~125	

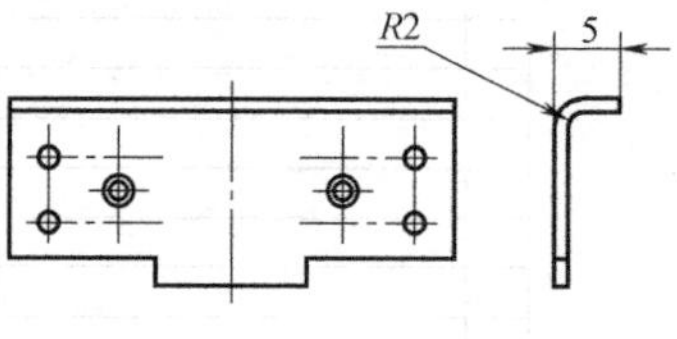

媒体编号	旧底图总号	底图总号

更改标记	数量	更改单号	签名	日期	更改标记	数量	更改单号	签名	日期		签名	日期	版本号	阶段标记
										设计				

图 3-13　工序 25 钳填写

G-31

产品代号	工序卡	整件名称		零件名称	后板
		整件图号		零件图号	

工序简图	工作地	钣机	工序号	30	工序名称	铣
	设备		工时定额		是否关键工序	

编号	工步内容	设备、夹具模具及其他	备注
	铣一边高度，保证尺寸5	φ10棒铣刀	
检	检以上工步所涉及尺寸	游标卡尺	
		0.02,0~125	

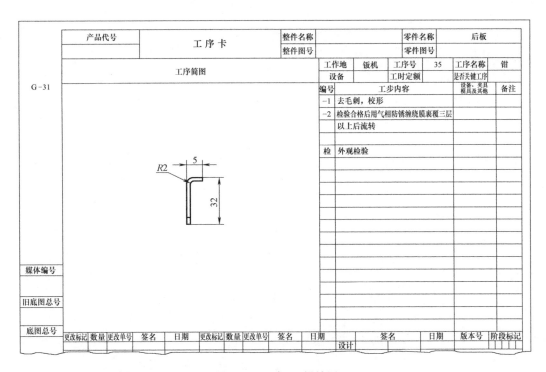

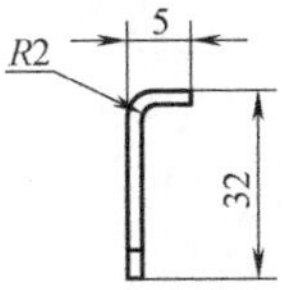

媒体编号
旧底图总号
底图总号
日期 签名

更改标记	数量	更改单号	签名	日期	更改标记	数量	更改单号	签名	日期		签名	日期	版本号	阶段标记
										设计				
										审核			工艺文档标识	
										标准化			本工序	第　页　共　页
										批准			工序总页数	第6页　共7页

图 3-14　工序 30 铣填写

G-31

产品代号	工序卡	整件名称		零件名称	后板
		整件图号		零件图号	

工序简图	工作地	钣机	工序号	35	工序名称	钳
	设备		工时定额		是否关键工序	

编号	工步内容	设备、夹具模具及其他	备注
-1	去毛刺，校形		
-2	检验合格后用气相防锈缠绕膜裹覆三层		
	以上后流转		
检	外观检验		

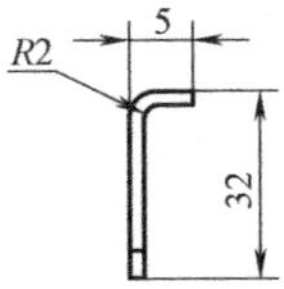

媒体编号
旧底图总号
底图总号

更改标记	数量	更改单号	签名	日期	更改标记	数量	更改单号	签名	日期		签名	日期	版本号	阶段标记
										设计				

图 3-15　工序 35 钳填写

3 MODULE

[工作页 3-2]

项目名称	钣金类零件工艺设计		
班　级		姓　名	
地　点		日　期	
第__小组成员			

1. 收集信息

【引导问题】

1）钣金类零件分为______________________________。

2）钣金类零件的工艺设计步骤______________________________。

【查阅资料】

钣金类零件的一般工艺设计过程______________________________。

2. 计划组织

小组组别	
设备工具	
组织安排	
准备工作	

3. 项目实施

作业内容	质量要求	完成情况	
		□完成	□未完成
		□完成	□未完成
		□完成	□未完成
		□完成	□未完成

4. 评价反思

在教师指导下，反思自己的工作方式和工作质量。

评价表

项目	评价指标	自评		互评	
专业技能		□合格	□不合格	□合格	□不合格
		□合格	□不合格	□合格	□不合格
		□合格	□不合格	□合格	□不合格
工作态度		□合格	□不合格	□合格	□不合格
		□合格	□不合格	□合格	□不合格
		□合格	□不合格	□合格	□不合格
个人反思		完成项目的过程中，安全、质量等方面是否达到了最佳，请提出个人的改进建议			
教师评价	教师签字 年　月　日				

项目 16 盒体类零件工艺设计

【项目要求】

进行图 3-16 所示盒体零件的工艺设计。

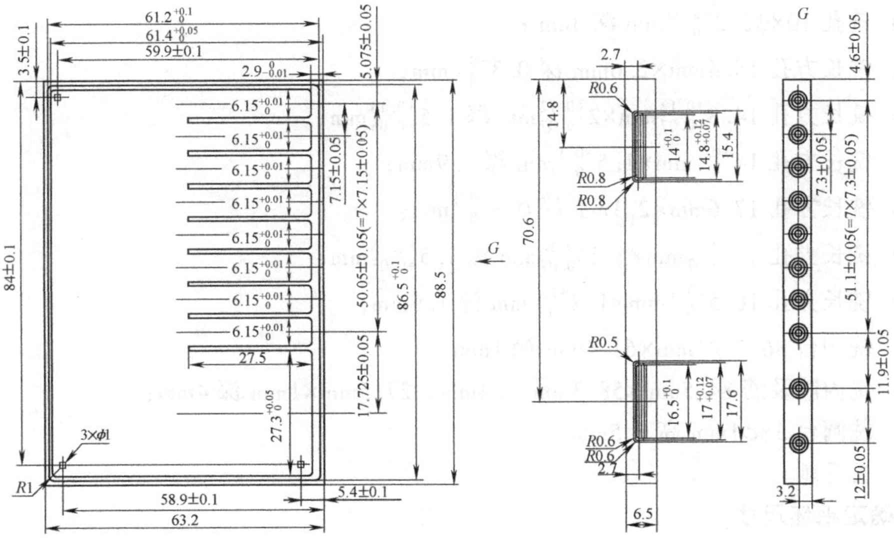

图 3-16 盒体零件结构

【项目实施】

根据零件图，此零件的主要加工内容和加工要求如下：

1）盒体，长度 88.5mm，宽 63.2mm，厚 6.5mm；

2）孔 10×ϕ3.9mm（深 1.2mm）、10×$\phi3^{+0.10}_{+0.05}$mm 深 $2.5^{+0.10}_{+0.05}$mm、10×$\phi2.2^{+0.05}_{0}$mm 深 3mm；

3）长方孔 15.4mm×2.6mm 深 $0.3^{+0.1}_{0}$mm、$14.8^{+0.12}_{+0.07}$mm×$2^{+0.12}_{+0.07}$mm 深 $1.5^{+0.15}_{+0.05}$mm、$14^{+0.1}_{0}$mm×$1.5^{+0.1}_{0}$mm 深 1.9mm、17.6mm×2.1mm 深 $0.3^{+0.1}_{0}$mm、$17^{+0.12}_{+0.07}$mm×$1.5^{+0.12}_{+0.07}$mm 深 $1.5^{+0.15}_{+0.05}$mm、$16.5^{+0.1}_{0}$mm×$1.2^{+0.1}_{0}$mm 深 1.9mm；

4）圆台 3×ϕ1mm 高 1.5mm；

5）凹台 $86.5^{+0.1}_{0}$mm×61.4mm 深 1mm；

6）内腔 84.5mm×58.3mm 深 4mm；

7）筋 6 处 27.5mm×1mm 深 4mm。

1. 盒体加工工艺路线

1）铣毛坯六面；

2）去毛刺；

3）热处理；

4）绘制数控加工用 CAD 图；

5）编制数控加工用程序；

6）试运行，调整数控程序；

7）准备数控铣加工所用刀具；

8）用机用虎钳装夹，铣孔 10×ϕ3.9mm 深 1.2mm；

9）铣孔 10×$\phi 3^{+0.10}_{+0.05}$mm 深 $2.5^{+0.10}_{+0.05}$mm；

10）铣孔 10×$\phi 2.2^{+0.05}_{0}$mm 深 3mm；

11）铣长方孔 15.4mm×2.6mm 深 $0.3^{+0.1}_{0}$mm；

12）铣长方孔 $14.8^{+0.12}_{+0.07}$mm×$2^{+0.12}_{+0.07}$mm 深 $1.5^{+0.15}_{+0.05}$mm；

13）铣长方孔 $14^{+0.1}_{0}$mm×$1.5^{+0.1}_{0}$mm 深 1.9mm；

14）铣长方孔 17.6mm×2.1mm 深 $0.3^{+0.1}_{0}$mm；

15）铣长方孔 $17^{+0.12}_{+0.07}$mm×$1.5^{+0.12}_{+0.07}$mm 深 $1.5^{+0.15}_{+0.05}$mm；

16）铣长方孔 $16.5^{+0.1}_{0}$mm×$1.2^{+0.1}_{0}$mm 深 1.9mm；

17）铣凹台 $86.5^{+0.1}_{0}$mm×61.4mm 深 1mm；

18）铣内腔及筋 84.5mm×58.3mm 深 4mm，27.5mm×1mm 深 4mm；

19）铣圆台 3×ϕ1mm 高 1.5mm；

20）去毛刺。

2. 确定毛坯尺寸

根据零件的展开图尺寸，在保证零件展开图外形尺寸为 6.5mm×88.5mm×63.2mm 的前提下，确定毛坯为长度 95mm、宽度 70mm、厚度 10mm 的铝板 6063。

3. 完成工艺过程卡的填写

1）打开 KMCAPP 软件，新建机械加工工艺过程卡文件。

2）根据图样内容，填入工艺过程卡基本信息，如产品代号、整件图号、图号、名称、材料名称及牌号、毛坯类型及规格等，如图 3-17 所示。

	产品代号	工艺过程卡		整件名称		名称	盒体
				整件图号		图号	
	材料名称及牌号	铝板6063		毛坯类型及规格		≠10	
G-6	毛坯中零件数	1	每( )件消耗定额(kg)	来自何处 交往何处		是否关重件	

图 3-17 工艺过程卡基本信息

3）双击工艺过程卡编辑框，进入编辑界面，按照工艺性分析所确定的加工方法填写工艺流程，如图 3-18 所示。

4）单击鼠标右键，在弹出的快捷菜单中选择“申请工序卡”命令，建立零件加工工序卡。

5）按照零件加工工步需要，填写零件加工工序卡，明确零件加工要素及加工顺序，如图 3-19～图 3-26 所示。

3 MODULE

G-6

产品代号		工艺过程卡		整件名称		名称	盒体
				整件图号		图号	
材料名称及牌号		铝板6063		毛坯类型及规格		≠10	
毛坯中零件数		1	每( )件消耗定额(kg)	来自何处 交往何处		是否关重件	

工作地	工序号	工序名称	工 序（步）内 容	设备、夹具模具及其他	切削工具测量工具	备注
备	5	备料	≠10×95×70，N+2			
			工艺备损件按工序流转到数控铣工序			
			注：锯床下料			
		检	材料牌号、规格及备料尺寸			
机加	10	铣	铣六面			P1
机加	15	钳	去毛刺，校平			
化工	20	热处理	低温去应力退火			
机加	25	数控铣	铣外形及孔			P2
机加	30	钳	去毛刺			

媒体编号

旧底图总号

底图总号	更改标记	数量	更改单号	签名	日期		签名	日期	阶段标记
						设计			
						审核			工艺文档标识
日期	签名					标准化			第1页
						批准			共6页

图 3-18 工艺流程填写

3 MODULE

产品代号	工 序 卡	整件名称		零件名称	盒体
		整件图号		零件图号	

工序简图	工作地	机加	工序号	10	工序名称	铣
	设备		工时定额		是否关键工序	

G-31

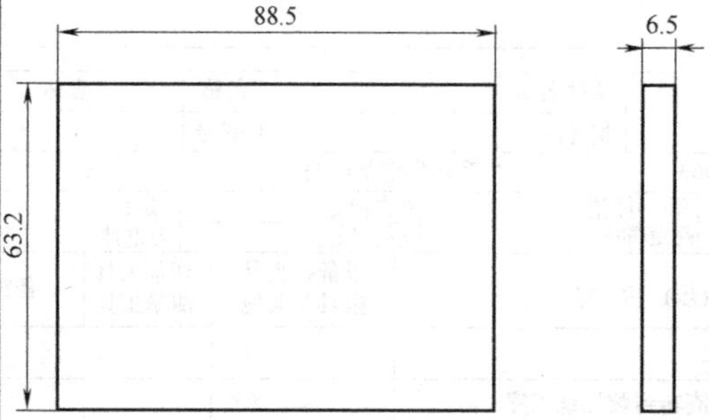

编号	工步内容	设备、夹具、模具及其他	备注
	铣六面，保证尺寸6.5×88.5×63.2		
检	检以上工步所涉及图样尺寸	游标卡尺	
		0.02，0～125	
		游标万能角度尺	

媒体编号													
旧底图总号													
底图总号	更改标记	数量	更改单号	签名	日期	更改标记	数量	更改单号	签名	日期	签名	日期	版本号 / 阶段标记
日期 签名											设计		
											审核		工艺文档标识
											标准化		本工序 第 页 共 页
											批准		工序总页数 第 2 页 共 5 页

图 3-19 工序 10 铣填写

产品代号	工 序 卡	整件名称		零件名称	盒体
		整件图号		零件图号	

工序简图	工作地	机加	工序号	25	工序名称	数控铣
	设备		工时定额		是否关键工序	

G-31

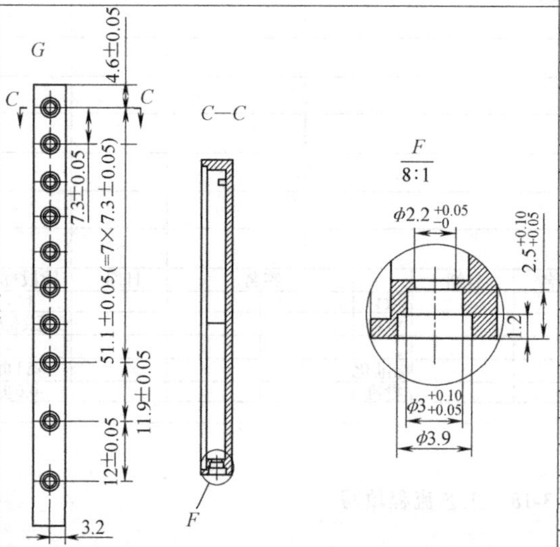

编号	工步内容	设备、夹具、模具及其他	备注
-1.	程序准备	GX1000HS	LBX154-SX11-25
-2.	G向铣孔$\phi3.9$，保证尺寸1.2(10组)	$\phi3$棒铣刀	
-3.	铣孔$\phi3^{+0.10}_{+0.05}$，保证尺寸$2.5^{+0.10}_{+0.05}$(10组)	$\phi2$棒铣刀	
-4.	铣孔$\phi2.2^{+0.05}_{0}$，保证尺寸3(10组)	$\phi2$棒铣刀	

媒体编号													
旧底图总号													
底图总号	更改标记	数量	更改单号	签名	日期	更改标记	数量	更改单号	签名	日期	签名	日期	版本号 / 阶段标记
日期 签名											设计		
											审核		工艺文档标识
											标准化		本工序 第 页 共 页
											批准		工序总页数 第 2 页 共 5 页

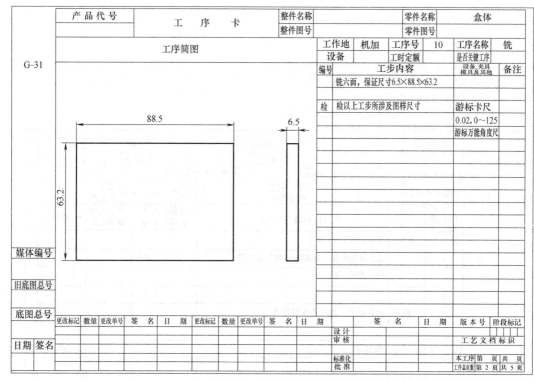

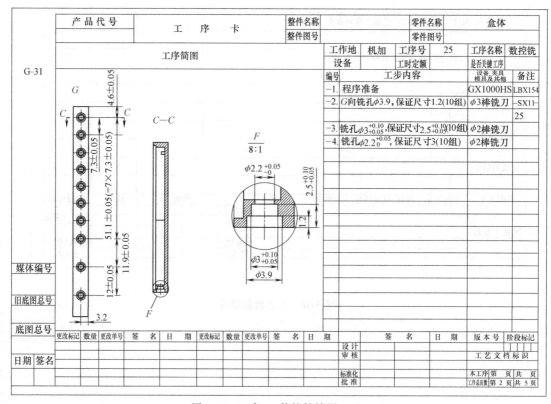

图 3-20 工序 25 数控铣填写（1）

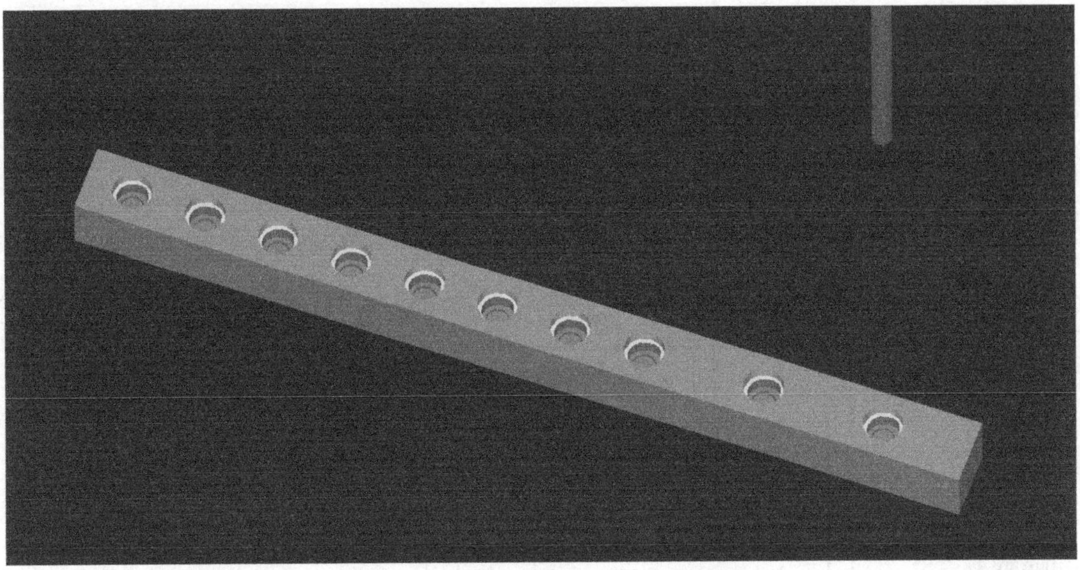

图 3-21　工序 25 数控铣（1）（程序模拟）

G–31

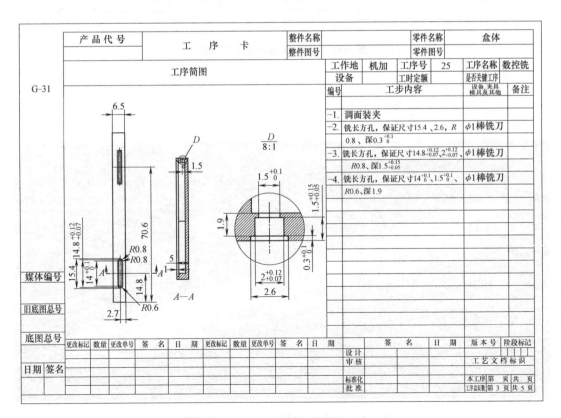

产品代号	工序卡	整件名称		零件名称	盒体
		整件图号		零件图号	

工序简图	工作地	机加	工序号	25	工序名称	数控铣
	设备		工时定额		是否关键工序	

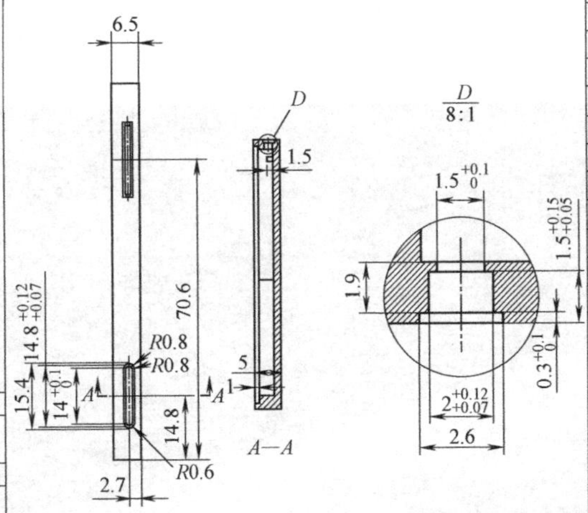

编号	工步内容	设备、夹具模具及其他	备注
–1.	调面装夹		
–2.	铣长方孔，保证尺寸15.4 、2.6，R 0.8 、深$0.3^{+0.1}_{0}$	ϕ1棒铣刀	
–3.	铣长方孔，保证尺寸$14.8^{+0.12}_{+0.07}$、$2^{+0.12}_{+0.07}$、R0.8、深$1.5^{+0.15}_{+0.05}$	ϕ1棒铣刀	
–4.	铣长方孔，保证尺寸$14^{+0.1}_{0}$、$1.5^{+0.1}_{0}$、R0.6、深1.9	ϕ1棒铣刀	

媒体编号													
旧底图总号													
底图总号	更改标记	数量	更改单号	签　名	日　期	更改标记	数量	更改单号	签　名	日　期	签　名	日　期	版本号 / 阶段标记
											设计		
日期 签名											审核		工艺文档标识
											标准化		本工序 第　页 共　页
											批准		工序总页数 第 3 页 共 5 页

图 3-22　工序 25 数控铣填写（2）

3 MODULE

产品代号	工　序　卡	整件名称		零件名称	盒体
		整件图号		零件图号	

工作地	机加	工序号	25	工序名称	数控铣
设备		工时定额		是否关键工序	

工序简图

G-31

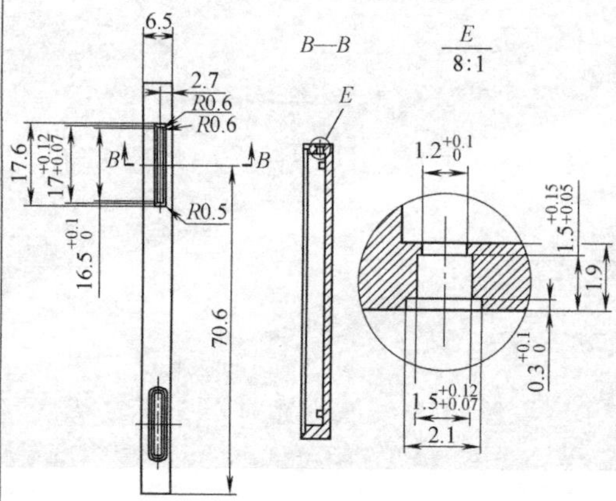

编号	工步内容	设备、夹具模具及其他	备注
-5.	铣长方孔,保证尺寸17.6、2.1、R0.6、深$0.3^{+0.1}_{0}$	ϕ1棒铣刀	
-6.	铣长方孔,保证尺寸$17^{+0.12}_{+0.07}$、$1.5^{+0.12}_{+0.07}$、R0.6、深$1.5^{+0.15}_{+0.05}$	ϕ1棒铣刀	
-7.	铣长方孔,保证尺寸$16.5^{+0.1}_{0}$、$1.2^{+0.1}_{0}$、R0.5、深1.9	ϕ1棒铣刀	

媒体编号

旧底图总号

底图总号

更改标记	数量	更改单号	签名	日期	更改标记	数量	更改单号	签名	日期		签名	日期	版本号	阶段标记
										设计				
										审核			工艺文档标识	
										标准化			本工序 第　页	共　页
										批准			工序总页数 第 4 页	共 5 页

日期	签名

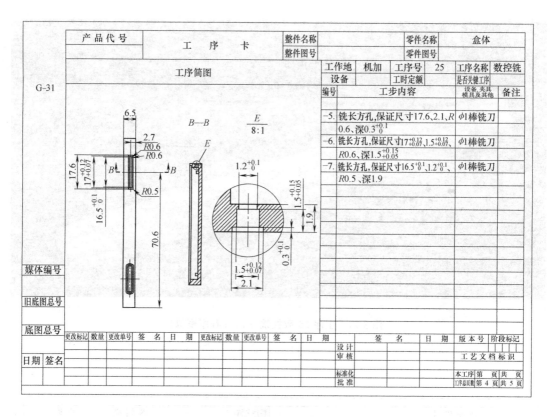

图 3-23　工序 25 数控铣填写（3）

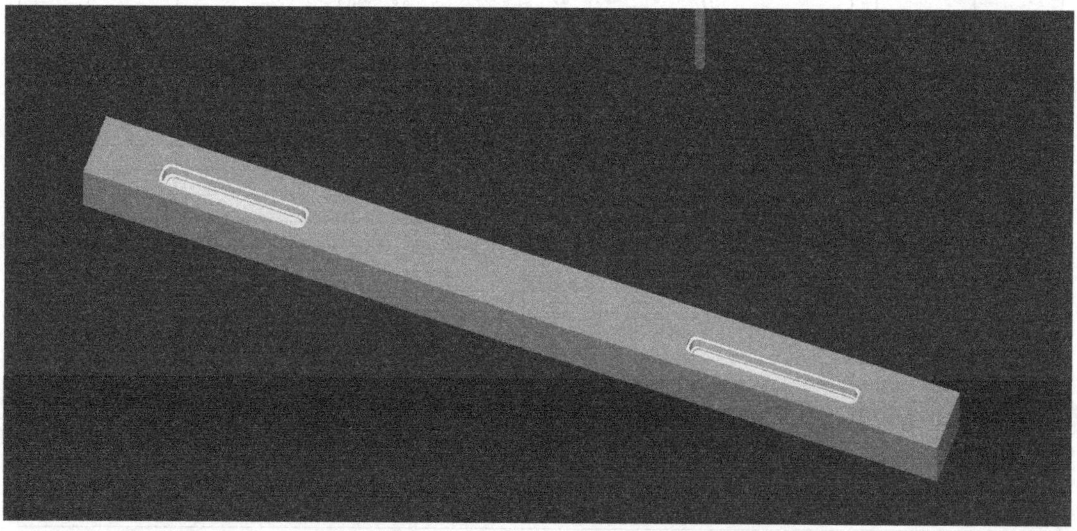

图 3-24　工序 25 数控铣（2）（程序模拟）

3 MODULE

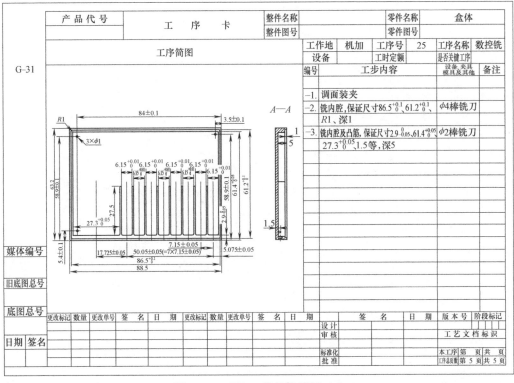

产品代号	工　序　卡	整件名称		零件名称	盒体
		整件图号		零件图号	

G-31

工序简图	工作地	机加	工序号	25	工序名称	数控铣
	设备		工时定额		是否关键工序	

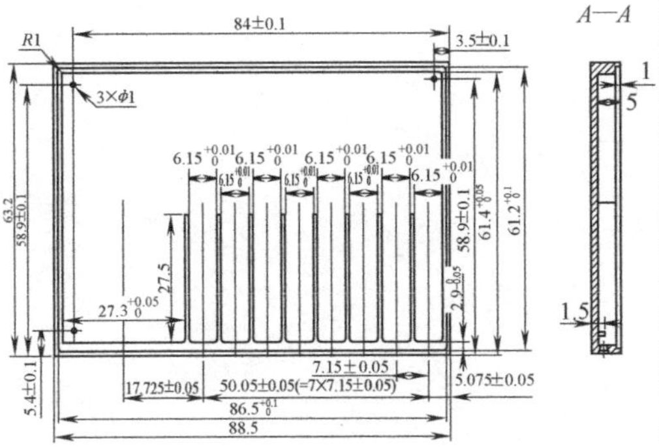

编号	工步内容	设备、夹具模具及其他	备注
–1.	调面装夹		
–2.	铣内腔，保证尺寸$86.5^{+0.1}_{0}$、$61.2^{+0.1}_{0}$、	ϕ4棒铣刀	
	$R1$、深1		
–3.	铣内腔及凸筋，保证尺寸$2.9^{0}_{-0.05}$、$61.4^{+0.05}_{0}$、	ϕ2棒铣刀	
	$27.3^{+0.05}_{0}$、1.5等，深5		

媒体编号																	
旧底图总号																	
底图总号	更改标记	数量	更改单号	签　名	日　期	更改标记	数量	更改单号	签　名	日　期		签　名		日　期	版本号	阶段标记	
											设计						
日期	签名										审核				工艺文档标识		
											标准化				本工序	第　页	共　页
											批准				工序总页数	第 5 页	共 5 页

图 3-25　工序 25 数控铣填写（4）

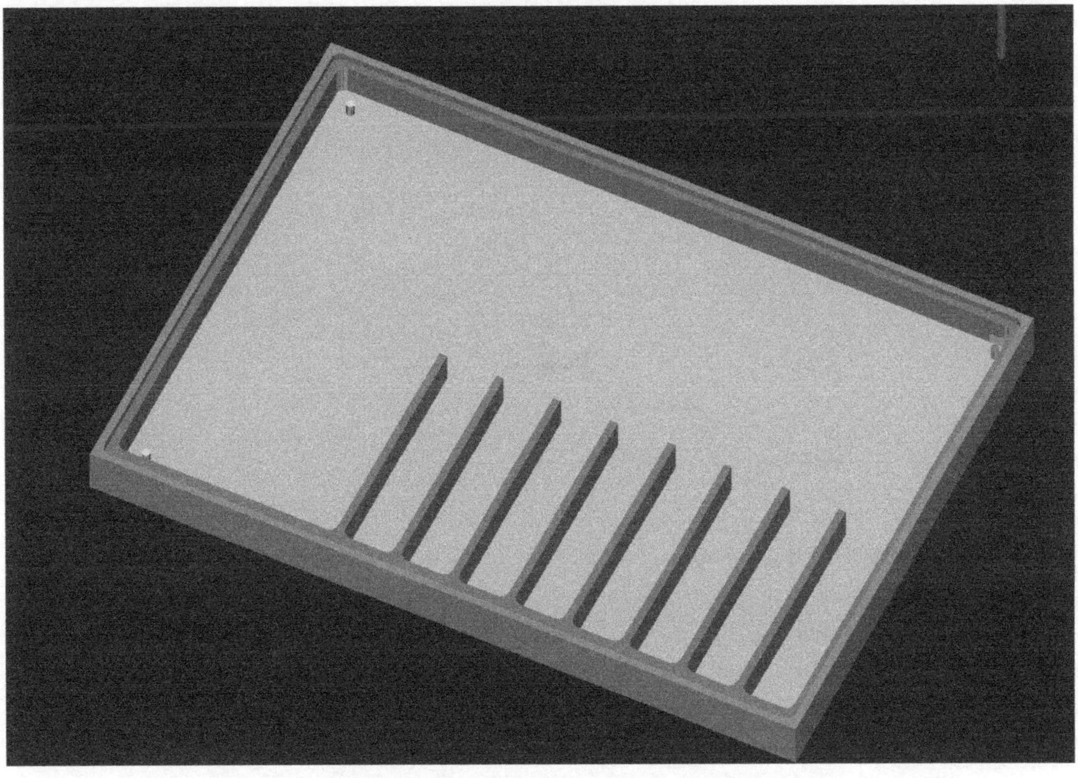

图 3-26　工序 25 数控铣（3）（程序模拟）

3 MODULE

[工作页 3-3]

项目名称	盒体类零件工艺设计		
班　级		姓　名	
地　点		日　期	
第__小组成员			

1. 收集信息

【引导问题】

1）盒体类零件的特点____。

2）工艺过程卡和工序卡的关系____________________________________。

【查阅资料】

盒体类零件的三维加工过程仿真方法。

2. 计划组织

小组组别	
设备工具	
组织安排	
准备工作	

3. 项目实施

作业内容	质量要求	完成情况	
		□完成	□未完成
		□完成	□未完成
		□完成	□未完成
		□完成	□未完成

4. 评价反思

在教师指导下，反思自己的工作方式和工作质量。

评价表					
项目	评价指标	自评		互评	
专业技能		□合格	□不合格	□合格	□不合格
		□合格	□不合格	□合格	□不合格
		□合格	□不合格	□合格	□不合格
工作态度		□合格	□不合格	□合格	□不合格
		□合格	□不合格	□合格	□不合格
		□合格	□不合格	□合格	□不合格
个人反思		完成项目的过程中，安全、质量等方面是否达到了最佳，请提出个人的改进建议			
教师评价	教师签字 年　月　日				

模块4

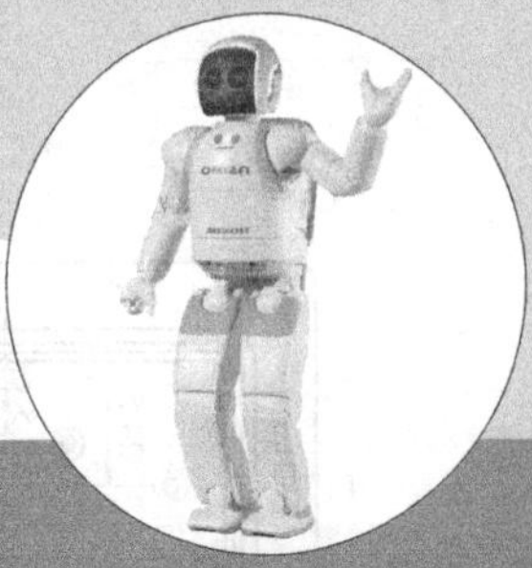

计算机辅助制造（CAM）——基于Mastercam的CAM项目实践

项目 17　盒体类零件 CAM 实例

【项目要求】

图 4-1 所示的模型是电子行业典型的设备盒体模型，其尺寸要求如图 4-2 所示，完成其 CAM。

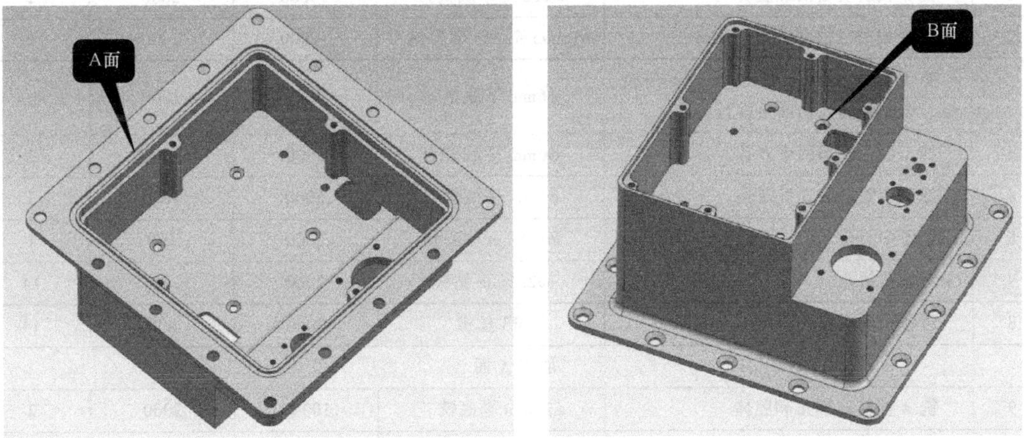

图 4-1　盒体模型

【项目实施】

为了减少零件的装夹变形，应用机用虎钳夹 B 面中的下方法兰的侧面，加工 B 面中的各结构，然后调面装夹 B 面中的外侧台阶的铣削成形面，加工 A 面中的各结构，其工艺分析见表 4-1。

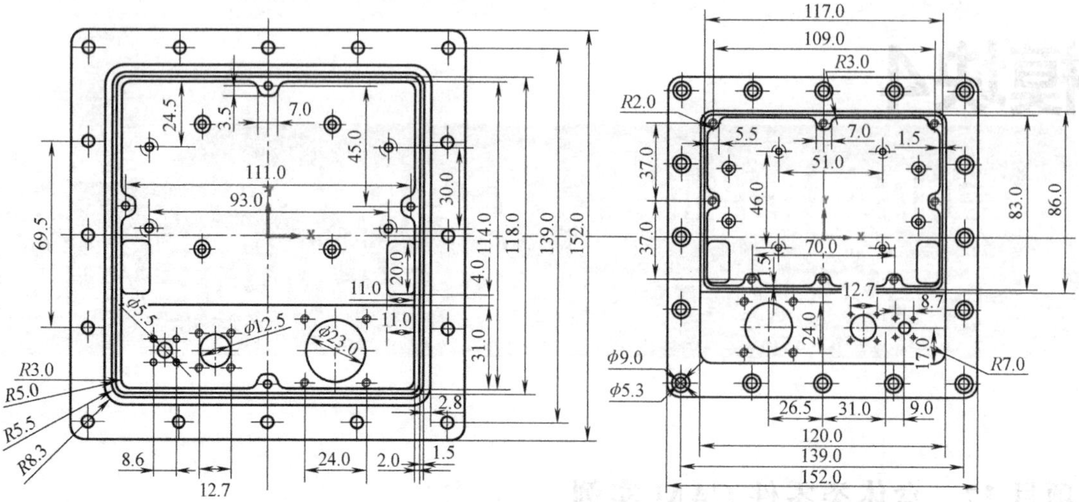

a) A面　　b) B面

图 4-2　盒体平面图

表 4-1　工艺分析表

序号	工步内容	刀具	主轴转速 /(r/min)	进给速度 /(mm/min)	背吃刀量 /mm
加工 B 面					
1	铣 B 面所有台阶和腔体	ϕ16mm 平底铣刀	10000	2000	2
2	铣 B 面法兰根部圆角 *R*3mm	ϕ16mm *R*3mm 圆鼻铣刀	10000	2000	2
3	对 117mm×83mm 腔内 ϕ16mm 平底铣刀铣不到的欠切圆角进行清角	ϕ6mm 平底铣刀	8000	1000	1
4	加工腔内底部两个方孔	ϕ6mm 平底铣刀	8000	1000	1
5	加工台阶上的 3 个圆孔	ϕ5mm 平底铣刀	6000	1000	1
6	钻各中心孔	ϕ1. 5mm 中心钻	2000	100	1
7	对各孔钻孔	ϕ2. 5mm 钻头	2000	80	14
8	对各孔攻螺纹	M3 丝锥	2000	500	14
加工 A 面					
9	铣 A 面四周圆角和腔体	ϕ16mm 平底铣刀	10000	2000	2
10	铣上端面密封槽	ϕ2mm 平底铣刀	6000	1000	0. 5
11	对腔内 ϕ16mm 平底铣刀铣不到的欠切圆角进行清角	ϕ6mm 平底铣刀	8000	1000	1
12	钻各中心孔	ϕ1. 5mm 中心钻	2000	100	1
13	对各孔钻孔	ϕ2. 5mm 钻头	2000	80	14
14	对各孔攻螺纹	M3 丝锥	2000	500	14

1. 加工流程

加工流程如图 4-3 所示。

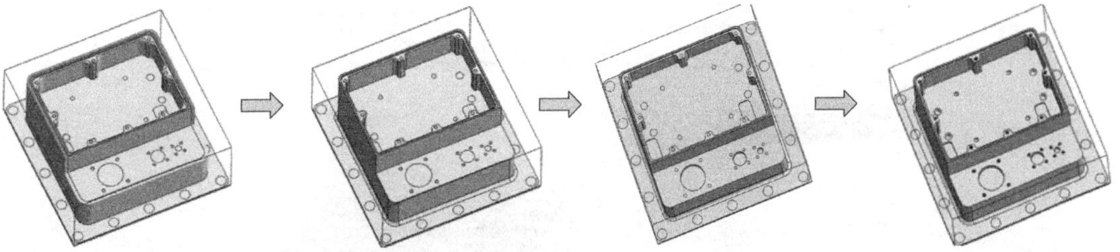

a) 加工B面

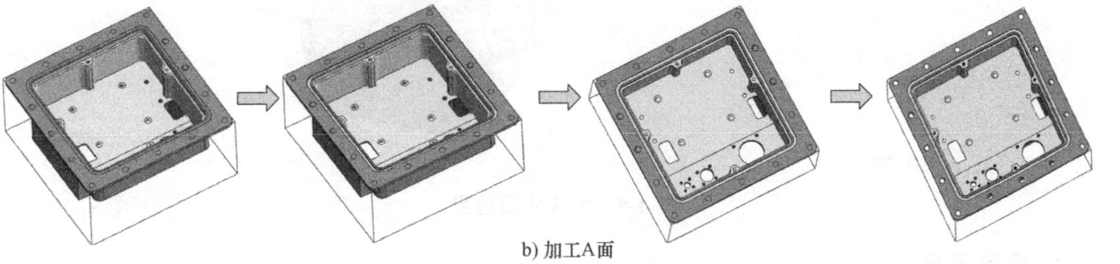

b) 加工A面

图 4-3　加工流程图

2. 导入模型

略。

3. 对模型进行处理

对盒体实体模型进行处理，生成所有轮廓曲线，以便产生刀路时方便“串连”。

1）首先将图层 1 的实体模型复制到图层 2 中。

选择管理面板中的“层别”选项卡，打开“层别”对话框。单击+按钮，新建图层 2 并设为主层，然后将图层 1 的所有图素复制到图层 2，并只高亮显示图层 2，如图 4-4 所示。

2）将盒体实体转换成曲面。

单击“曲面”菜单，单击“由实体生成曲面”按钮，然后选取整个盒体实体，再按 Enter 键，完成转换。这样图层 2 上的实体就转换成了曲面，如图 4-5 所示。

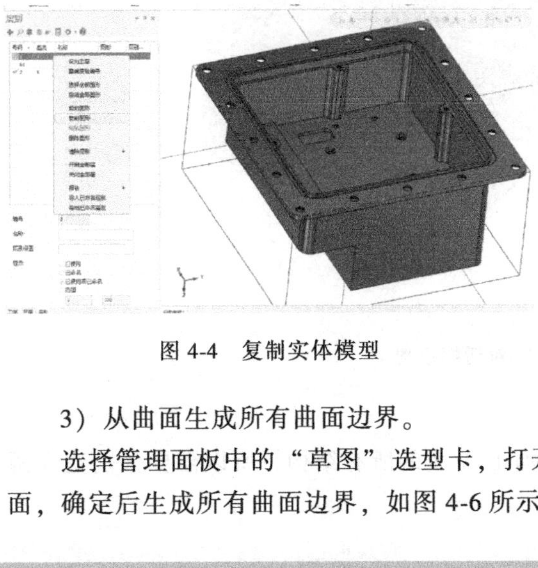

图 4-4　复制实体模型

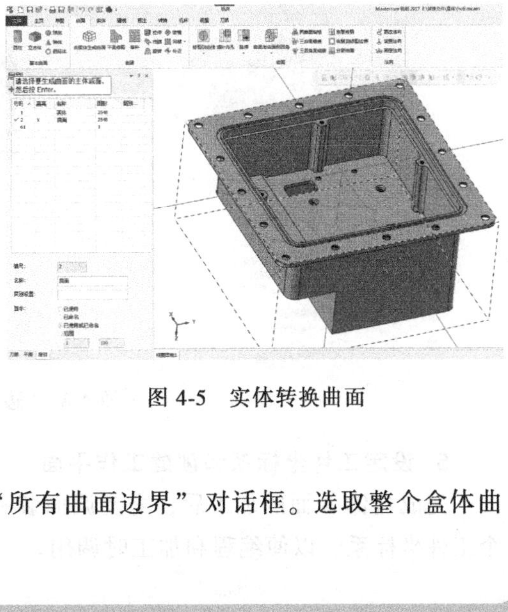

图 4-5　实体转换曲面

3）从曲面生成所有曲面边界。

选择管理面板中的“草图”选型卡，打开“所有曲面边界”对话框。选取整个盒体曲面，确定后生成所有曲面边界，如图 4-6 所示。

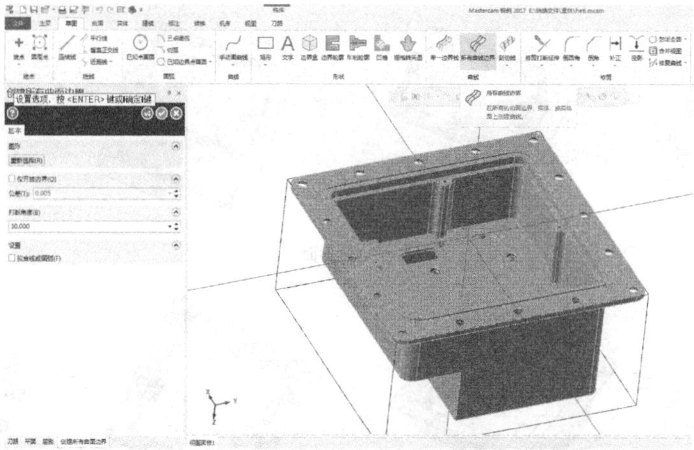

图 4-6　生成曲面边界

4. 设定毛坯

单击“草图”菜单，单击“边界盒”按钮，如图 4-7 所示。此时打开“边界盒”对话框，按图 4-8 所示设置，生成线框立方体毛坯。

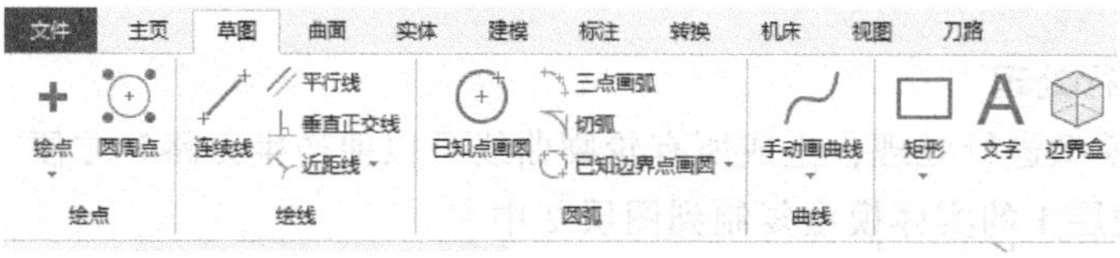

图 4-7　“边界盒”按钮

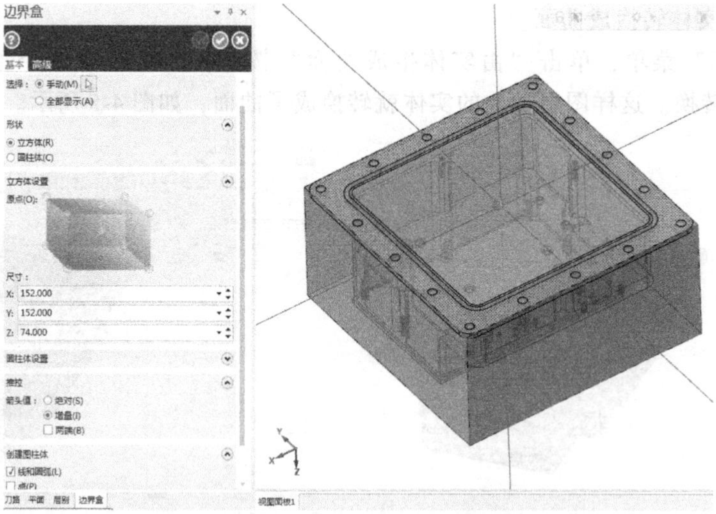

图 4-8　“边界盒”对话框设置

5. 设定工件坐标系和创建工作平面

完成盒体 B 面的加工后，需要调面装夹，加工 A 面的所有结构，所以需要分别建立两个工件坐标系，以便编程和加工时调用。

（1）建立A工作平面和工件坐标系A　选择管理面板中的“平面”选型卡，再单击+按钮，在下拉菜单中选择“动态”命令，如图4-9所示。此时弹出“动态平面”对话框，并激活动态指针且随鼠标指针移动，捕抓一个毛坯面的中心点，可放置在指定位置。然后利用动态指针的对齐、平移、旋转等操作设置A工作平面，确定或完成A工作平面的创建，如图4-10所示。

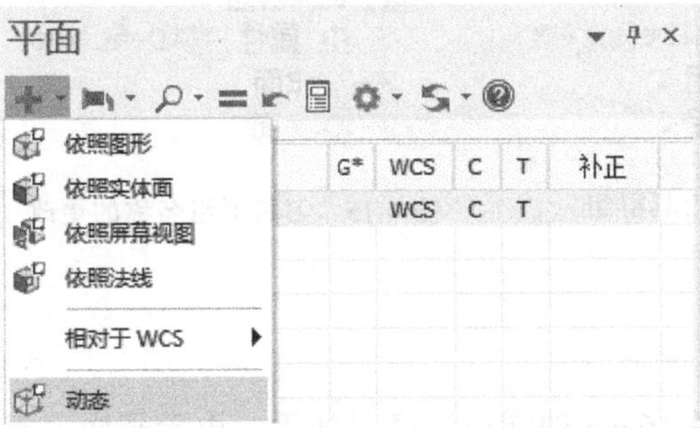

图4-9　选择“动态”命令

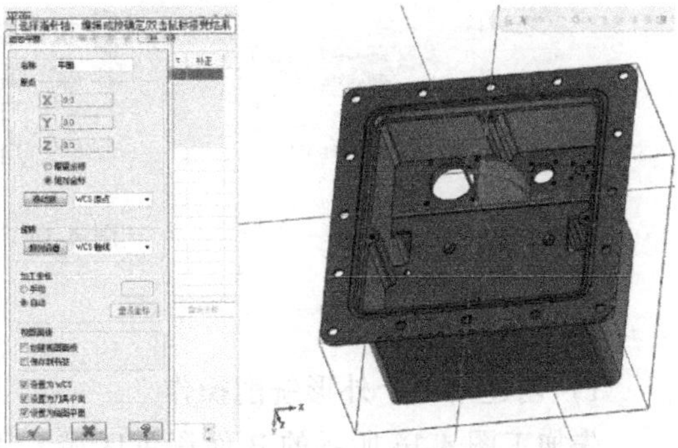

图4-10　A工作平面的创建

（2）建立B工作平面和工件坐标系B　用相似的方法可在毛坯的另一个面建立B工作平面，如图4-11所示。

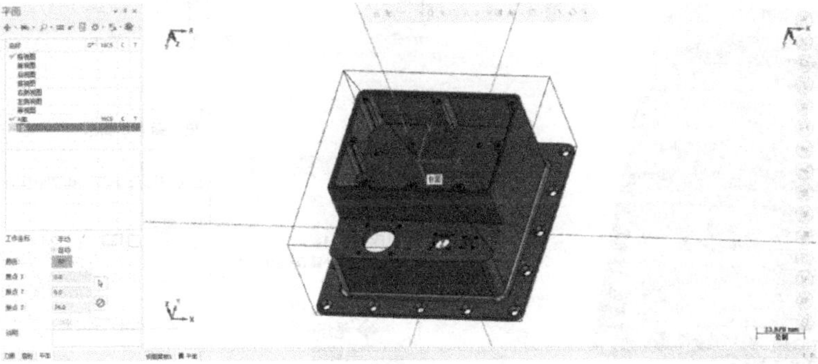

图4-11　B工作平面的创建

6. 建立铣削操作群组和模拟刀具路径

（1）建立铣削操作群组　选择管理面板中的“机床”选型卡，再单击“铣床”按钮，弹出下拉菜单，选择默认选项，生成机床群组-1，如图4-12所示。

在“机床群组属性”对话框中可以对“文件”“刀具设置”“毛坯设置”进行设置。

在“机床群组-1”上单击鼠标右键，弹出图4-13所示的快捷菜单，选择“群组”中的“新建刀路群组”命令，单击确定，增加的“刀具群组-2”如图4-14所示。

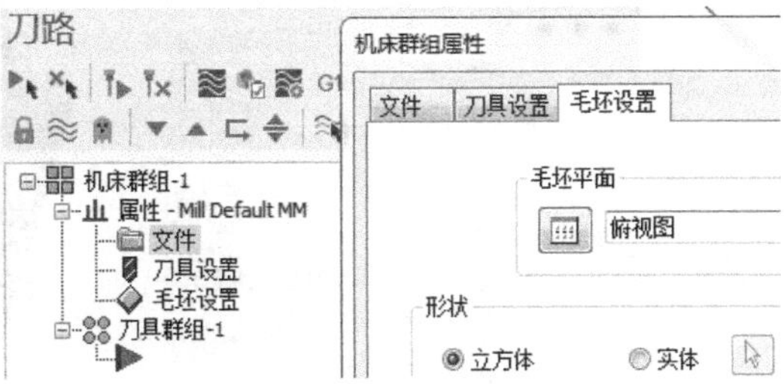

图4-12　机床群组

然后更改“刀具群组-1”的名称为“B 面”更改“刀具群组-2”的名称为“A 面”，如图 4-15 所示。

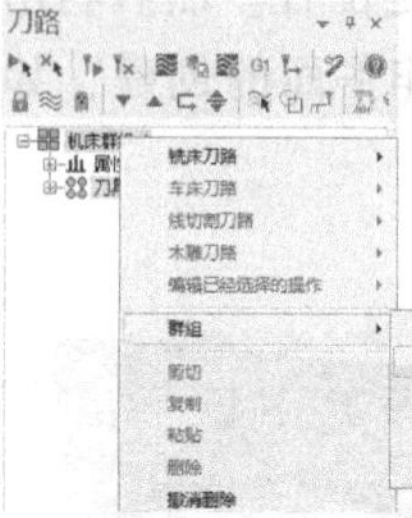

图 4-13　刀具群组

图 4-14　新建刀具群组

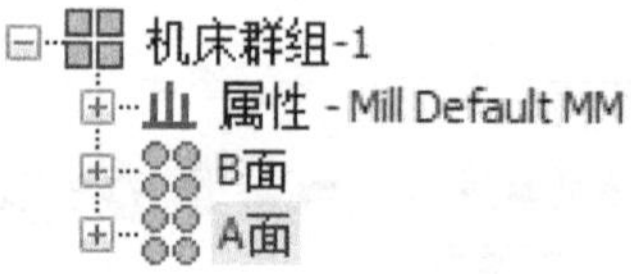

图 4-15　刀具群组名称的更改

（2）加工 B 面

1）创建第一个外形铣削操作。

先加工图 4-16 所示的 B 面深色区域，用直径 16mm 的端面平底刀加工，由于平底刀直径为 16mm，大于深色区域宽度，用外形铣可快速去除余量。

① 单击“刀路”菜单，单击“外形”按钮，打开对话框，输入新 NC 名称“盒体”，如图 4-17 所示。然后弹出“串连选项”对话框，选择 2D 和⊂⊃，串连线框如图 4-18 所示。

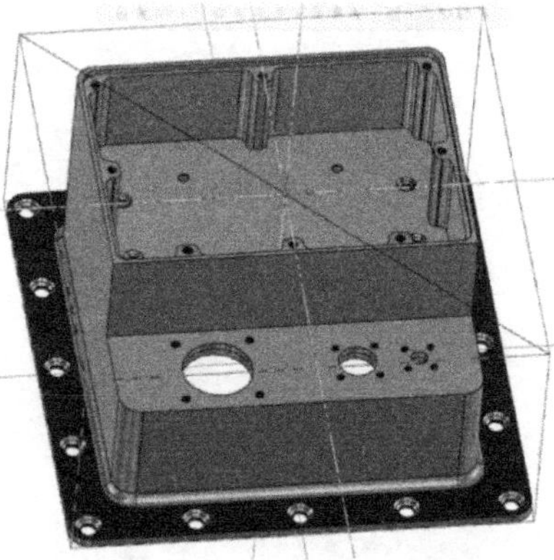

图 4-16　待加工部位

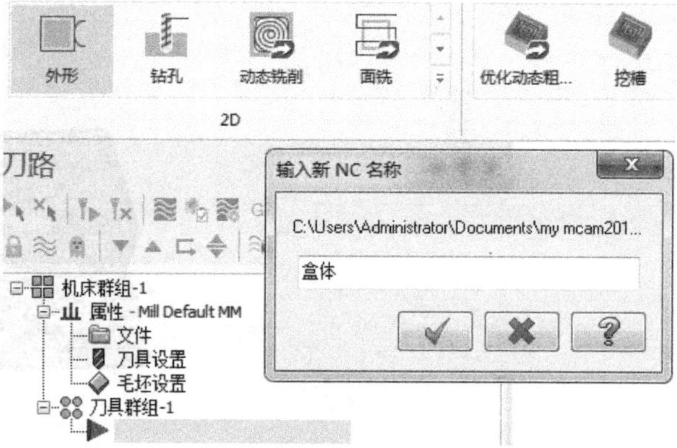

图 4-17　输入新 NC 名称

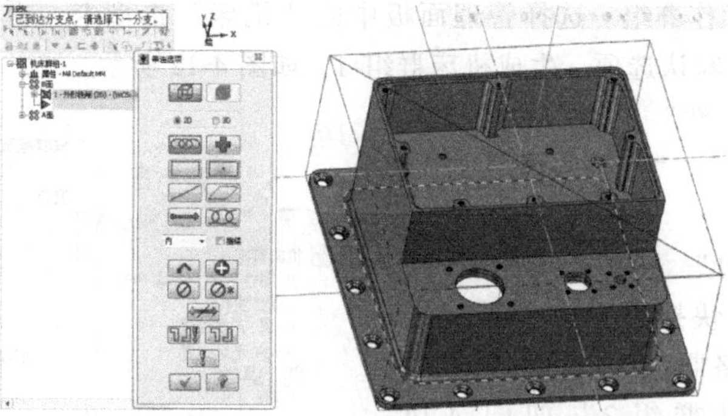

图 4-18　串连线框

确定后，弹出“2D 刀路-外形铣削”对话框，如图 4-19 所示。

②“刀路类型”设置保持默认即可。

③“刀具”设置中选择刀号为 5 的 ϕ16mm 平底铣刀，参数设置如图 4-20 所示。

图 4-19 “2D 刀路-外形铣削”对话框

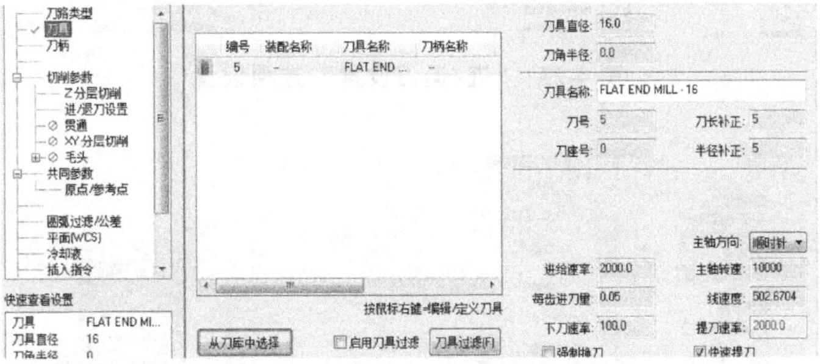

图 4-20 “刀具”选项设置

④“切削参数”选项设置如图 4-21 所示。

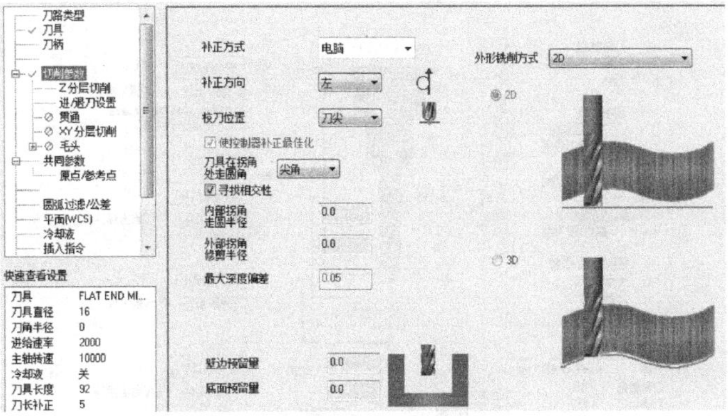

图 4-21 “切削参数”选项设置

⑤“Z 分层切削”选项设置如图 4-22 所示。

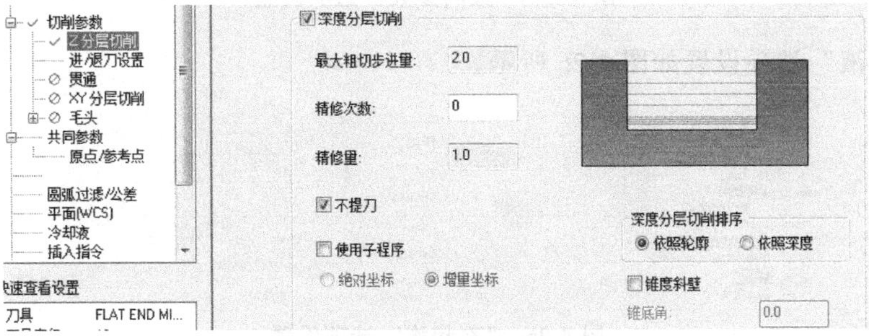

图 4-22 “Z 分层切削”选项设置

⑥“进/退刀设置”选项设置如图 4-23 所示。

⑦“XY 分层切削”选项设置如图 4-24 所示。

⑧“共同参数”选项设置如图 4-25 所示。

4 MODULE

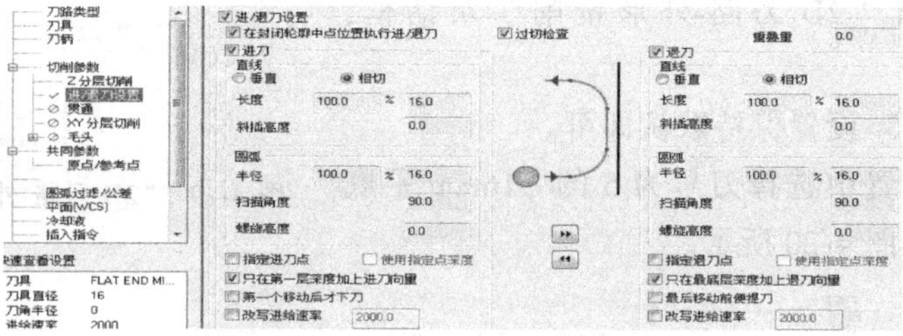

图 4-23 “进/退刀设置”选项设置

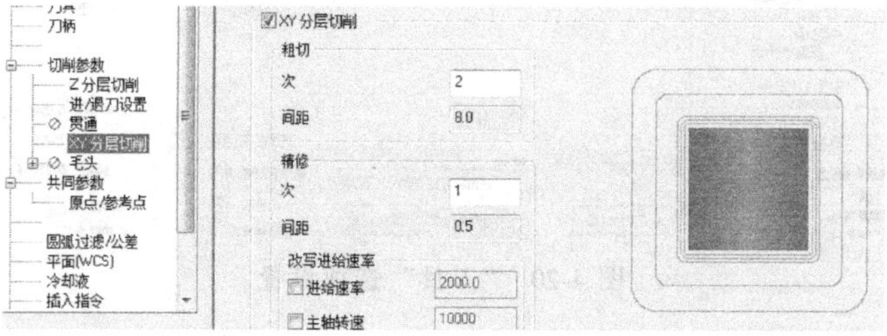

图 4-24 “XY 分层切削”选项设置

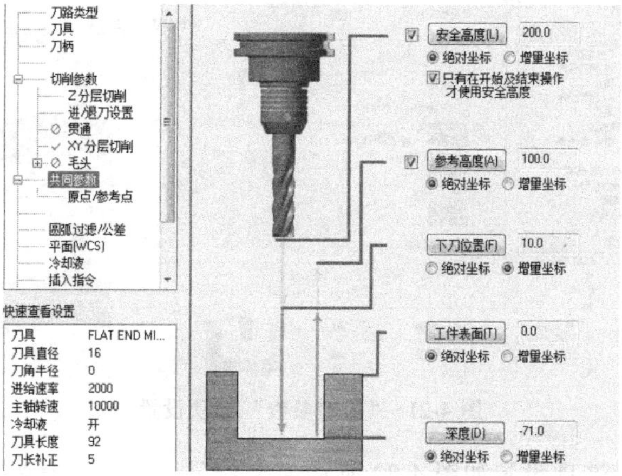

图 4-25 “共同参数”选项设置

⑨“冷却液”选项设置如图 4-26 所示。

图 4-26 “冷却液”选项设置

在对话框中设置完成并确定后会生成外形铣削操作，如图 4-27 所示。

为了模拟刀路，可单击“刀路”管理器中的 按钮，如图 4-28 所示。模拟已选择的操作，生成的刀路如图 4-29 所示。

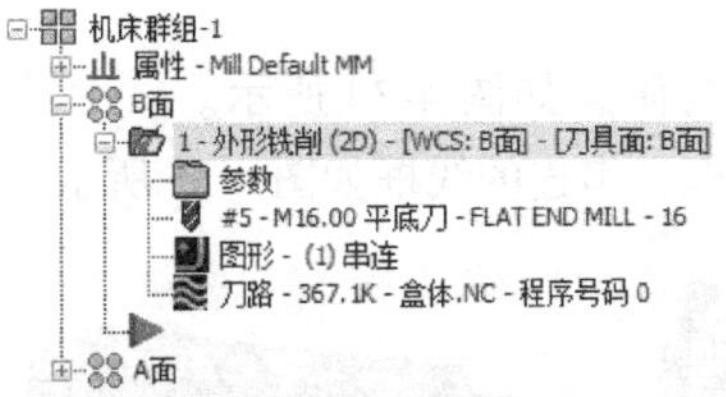

图 4-27 第一个外形铣削操作

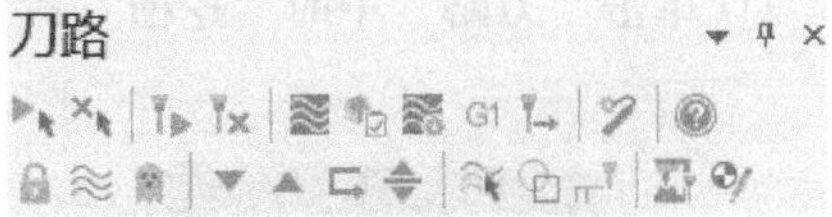

图 4-28 刀路模拟功能区

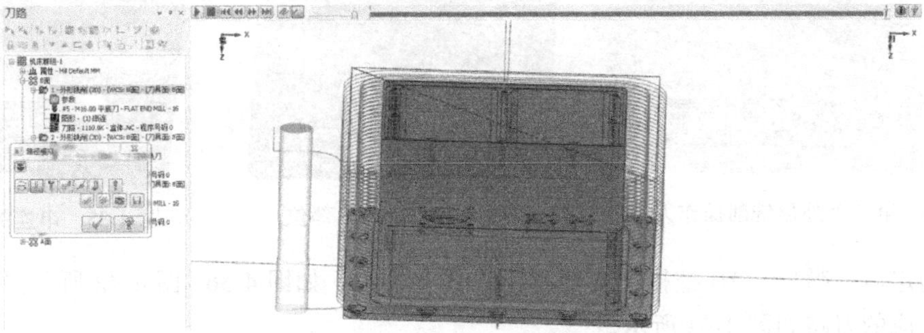

图 4-29 第一个外形铣削操作刀路

2）创建第二个外形铣削操作。

用 ϕ16mm 的外圆为 R3mm 的圆鼻铣刀和外形铣方式加工图 4-30 所示的圆角部分。

① 单击“外形”按钮，串选图 4-31 所示的线框轮廓，弹出“外形铣削”对话框。

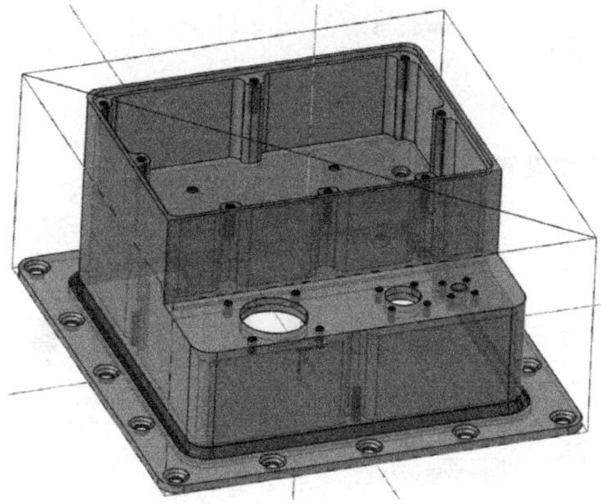

图 4-30 待加工部位

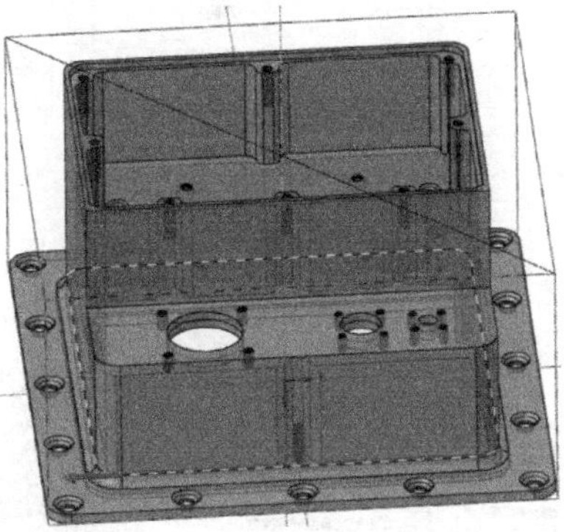

图 4-31 串选的线框

② 刀库中没有 ϕ16mm 的圆鼻铣刀，可创建一个，如图 4-32 所示。其他参数设置可参考第一个外形铣削操作。

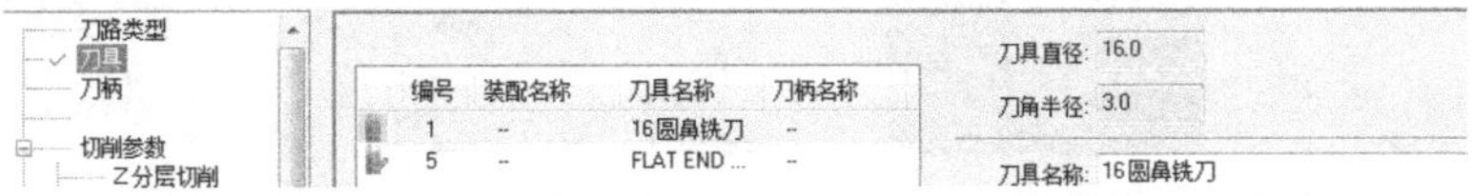

图 4-32 创建 ϕ16mm 圆鼻铣刀

③ 生成的刀路如图 4-33 所示。

3）创建第一个挖槽操作。

用 ϕ16mm 的端面平底刀和挖槽方式加工 B 面浅色区域台阶，如图 4-34 所示。

① 单击“刀路”中的“挖槽”命令，弹出“串连”对话框，串连的线框如图 4-35 所示。

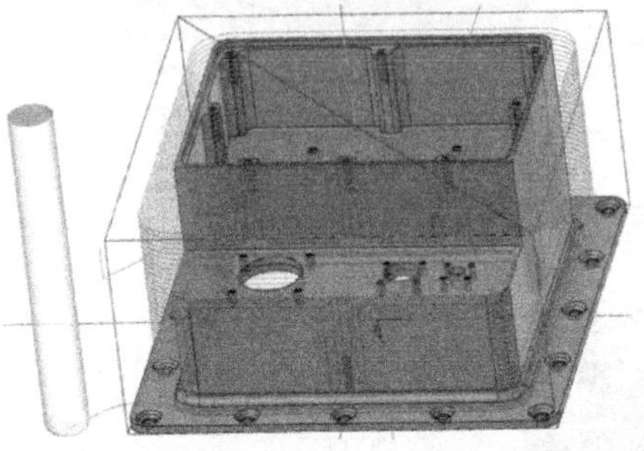

图 4-33　第二个外形铣削操作刀路

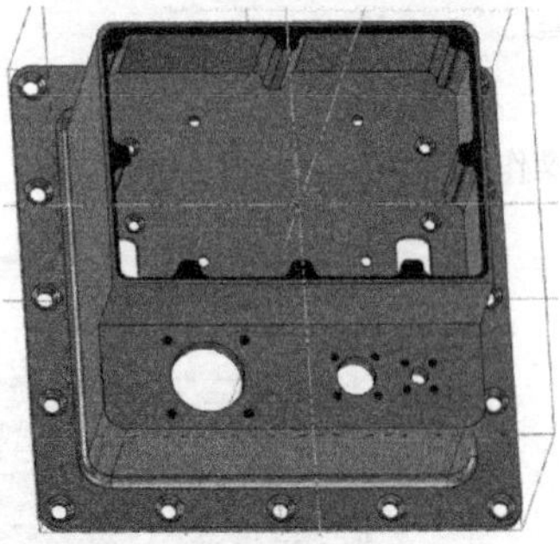

图 4-34　待加工部位

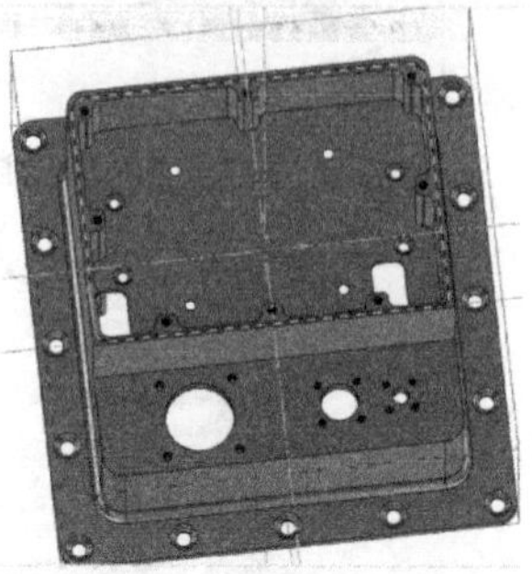

图 4-35　串连的线框

② 确定后，弹出“2D 挖槽”对话框，设置各参数，如图 4-36~图 4-42 所示。

③ 生成的刀路如图 4-43 所示。

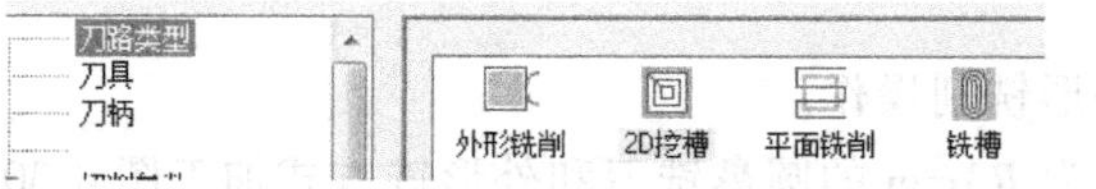

图 4-36　“刀路类型”选项设置

图 4-37　“刀具”选项设置

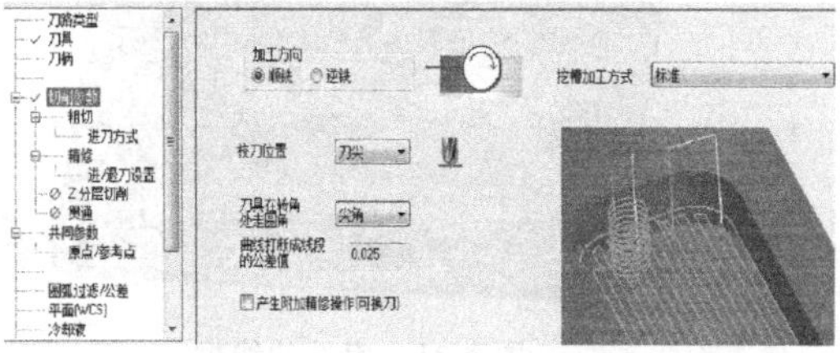

图 4-38　“切削参数”选项设置

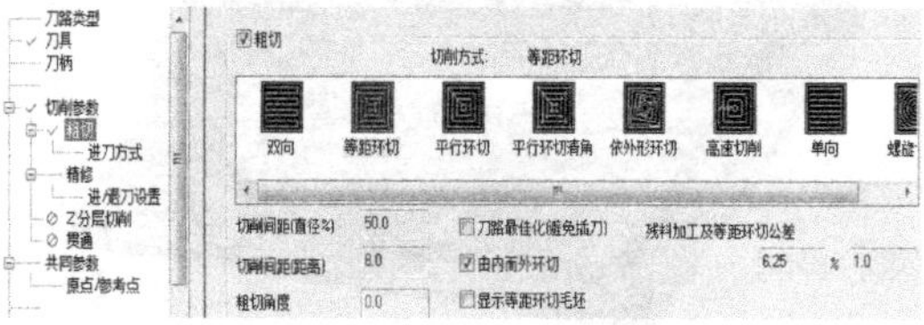

图 4-39　“粗切”选项设置

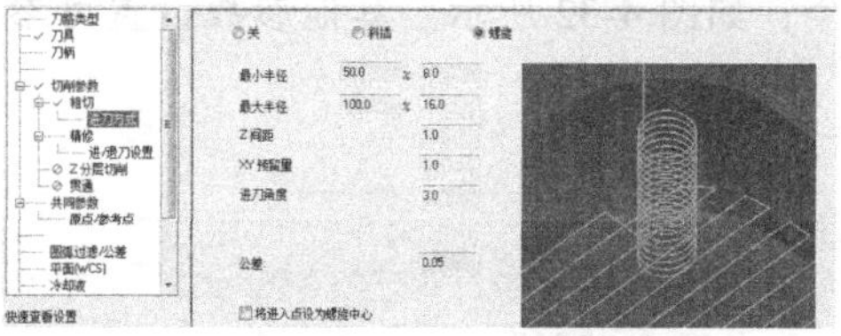

图 4-40　“进刀方式”选项设置

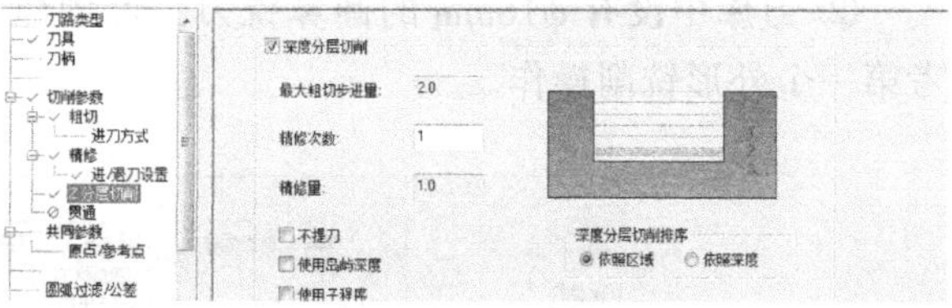

图 4-41　“Z 分层切削”选项设置

4）创建第二个挖槽操作。

用 ϕ16mm 的端面平底刀和挖槽方式加工 B 面浅色区域台阶，如图 4-44 所示。

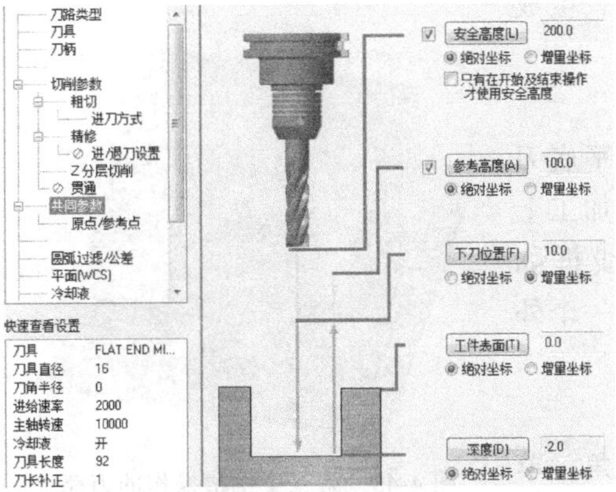

图 4-42 “共同参数”选项设置

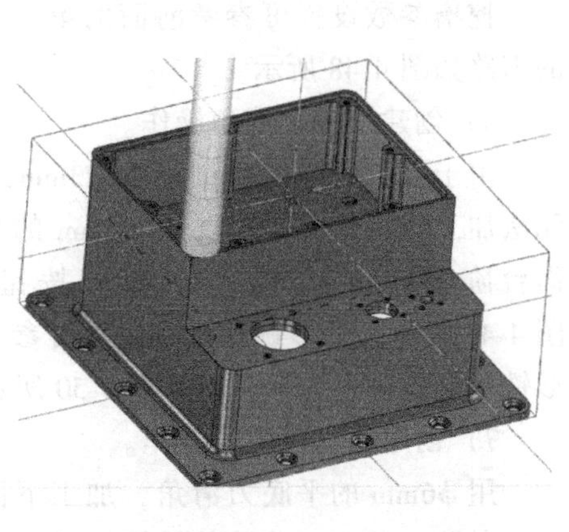

图 4-43 第一个挖槽操作的刀路

串连图 4-45 所示的线框。挖槽参数参考第一个挖槽操作的参数，生成的刀路如图 4-46 所示。

图 4-44 待加工部分

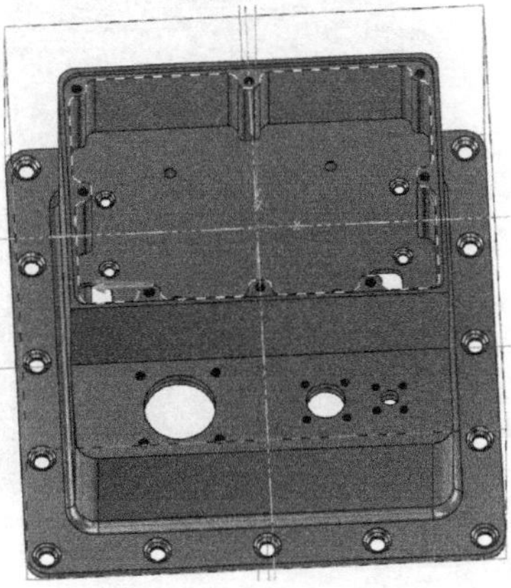

图 4-45 串连的线框

5）创建第三个挖槽操作。

用 ϕ16mm 的端面平底刀和挖槽方式加工 B 面深色区域台阶，如图 4-47 所示。

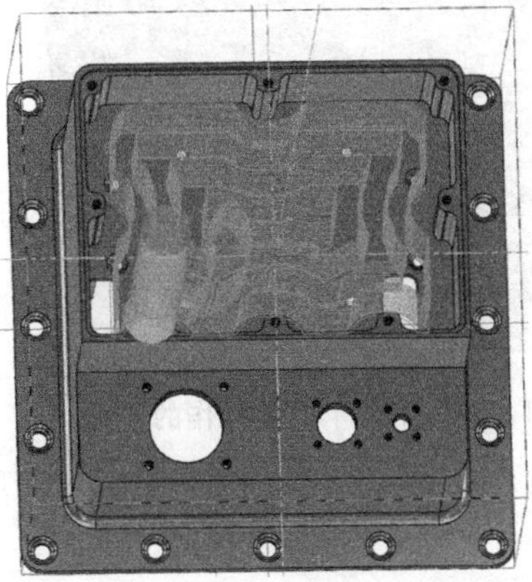

图 4-46 第二个挖槽操作的刀路

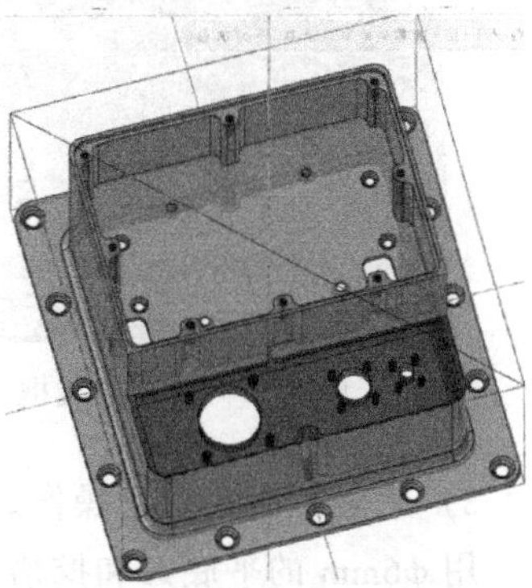

图 4-47 待加工部分

挖槽参数设置可参考前面的第一个挖槽操作，生成的刀路如图 4-48 所示。

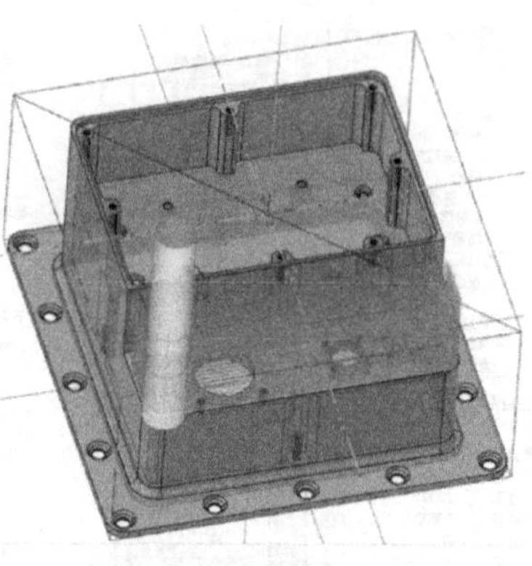

图 4-48　第三个挖槽操作的刀路

6）创建第一个清角操作。

由于台阶的内圆角最小是 $R3$mm，$\phi16$mm 的平底刀无法加工到位，所以需要用 $\phi6$mm 的平底刀清角加工上面台阶的圆角。单击“外形”按钮，串连的线框如图 4-49 所示。外形铣削参数设置可参考前面的第一个外形铣削操作，生成的刀路如图 4-50 所示。

7）创建第二个清角操作。

用 $\phi6$mm 的平底刀清角，加工下面腔的内圆角，单击“外形”按钮，串连的线框如图 4-51 所示，生成的清角刀路如图 4-52 所示。

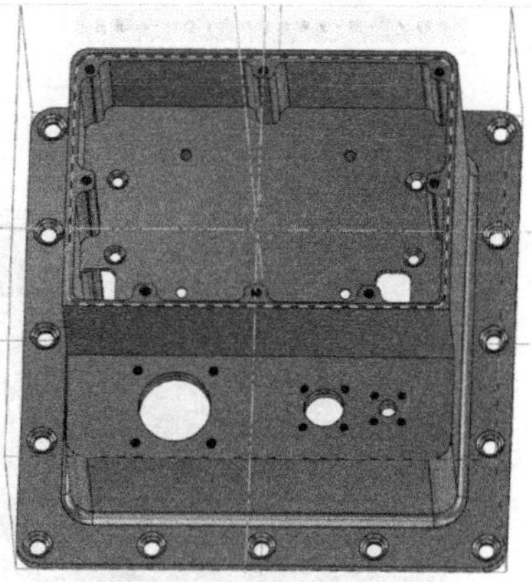

图 4-49　串连的线框

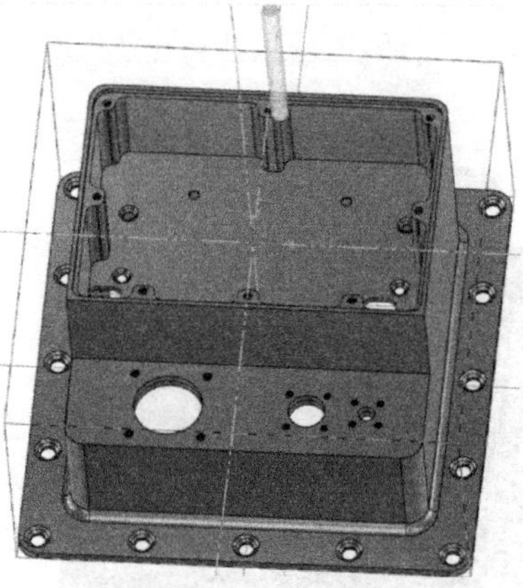

图 4-50　第一个清角操作的刀路

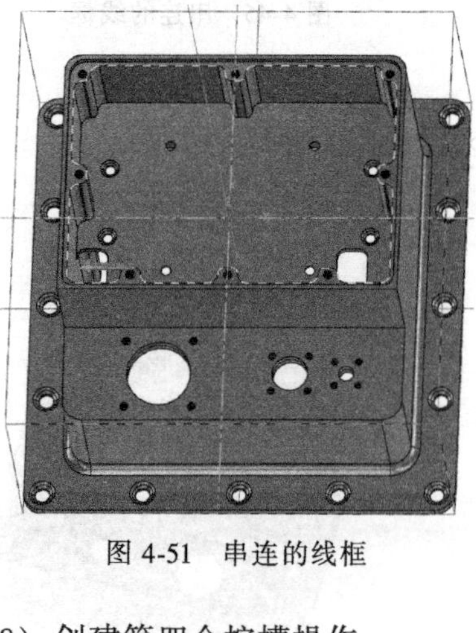

图 4-51　串连的线框

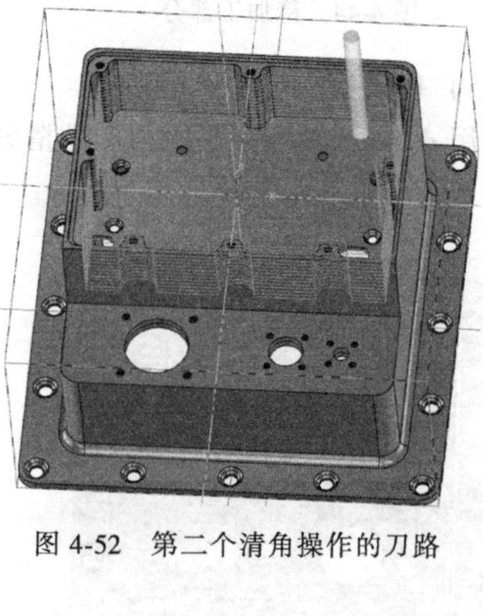

图 4-52　第二个清角操作的刀路

8）创建第四个挖槽操作。

用 $\phi6$mm 的平底刀和挖槽方式加工腔底部的两个方孔。

单击“刀路”中的“挖槽”按钮，串连两个线框，如图 4-53 所示，确定后，设置挖槽参数，得到的刀路如图 4-54 所示。

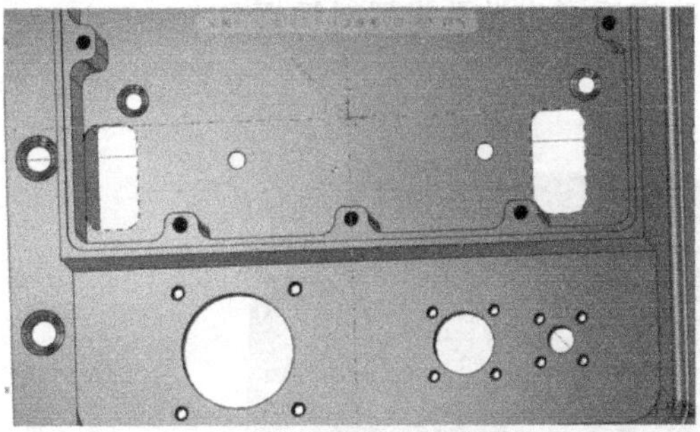

图 4-53　串连的线框

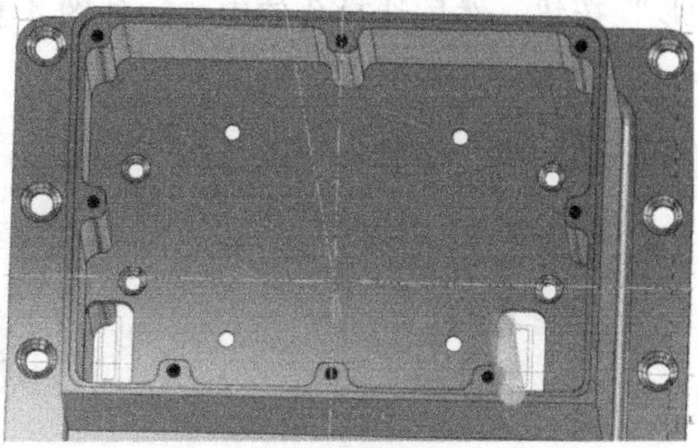

图 4-54　第四个挖槽操作的刀路

9）创建第五个挖槽操作。

用 ϕ5mm 的端面刀和挖槽方式加工下方台阶面上的 ϕ23mm、ϕ12. 5mm、ϕ5. 5mm 的圆孔。串连图 4-55 所示的 3 个圆形线框，确定后设置挖槽参数，得到的刀路如图 4-56 所示。

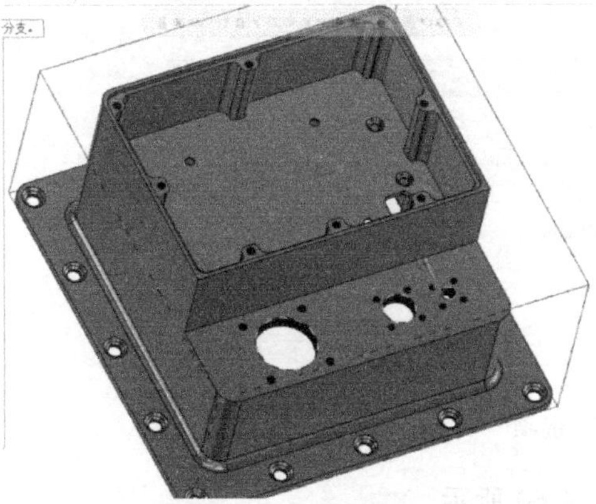

图 4-55　串连的线框

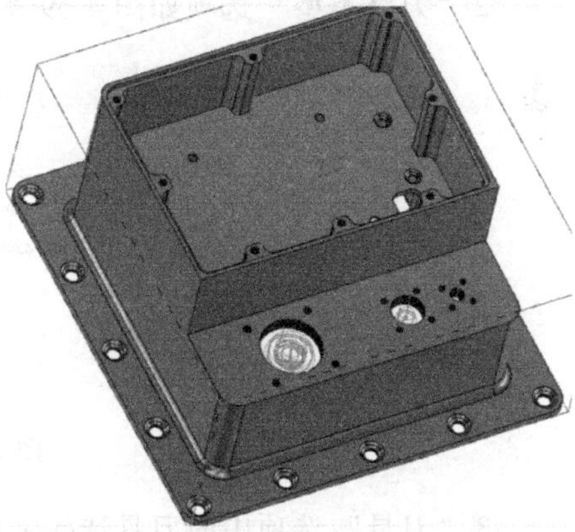

图 4-56　第五个挖槽操作的刀路

10）创建第一个钻中心孔操作。

对图 4-57 所示的台阶面的 7 个孔进行钻中心孔操作。

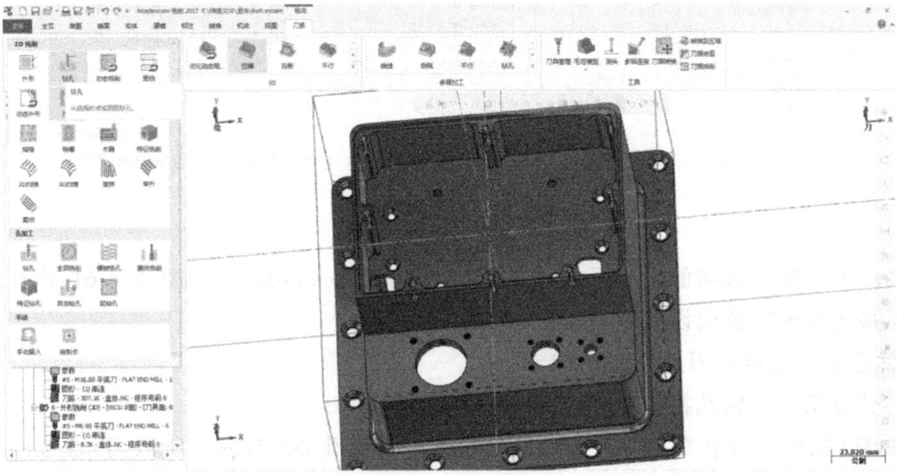

图 4-57　待加工的孔

① 单击“刀路”中的“钻孔”按钮，弹出“选择孔位位置”对话框。单击“选择图形”按钮，然后选择孔的中心，如图 4-58 所示，确定后弹出钻孔设置对话框。

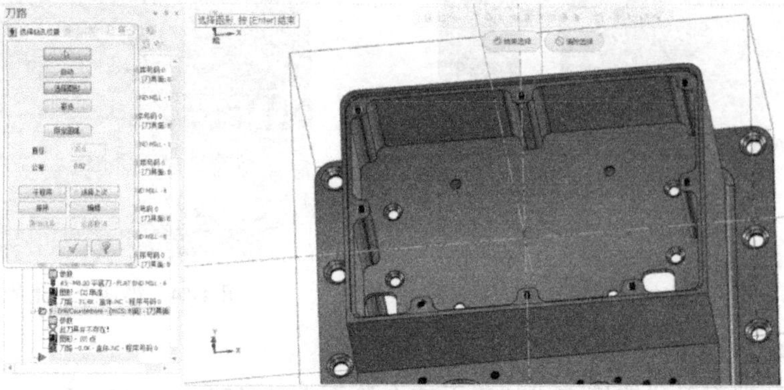

图 4-58　选择孔的中心

②“刀路类型”选项如图 4-59 所示，默认即可。

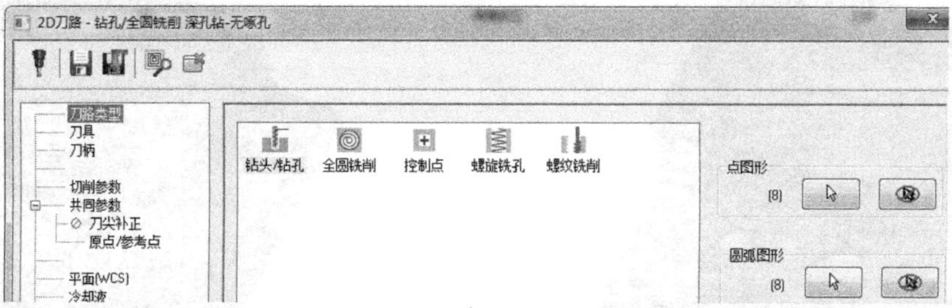

图 4-59　“刀路类型”选项

③“刀具”选项中的刀具选择定位钻-1.5，如图 4-60 所示。

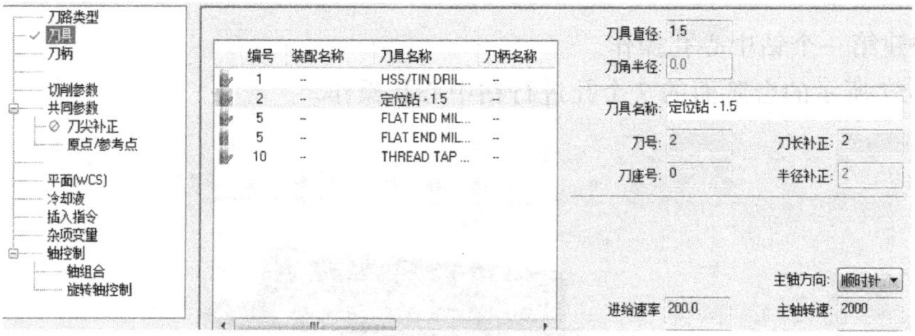

图 4-60　“刀具”选项

④“切削参数”选项的“循环方式”选择“Drill/Counterbore”，如图 4-61 所示。

⑤“共同参数”选项设置如图 4-62 所示。

⑥ 确定后，生成的刀路如图 4-63 所示。

11）建立第一个钻孔操作。

钻 8×M3 螺纹孔（孔深 14mm 螺纹深 12mm）的底孔 $\phi 2.5$mm，所以用 $\phi 2.5$mm 的钻头钻至有效深度 14mm。

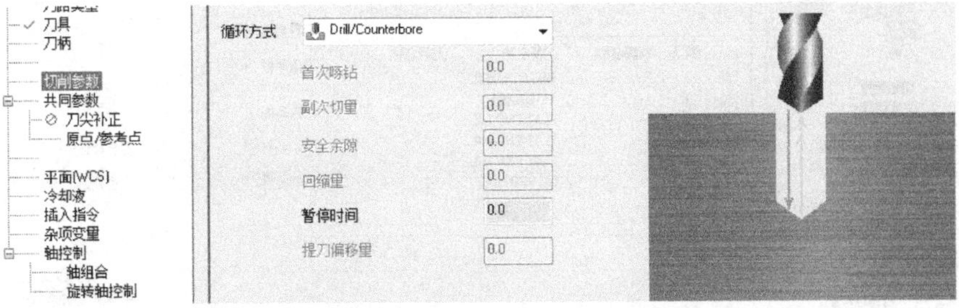

图 4-61　“切削参数”选项

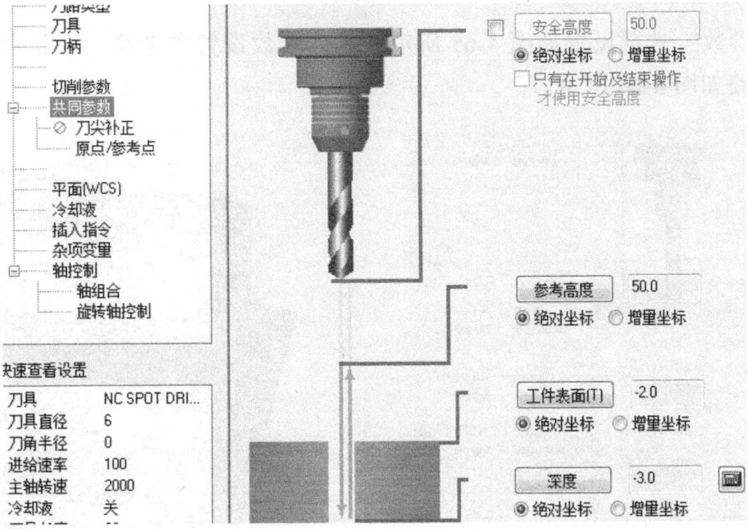

图 4-62　“共同参数”选项

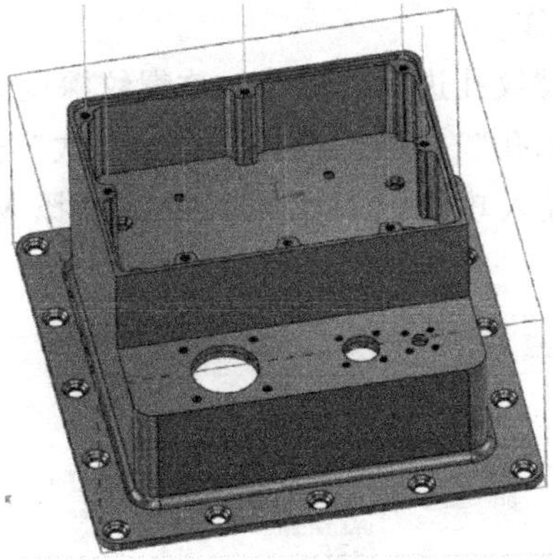

图 4-63　第一个钻中心孔操作的刀路

① 单击“刀路”中的“钻孔”按钮，选择“选择上次”选项，这样系统自动抓取上个钻中心孔操作中 8 个孔的中心点，无须再次在图形上选择，很方便。

② 随后弹出“钻孔”对话框，刀具选择 $\phi 2.5$mm 的钻头，如图 4-64 所示。

③“切削参数”选项的“循环方式”仍选择“Drill/Counterbore”。

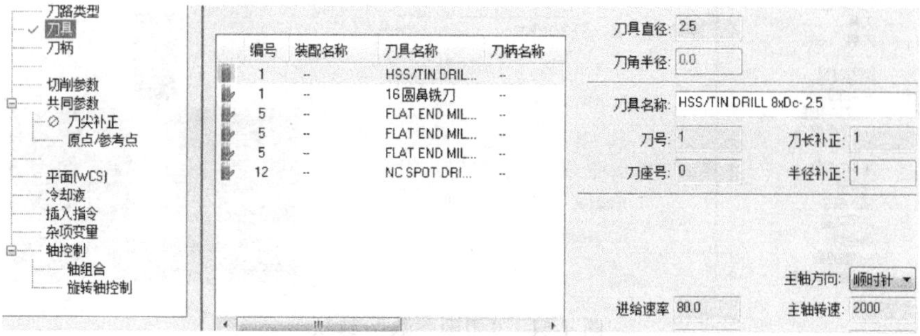

图 4-64 “刀具”选项

④“共同参数”选项设置如图 4-65 所示，其他参数设置参考第一个钻中心孔操作，确定后生成的刀路如图 4-66 所示。

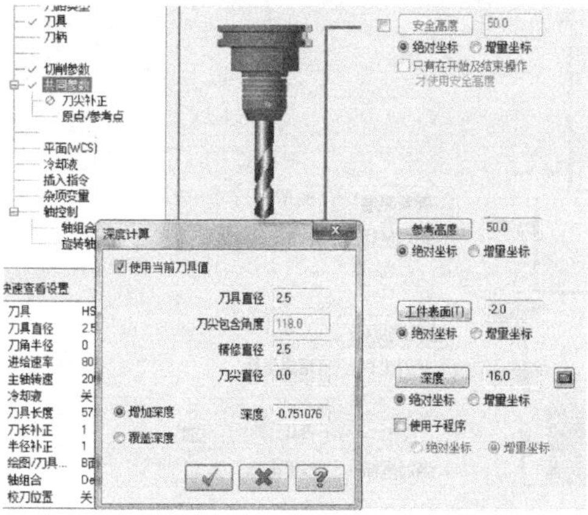

图 4-65 “共同参数”选项

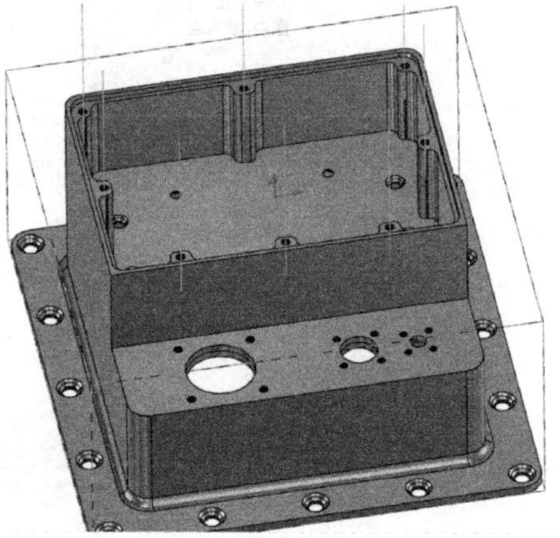

图 4-66 第一个钻孔操作的刀路

12）建立第一个攻螺纹操作。

用 M3 的丝锥对 8×M3 的螺纹孔进行攻螺纹，攻螺纹深度为 12mm。

① 单击“刀路”中的“钻孔”按钮，选择“选择上次”选项，系统自动抓取上个操作中 8 个孔的中心点。确定后进入攻螺纹对话框，刀具选择 M3×0.5 右牙丝锥，如图 4-67 所示。

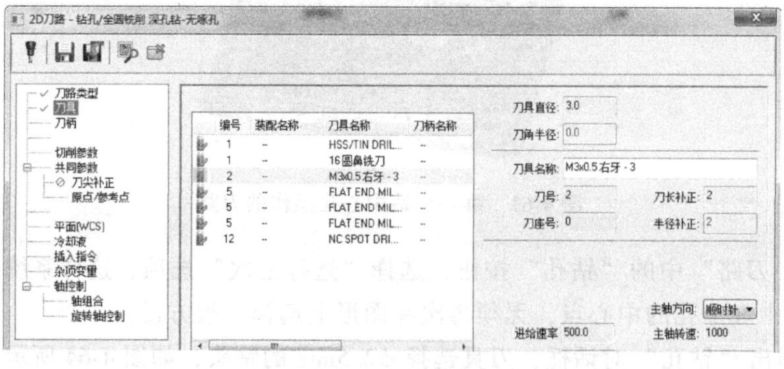

图 4-67 “刀具”选项

4 MODULE

②“切削参数”选项的“循环方式”选择“攻牙（G84)”，如图 4-68 所示。

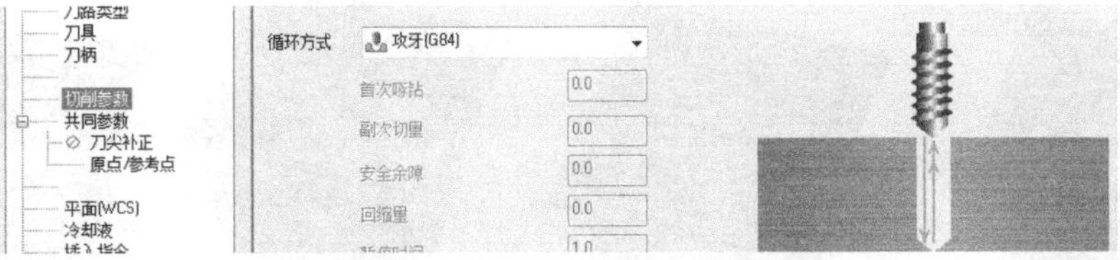

图 4-68 “切削参数”选项

③“共同参数”选项设置如图 4-69 所示，其他参数设置参考第一个钻中心孔操作，确定后生成的刀路如图 4-70 所示。

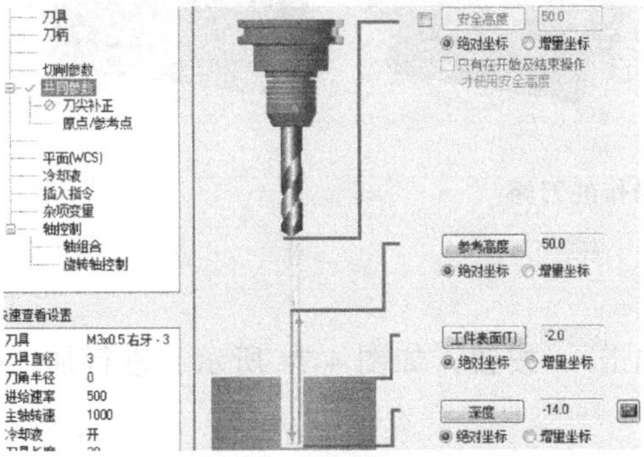

图 4-69 “共同参数”选项

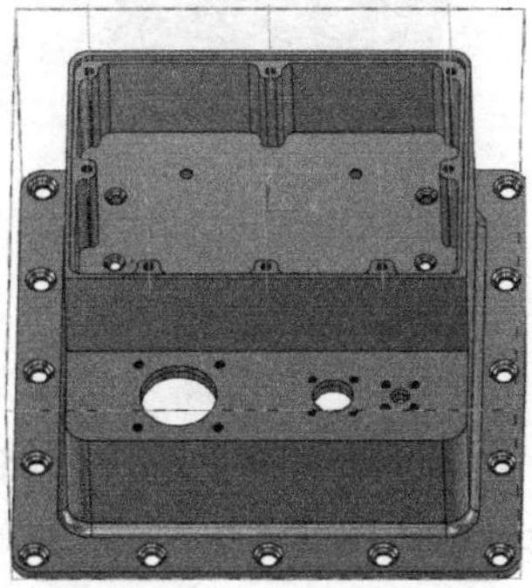

图 4-70 第一个攻螺纹操作的刀路

（3）加工 A 面

1）串连四圆角弧线，用外形铣加工四圆角；然后分别串连各个线框，用“挖槽”铣密封槽和各个腔体，如图 4-71 所示；最后钻中心孔、钻孔、攻螺纹。具体操作过程和参数设置参见 B 面加工。

2）A 面生成的操作如图 4-72 所示，形成的各刀路如图 4-73 所示。

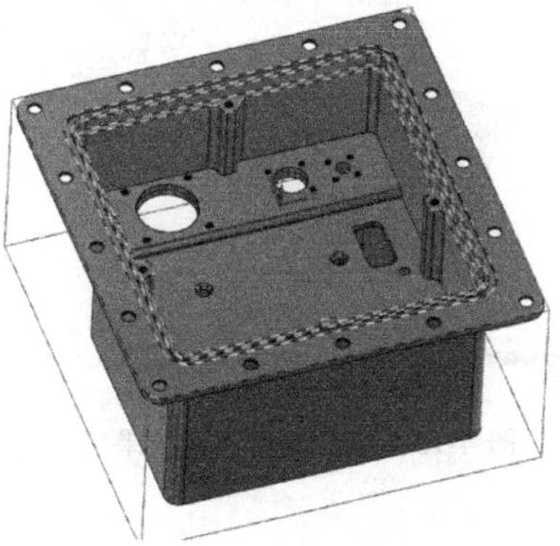

图 4-71 A 面要串连的线框

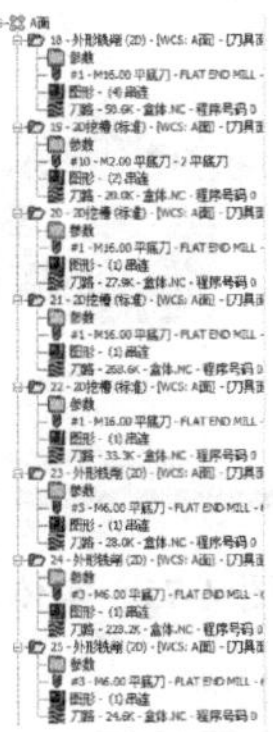

图 4-72 A 面生成的操作

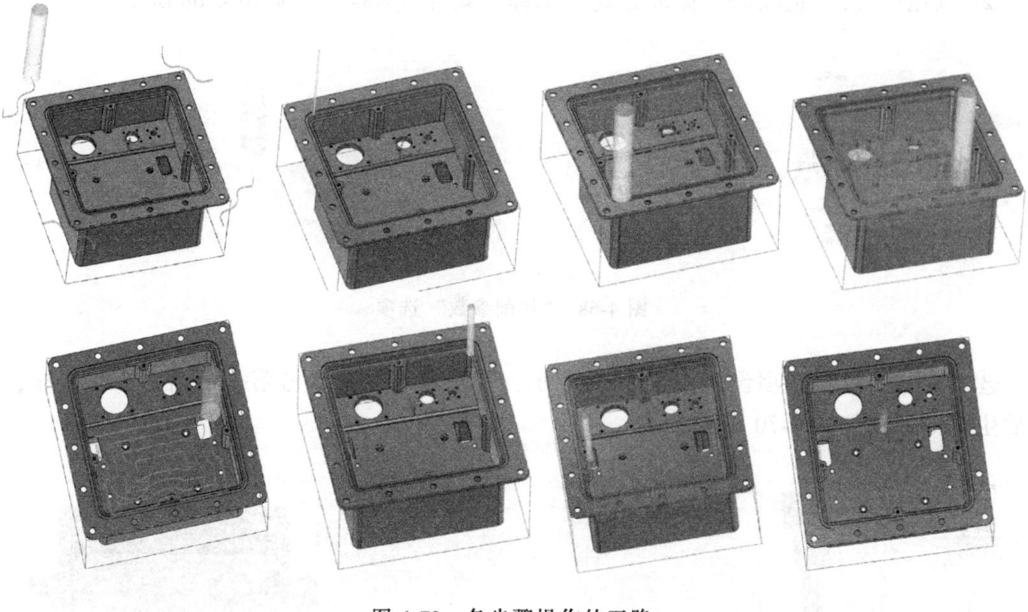

图 4-73　各步骤操作的刀路

7. 加工仿真

选择管理面板中的“刀路”选项卡，然后单击 按钮，如图 4-74 所示，进行加工仿真验证。

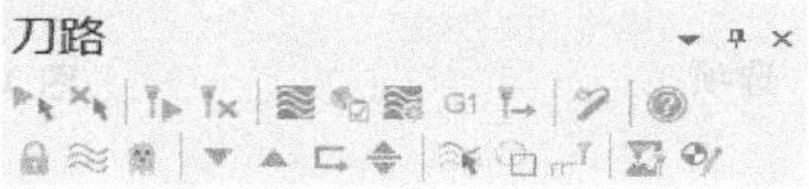

图 4-74　刀路模拟功能区

盒体类零件加工仿真

同时对 A 面和 B 面进行仿真。单击“验证”选项卡中的“比较”按钮，可以将加工成的零件和模型比对，从而确定加工误差。图 4-75 所示为实体加工仿真效果。图 4-76 所示为加工误差仿真效果。

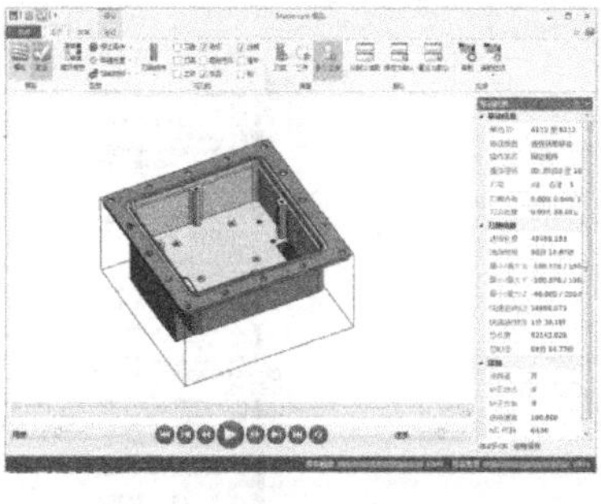

图 4-75　实体加工仿真效果

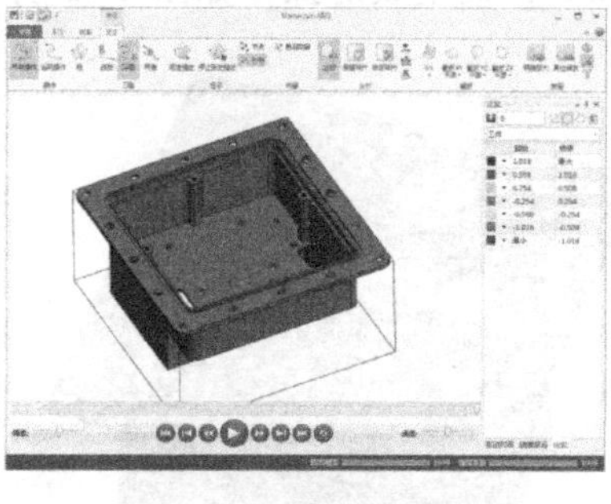

图 4-76　加工误差仿真效果

8. 后置处理

略。

[工作页 4-1]

项目名称	盒体类零件 CAM 实例		
班　级		姓　名	
地　点		日　期	
第__小组成员			

1. 收集信息

【引导问题】

1）盒体类零件的加工特点________________________________。

2）工件坐标系定义________________________________。

【查阅资料】

盒体类零件的加工工艺规程________________________________。

2. 计划组织

小组组别	
设备工具	
组织安排	
准备工作	

3. 项目实施

作业内容	质量要求	完成情况	
		□完成	□未完成
		□完成	□未完成
		□完成	□未完成
		□完成	□未完成

4. 评价反思

在教师指导下，反思自己的工作方式和工作质量。

评价表					
项目	评价指标	自评		互评	
专业技能		□合格	□不合格	□合格	□不合格
		□合格	□不合格	□合格	□不合格
		□合格	□不合格	□合格	□不合格
工作态度		□合格	□不合格	□合格	□不合格
		□合格	□不合格	□合格	□不合格
		□合格	□不合格	□合格	□不合格
个人反思		完成项目的过程中，安全、质量等方面是否达到了最佳，请提出个人的改进建议			
教师评价	教师签字 年　月　日				

项目 18　轴类零件 CAM 实例

【项目要求】

轴是传动中常用的零件，其模型如图 4-77 所示，平面图如图 4-78 所示，完成其 CAM。

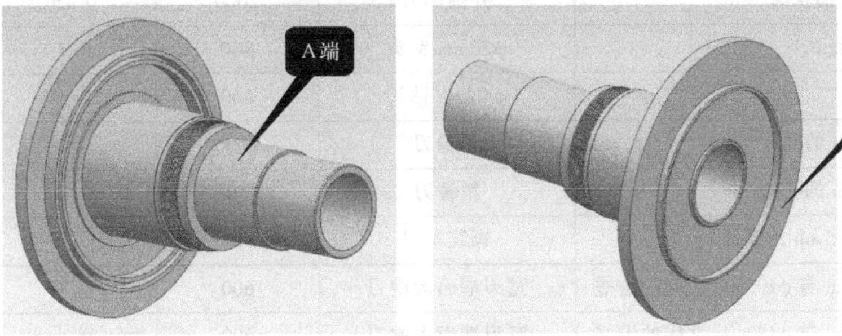

图 4-77　轴的模型

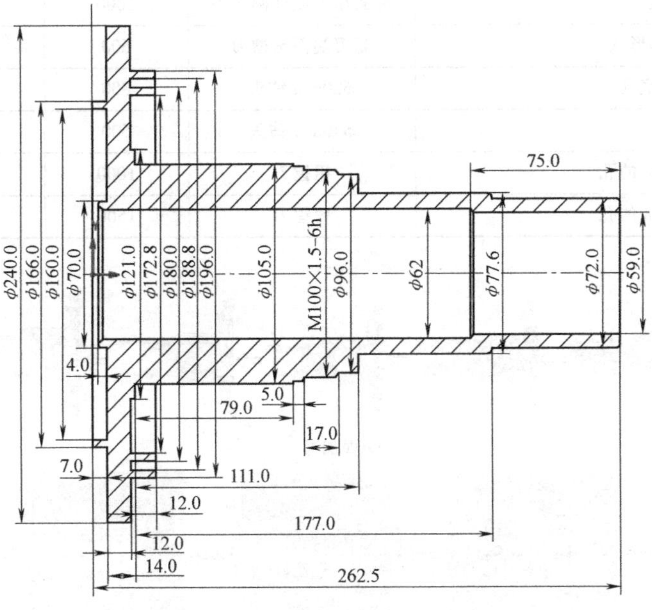

图 4-78　轴的平面图

【项目实施】

根据轴的结构和尺寸，采用先加工 A 端，然后调头加工 B 端的方案，工艺分析见表 4-2。

1. 加工流程

加工流程如图 4-79 所示。

2. 导入模型

根据“文件”菜单内容，导入平面图模型，如图 4-80 所示。

表 4-2　工艺分析表

序号	工步内容	刀具	主轴转速/(r/min)	进给速度/(mm/r)	背吃刀量/mm
加工 A 端					
1	车 A 端端面	端面车刀或外圆车刀	1000	0.25	1
2	粗车外圆阶梯轮廓	外圆车刀	1000	0.25	2
3	精车外圆阶梯轮廓	外圆车刀	2000	0.15	0.5
4	钻 ϕ59mm 底孔	ϕ20mm 钻头	800	0.5	74
5	扩孔	ϕ40mm 钻头	600	0.5	74
6	粗镗 ϕ59mm 的孔	粗镗刀	1000	0.4	2
7	精镗 ϕ59mm 的孔	精镗刀	1500	0.2	0.5
8	车 M100×1.5-6h 的螺纹	螺纹车刀	600		0.4
9	车 ϕ172.8mm 与 ϕ105mm 之间的沟槽	宽刃端面沟槽刀	600	0.3	0.5
10	车 ϕ188.8mm 与 ϕ180mm 之间的沟槽	窄刃端面沟槽刀	600	0.1	0.5
加工 B 端					
11	车 B 端端面	端面车刀或外圆车刀	1000	0.25	1
12	车端面阶梯形状	宽刃端面沟槽刀	600	0.3	0.5
13	钻 ϕ62mm 底孔	ϕ20mm 钻头	800	0.5	188
14	扩孔	ϕ40mm 钻头	600	0.5	188
15	粗镗 ϕ62mm 的孔	粗镗刀	1000	0.4	2
16	精镗 ϕ62mm 的孔	精镗刀	1500	0.2	0.5

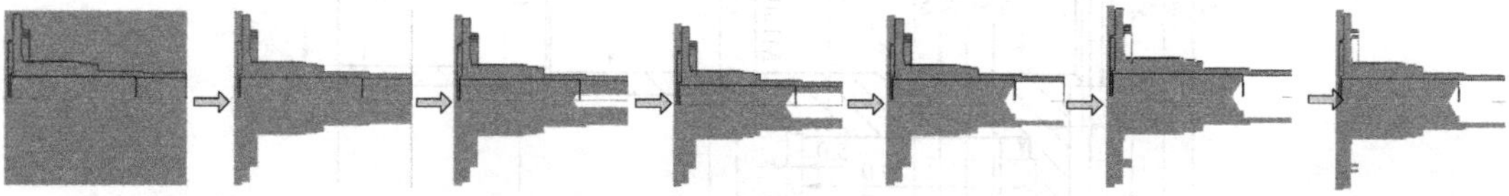

a) A面加工

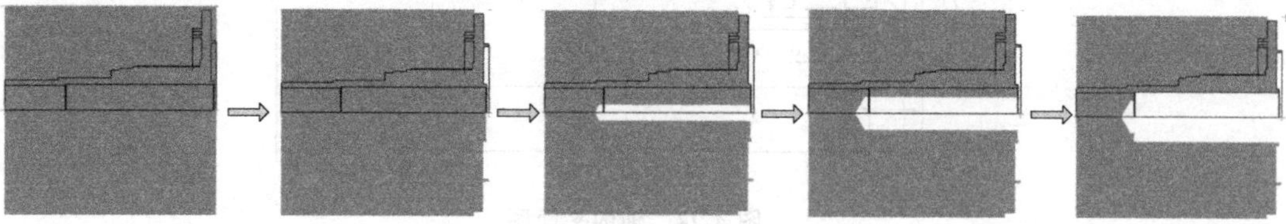

b) B面加工

图 4-79　轴的加工流程

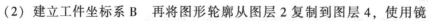

3. 对模型进行处理并建立工件坐标系

（1）建立工件坐标系 A　将图层 1 图形复制到图层 2，删除剖面线和下部线框，并将图形移动到世界坐标系，建立工件坐标系 A，如图 4-81 所示。

（2）建立工件坐标系 B　再将图形轮廓从图层 2 复制到图层 4，使用镜

轴类零件
CAM 实例 1

4 MODULE

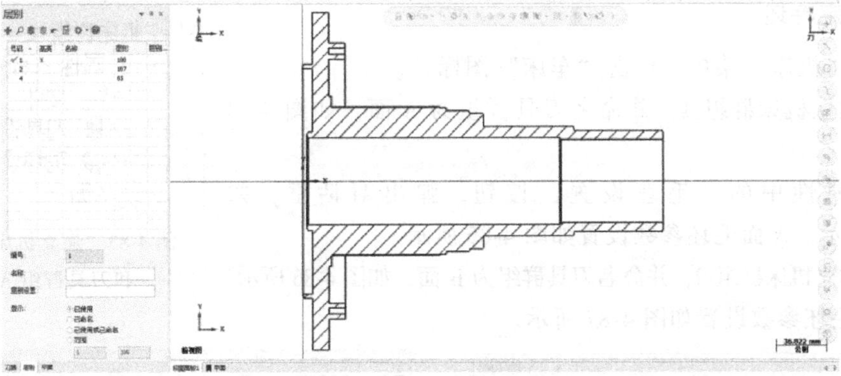

图 4-80　导入的平面图模型

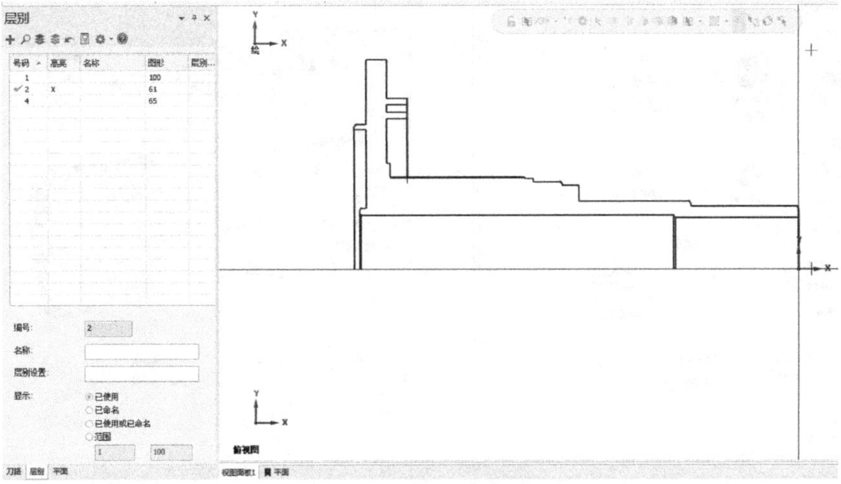

图 4-81　建立工件坐标系 A

像命令将图形放置到图 4-82 所示的位置，这样就建立了工件坐标系 B。平面默认“俯视图”。

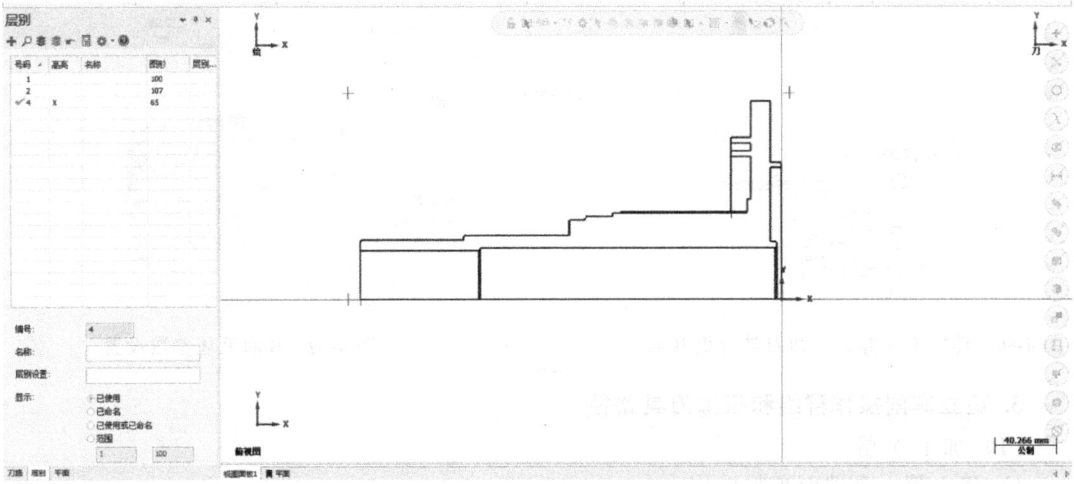

图 4-82　建立工件坐标系 B

4. 设定毛坯

进入“机床”菜单，单击“车床”图标车床。

1）建立机床群组-1，并命名刀具群组为A面，如图4-83所示。

图4-83 建立机床群组-1和刀具群组A面

单击属性中的“毛坯设置”按钮，弹出对话框，如图4-84所示。A面毛坯参数设置如图4-85所示。

2）建立机床群组-2，并命名刀具群组为B面，如图4-86所示。B面毛坯参数设置如图4-87所示。

图4-84 “机床群组属性”对话框

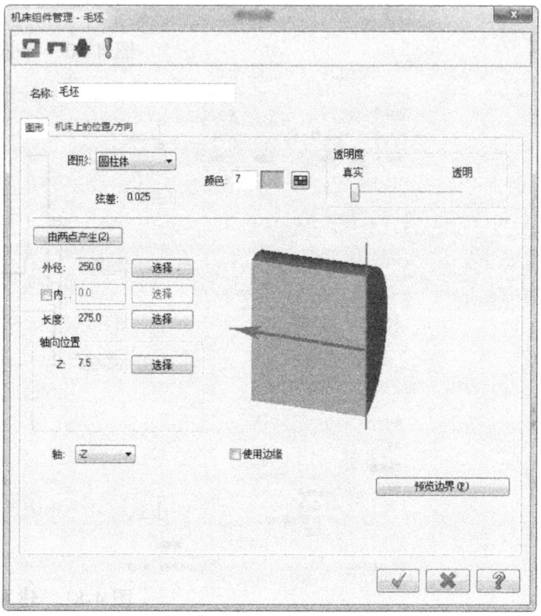

图4-85 A面毛坯参数设置

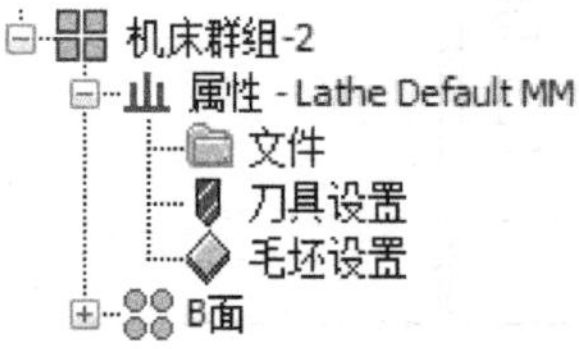

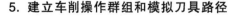

图4-86 建立机床群组-2和刀具群组B面

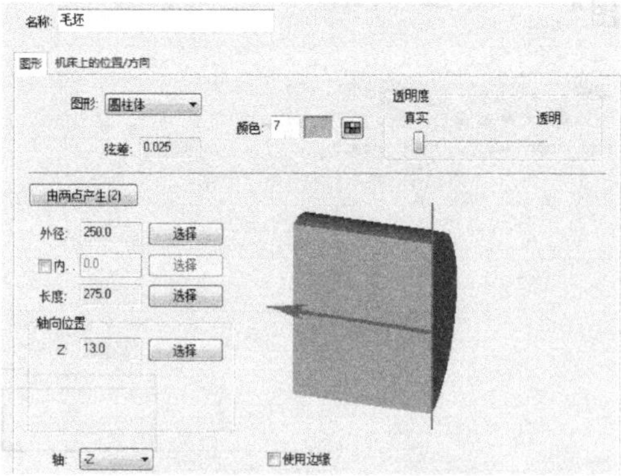

图4-87 B面毛坯参数设置

5. 建立车削操作群组和模拟刀具路径

（1）加工A端

1）建立第一个端面车削操作。

单击“车削”菜单中的“车端面”按钮，如图4-88所示。

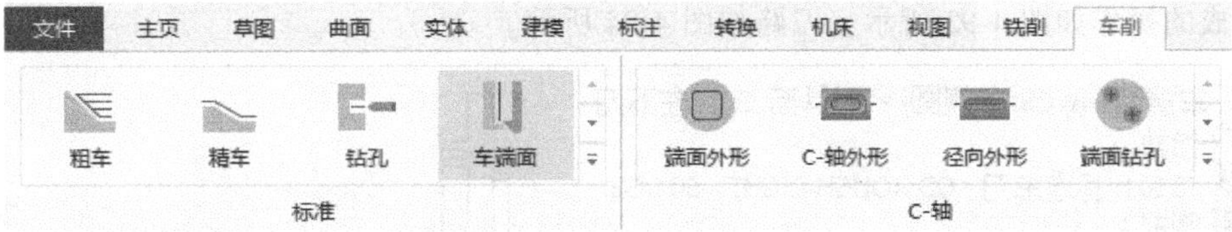

图 4-88　单击“车端面”按钮

此时弹出“车端面”对话框，“刀具参数”选项设置如图 4-89 所示，选择刀号为 1 的刀具外圆粗车右偏车刀，刀尖角为 80°，刀尖圆弧半径为 *R*0.8mm。

单击“车端面”对话框左下角的“轴组合/原始主轴”按钮，弹出的对话框如图 4-90 所示，选择“上刀塔左主轴”，显示模式选择“半径”。

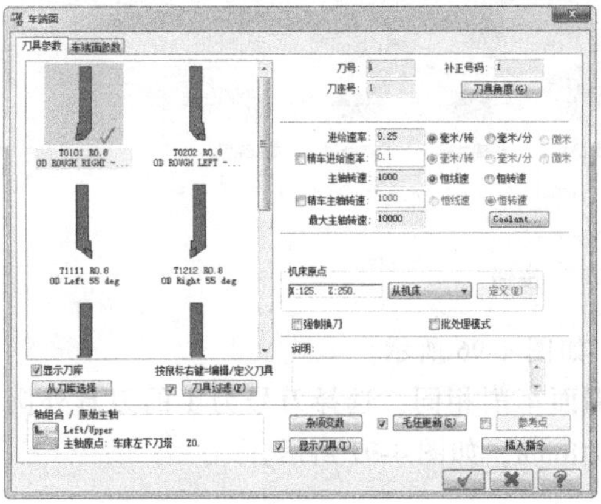

图 4-89　“刀具参数”选项设置

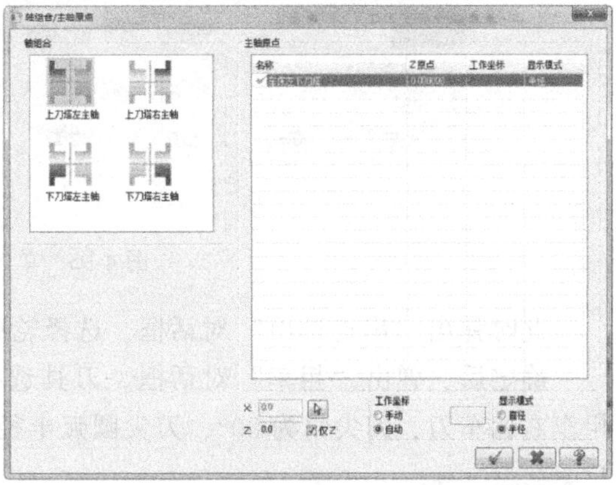

图 4-90　“轴组合/原始主轴”对话框

单击“车端面”对话框中的“Coolant”按钮，弹出的对话框如图 4-91 所示，Flood（切削液）选择打开“On”。

图 4-91　“Coolant”对话框

“车端面参数”选项设置如图 4-92 所示。

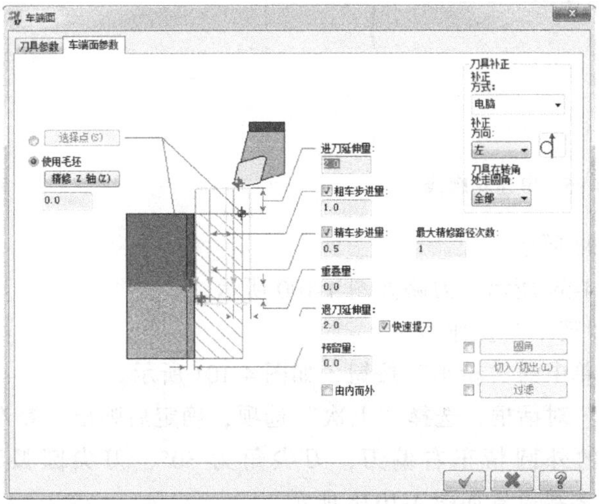

图 4-92　“车端面参数”选项设置

生成的操作如图 4-93 所示，刀路如图 4-94 所示。

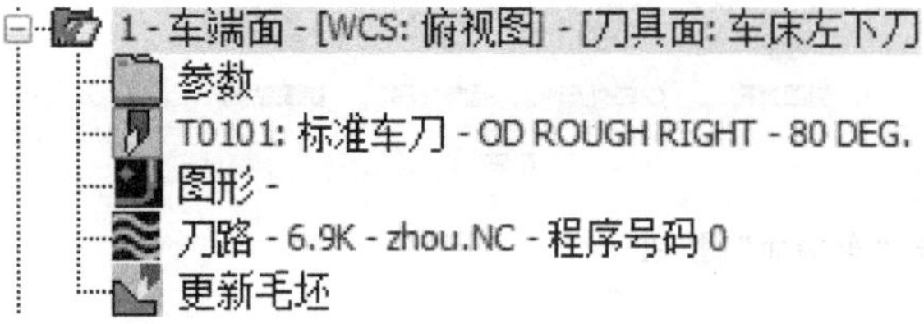

图 4-93　车端面操作

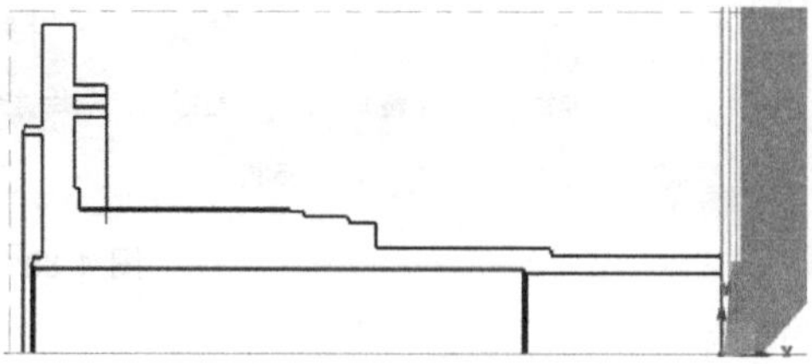

图 4-94　车端面刀路

2）建立第一个“粗车”操作。

单击“车削”菜单中的“粗车”按钮，如图 4-95 所示。

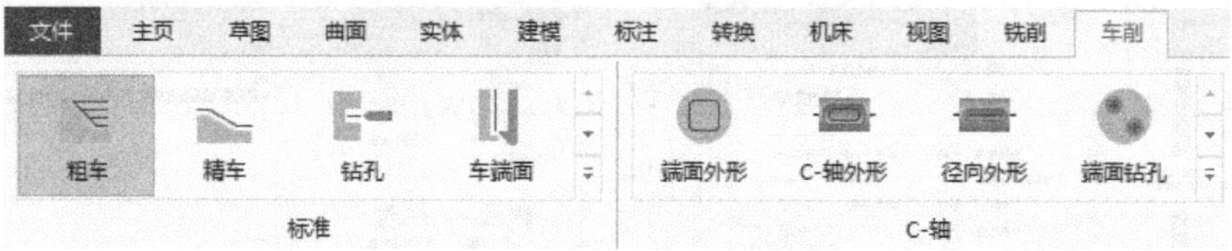

图 4-95　单击“粗车”按钮

此时弹出“串连选项”对话框，选择轮廓线，如图 4-96 所示。

确定后，弹出“粗车”对话框。刀具选择与端面车削相同，选择刀号为 1 的刀具外圆粗车右偏车刀，刀尖角为 80°，刀尖圆弧半径为 *R*0. 8mm，如图 4-97 所示。

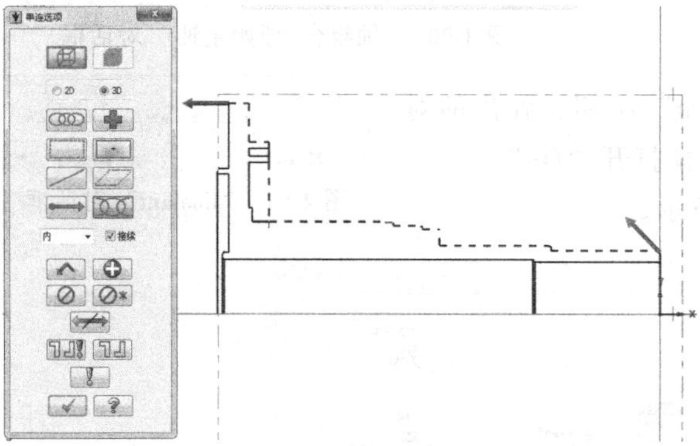

图 4-96　串连轮廓线

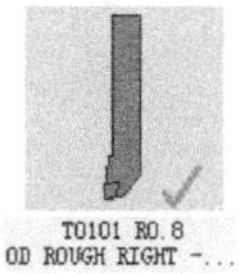

图 4-97　粗车刀的选择

参数设置如图 4-98 所示。

生成的操作如图 4-99 所示，刀路如图 4-100 所示。

3）建立第一个“精车”操作。

单击“车削”菜单中的“精车”按钮，如图 4-101 所示。

弹出“串连选择”对话框，选择“上次”选项，确定后弹出“精车”对话框。

选择刀号为 21 的外圆精车右偏刀，刀尖角为 30°，刀尖圆弧半径为 *R*0. 8mm，如图 4-102a 所示，精车参数设置如图 4-102b 所示。

生成的操作如图 4-103 所示，刀路如图 4-104 所示。

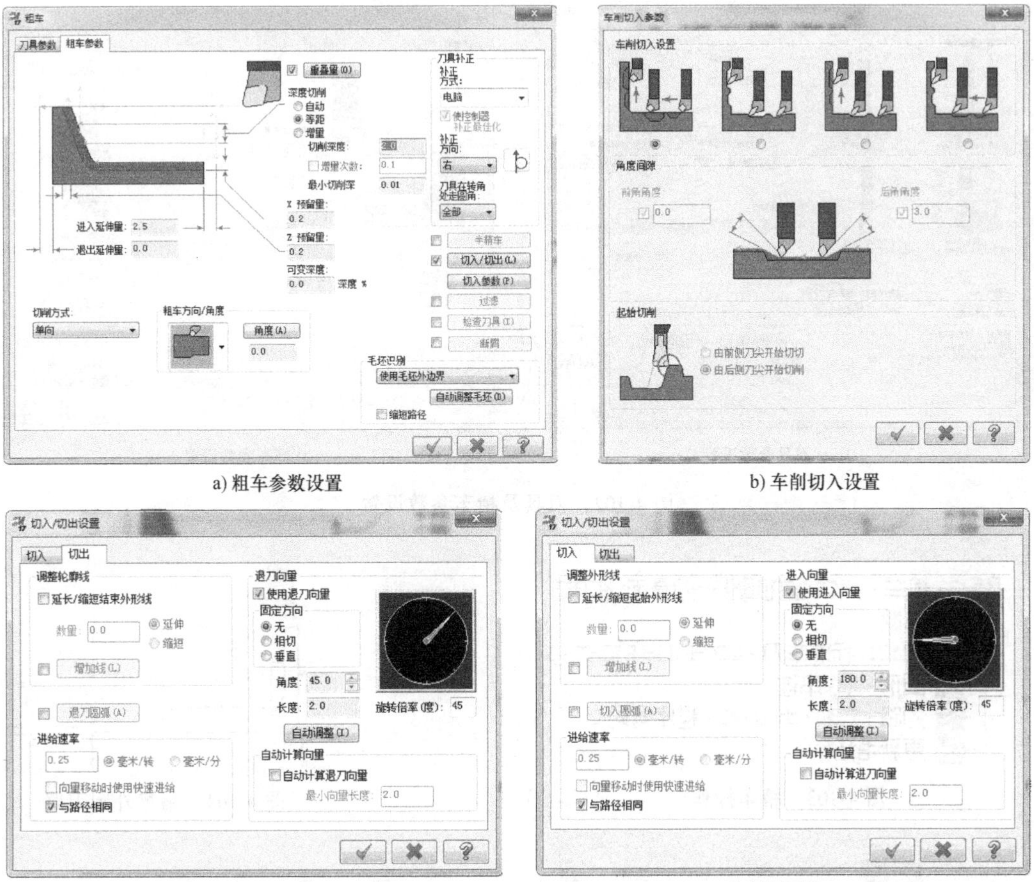

a) 粗车参数设置　　b) 车削切入设置

c) 切出设置　　d) 切入设置

图 4-98　参数设置

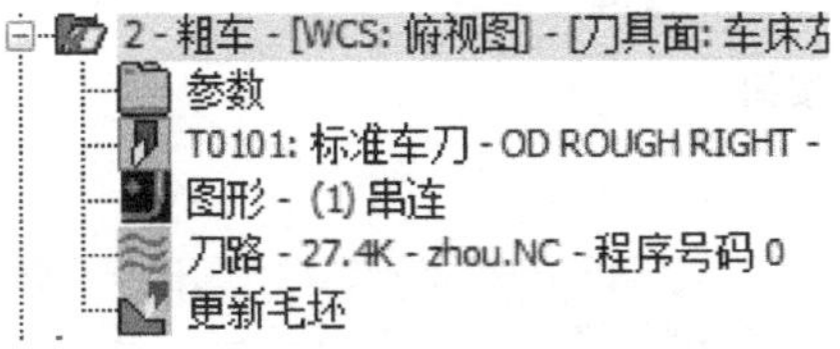

图 4-99　粗车操作

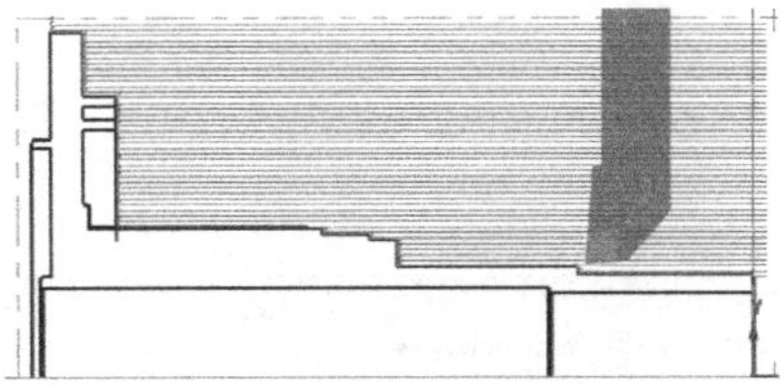

图 4-100　粗车外圆刀路

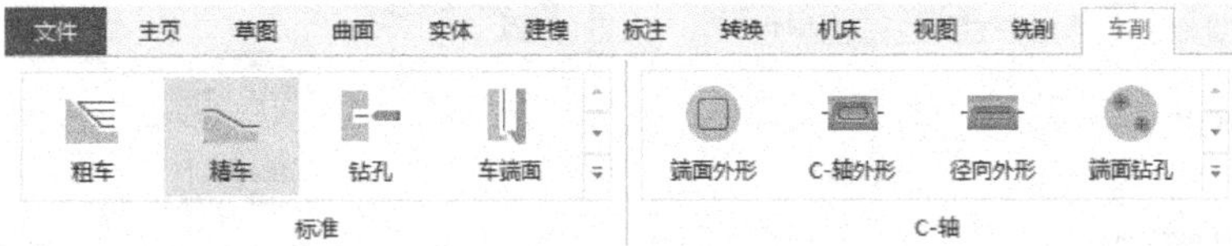

图 4-101　单击“精车”按钮

4）建立第一个“钻孔”操作。

单击“车削”菜单中的“钻孔”按钮，如图 4-105 所示。

选择刀号为 126 的 ϕ20mm 钻头，如图 4-106a 所示，参数设置如图 4-106b 所示。

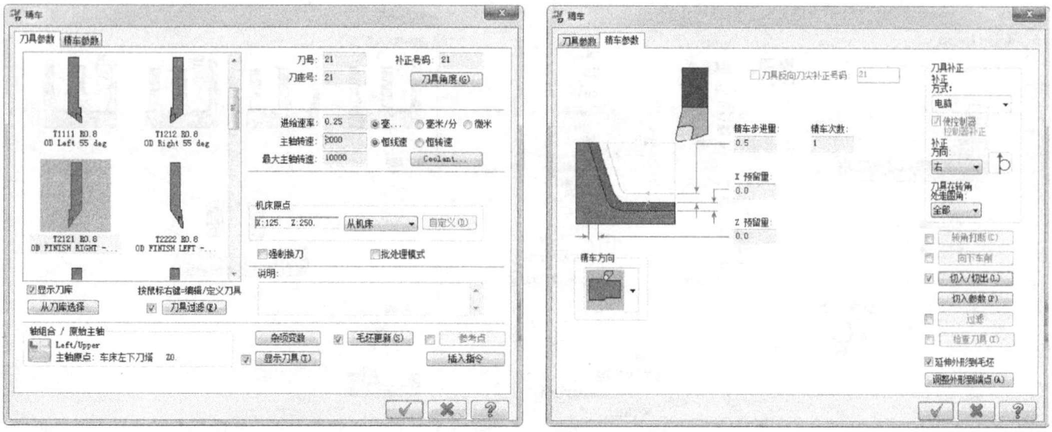

a) 刀具参数设置

b) 精车参数设置

图 4-102　刀具及精车参数设置

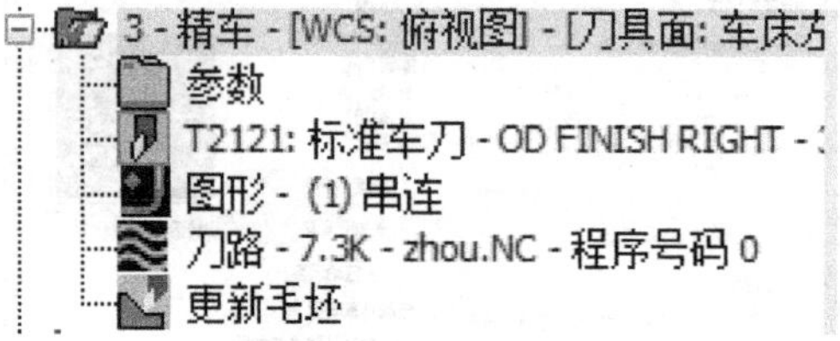

图 4-103　精车操作

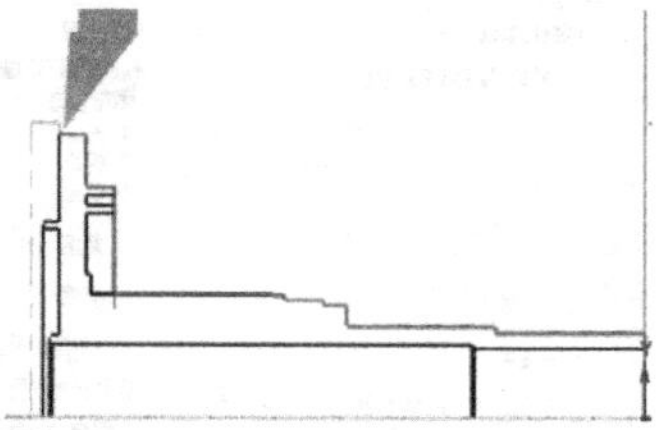

图 4-104　精车外圆刀路

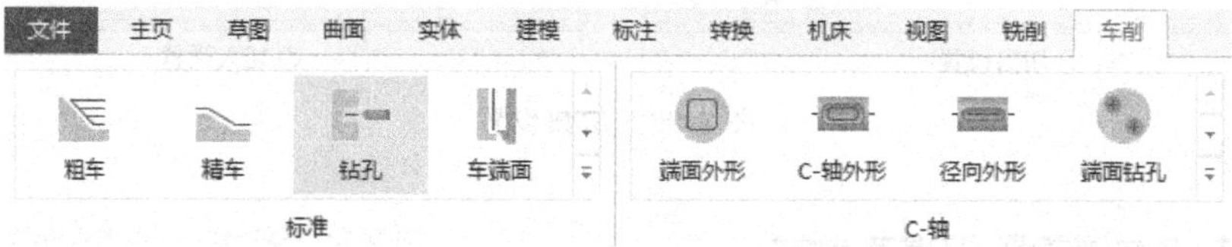

图 4-105　单击“钻孔”按钮

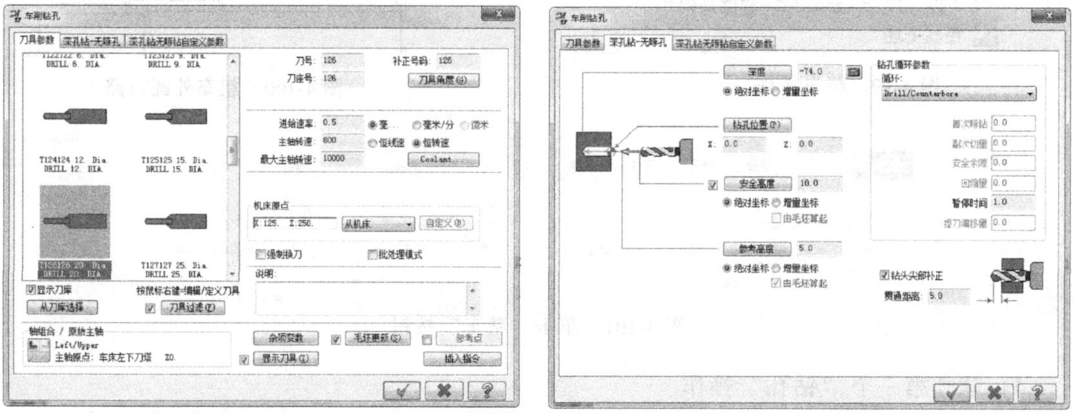

a) 钻头选择

b) 钻孔参数设置

图 4-106　钻头选择及钻孔参数设置

生成的操作如图 4-107 所示，刀路如图 4-108 所示。

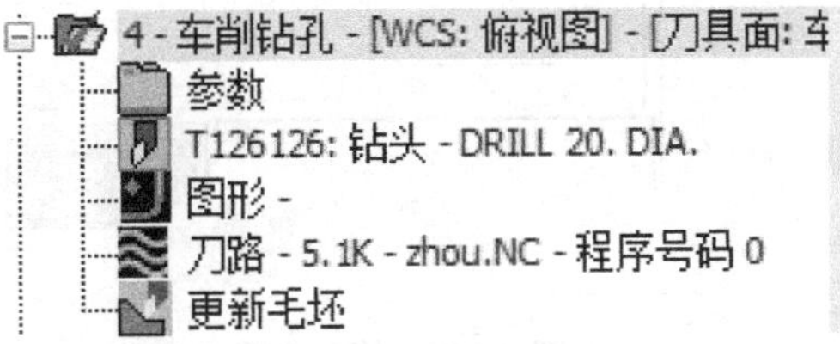

图 4-107　钻孔操作

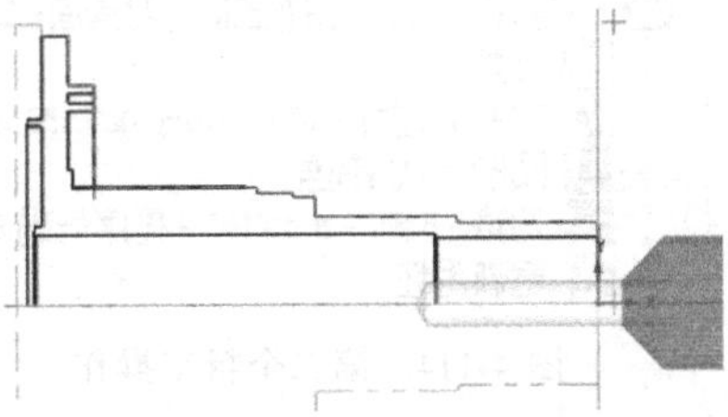

图 4-108　钻孔刀路

5）建立第二个“钻孔”操作。

和第一个“钻孔”操作设置相同，不同的是选择刀号为 130 的 ϕ40mm 钻头，如图 4-109 所示。生成的操作如图 4-110 所示，刀路如图 4-111 所示。

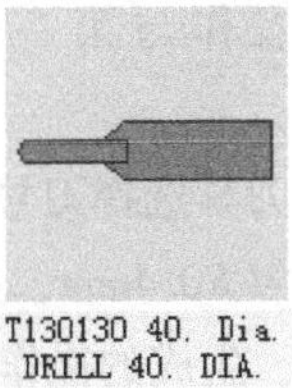

图 4-109　钻头选择

6）建立第二个“粗车”操作。

操作与第一个“粗车”操作类似，串连选择粗镗孔的轮廓，如图 4-112 所示。

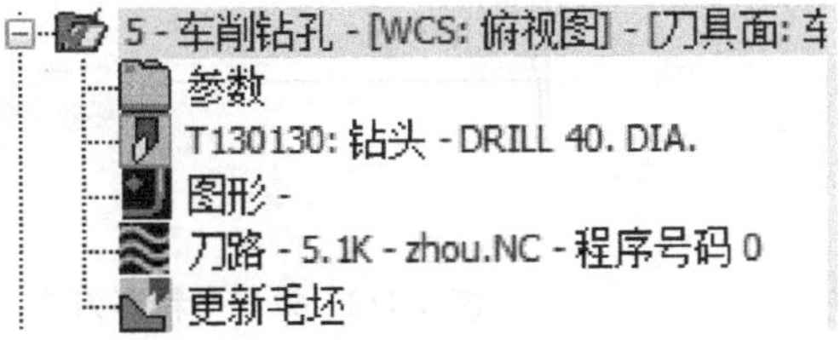

图 4-110　第二个钻孔操作

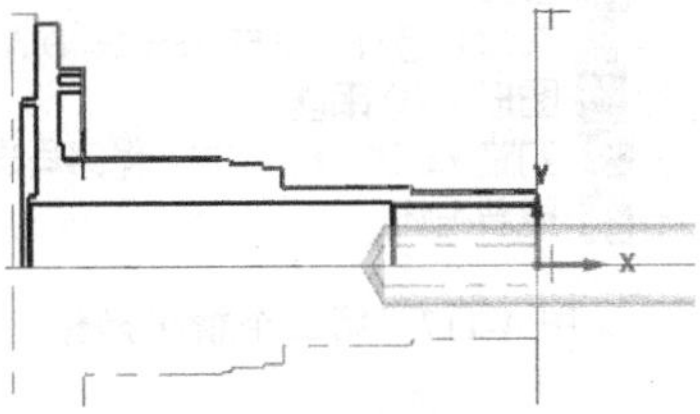

图 4-111　第二个钻孔刀路

刀具选择刀号为 74 的内孔粗镗刀，刀尖角为 80°，刀尖圆弧半径为 $R0.8$mm，如图 4-113 所示。

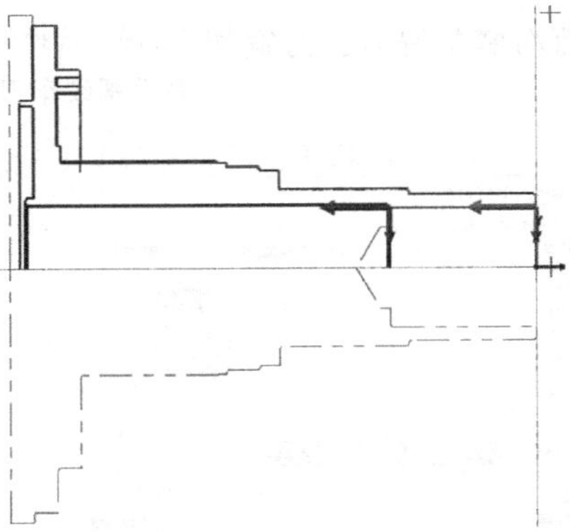

图 4-112　第二个粗车串连

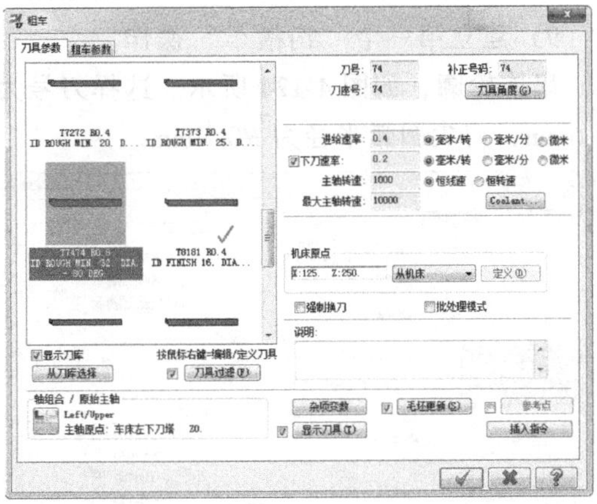

图 4-113　第二个粗车刀具选择

其他参数参考第一个“粗车”操作，生成的操作如图 4-114 所示，刀路如图 4-115 所示。

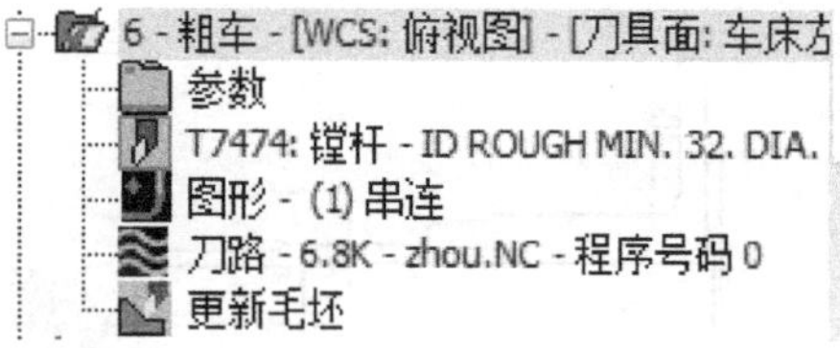

图 4-114　第二个粗车操作

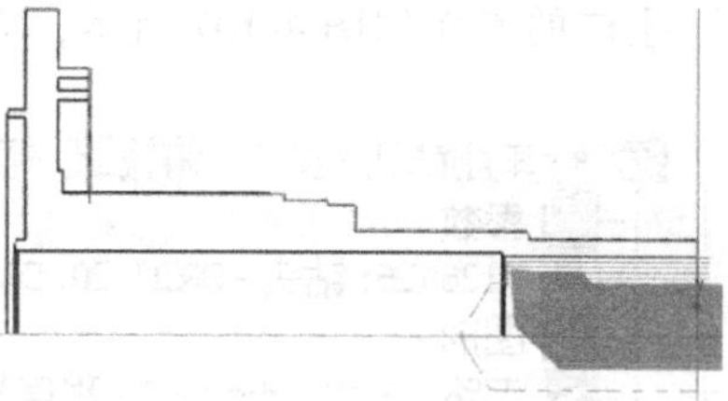

图 4-115　第二个粗车刀路

7）建立第二个“精车”操作。

操作与第一个“粗车”操作类似，串连的轮廓与粗镗相同。

刀具选择刀号为 81 的内孔精镗刀，刀尖角为 55°，刀尖圆弧半径为 $R0.4$mm，如图 4-116 所示。其他参数参考第一个“粗车”操作，生成的操作如图 4-117 所示，刀路如图 4-118 所示。

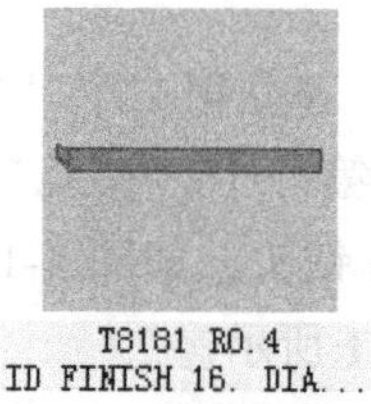

图 4-116　精车刀具选择

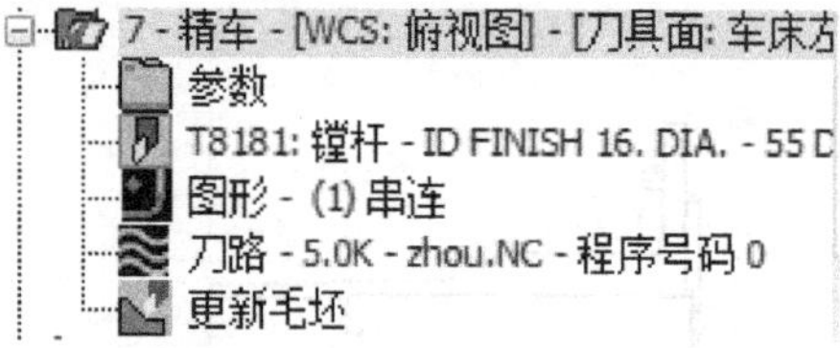

图 4-117　第二个精车操作

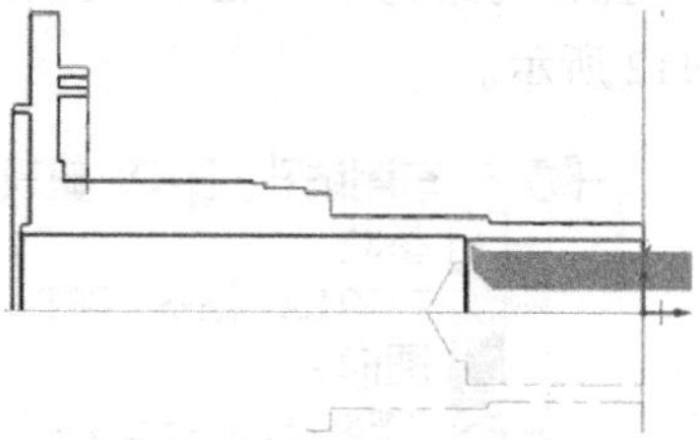

图 4-118　第二个精车刀路

8）建立“车螺纹”操作。

选择刀号为 94 的外圆右手螺纹车刀，如图 4-119 所示。“螺纹外形参数”选项设置和“螺纹切削参数”选项设置如图 4-120 和图 4-121 所示。

生成的操作如图 4-122 所示，刀路如图 4-123 所示。

图 4-119　选择外圆右手螺纹车刀

9）建立第一个“沟槽车”操作。

串连轮廓，如图 4-124 所示。选择刀号为 66 的端面沟槽左偏刀，刀宽为 6mm，刀尖圆弧半径为 $R0.4$mm。

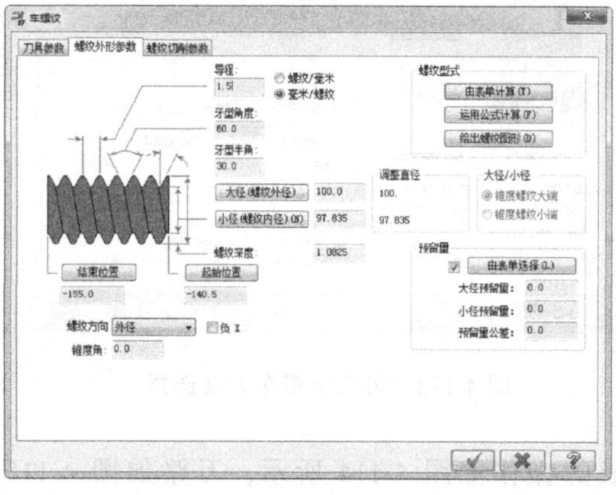

图 4-120　“螺纹外形参数”选项设置

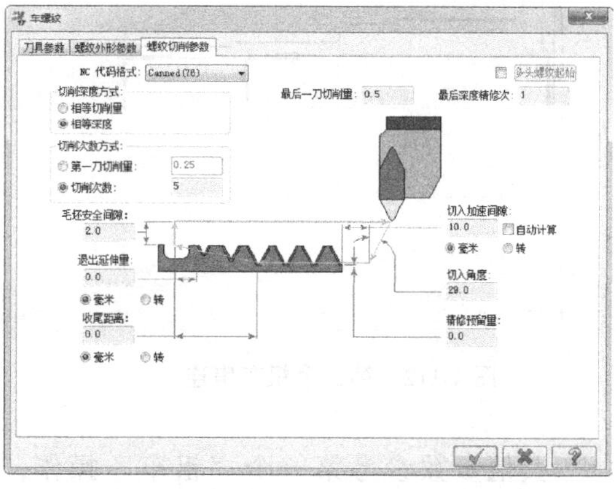

图 4-121　“螺纹切削参数”选项设置

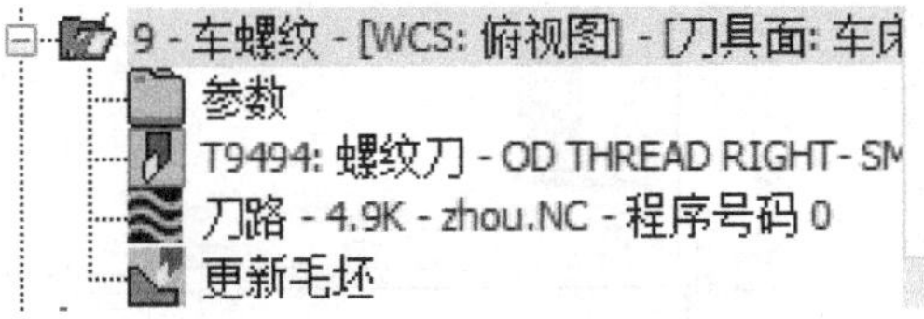

图 4-122 车螺纹操作

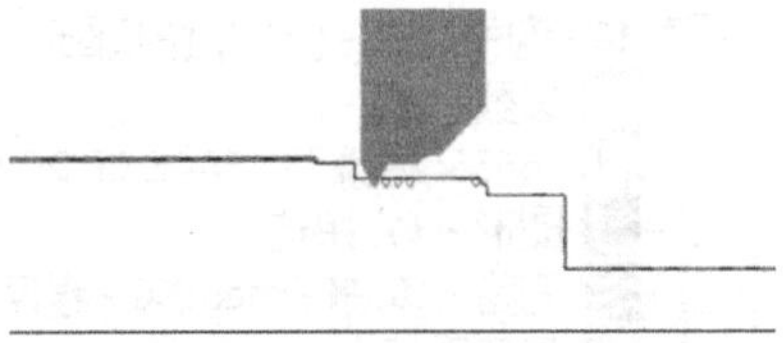

图 4-123 车螺纹刀路

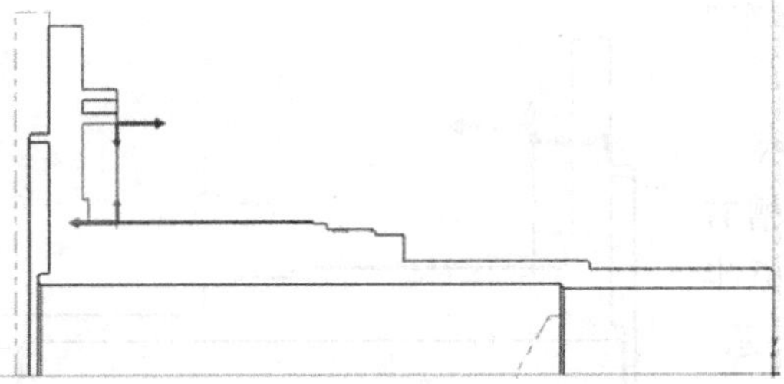

图 4-124 沟槽车的串连轮廓

轴类零件
CAM 实例 2

刀具参数、沟槽形状参数、沟槽粗车参数、沟槽精车参数设置如图 4-125 所示。

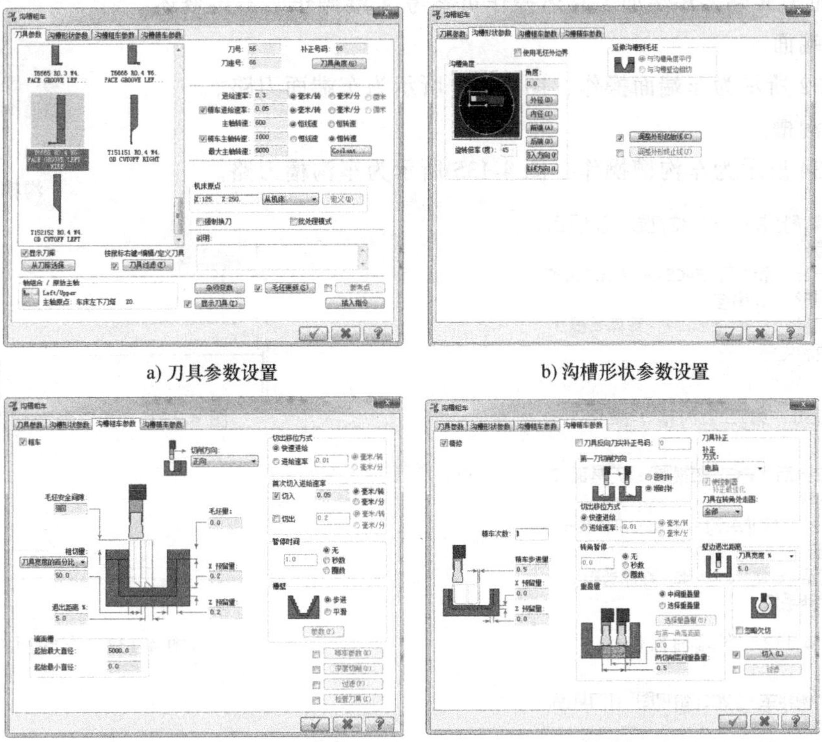

a) 刀具参数设置

b) 沟槽形状参数设置

c) 沟槽粗车参数设置

d)沟槽精车参数设置

图 4-125 沟槽车的参数设置

生成的操作如图 4-126 所示，刀路如图 4-127 所示。

图 4-126　第一个沟槽车操作

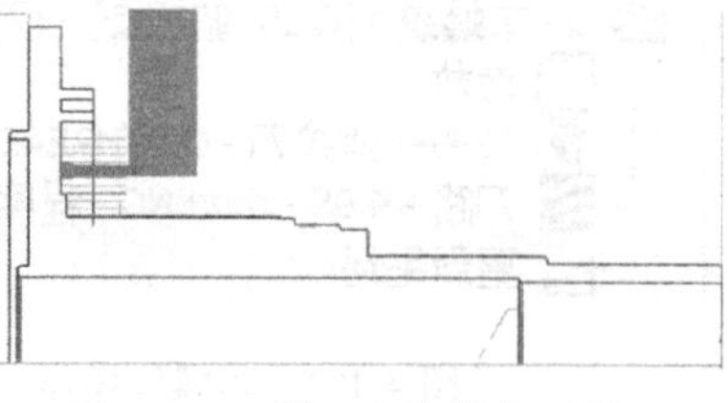

图 4-127　第一个沟槽车刀路

10）建立第二个“沟槽车”操作。

串连轮廓，如图 4-128 所示。

选择刀号为 62 的端面沟槽右偏刀，刀宽为 2mm，刀尖圆弧半径为 $R0.3$mm，如图 4-129 所示。其他参数设置可参考第一个“沟槽车”操作。

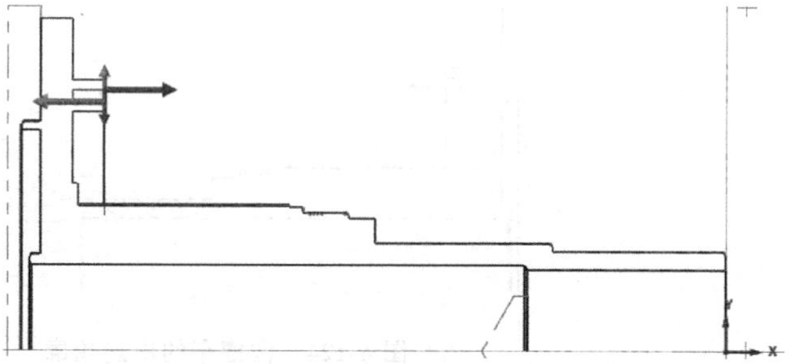

图 4-128　第二个沟槽车的串连轮廓

生成的操作如图 4-130 所示，刀路如图 4-131 所示。

图 4-129　第二个沟槽车的选择

（2）加工 B 端　B 端加工具体操作可参考 A 端操作，不再赘述。

1）车端面。

图 4-132 所示为车端面操作，图 4-133 所示为车端面刀路。

2）车沟槽。

图 4-134 所示为车沟槽操作，图 4-135 所示为车沟槽刀路。

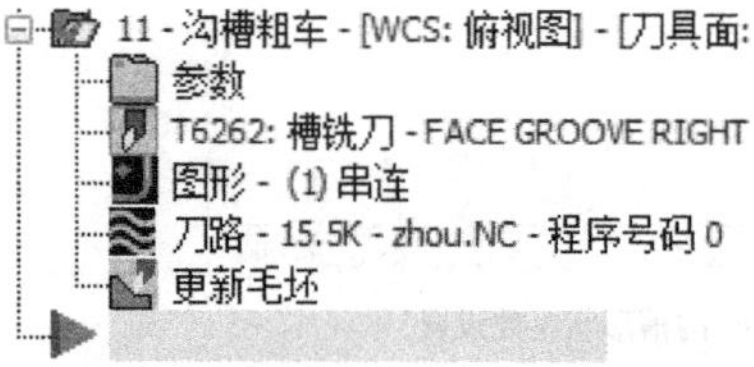

图 4-130　第二个沟槽车操作

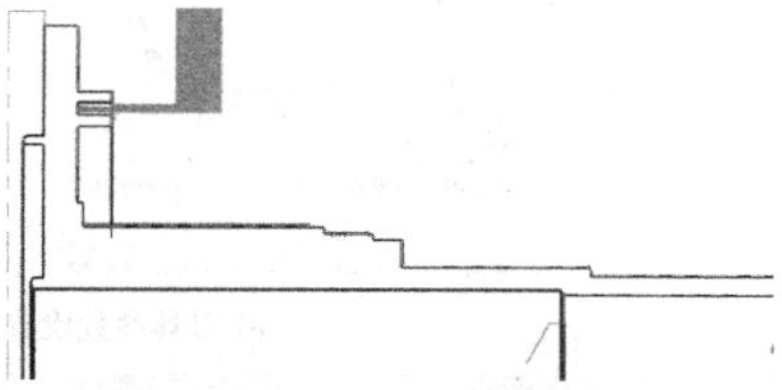

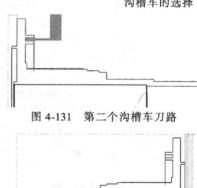

图 4-131　第二个沟槽车刀路

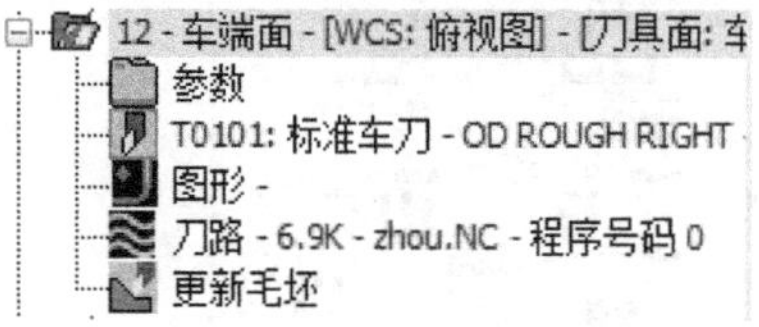

图 4-132　车端面操作

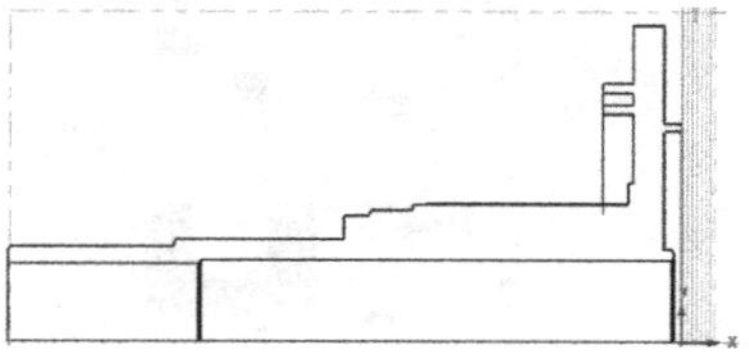

图 4-133　车端面刀路

图 4-134　车沟槽操作

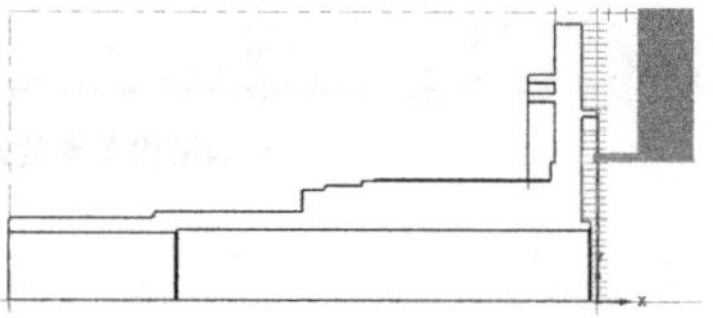

图 4-135　车沟槽刀路

4 MODULE

3）钻孔 ϕ20mm。

图 4-136 所示为钻孔 ϕ20mm 操作，图 4-137 所示为钻孔 ϕ20mm 刀路。

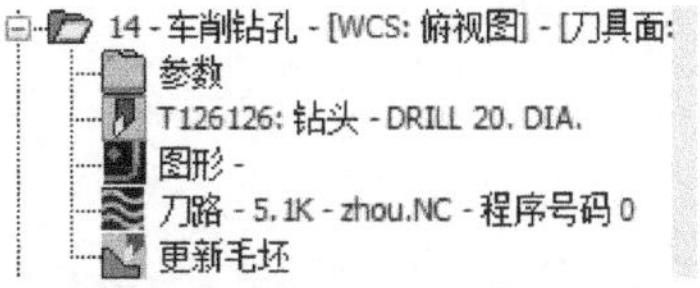

图 4-136　钻孔 ϕ20mm 操作

4）钻孔 ϕ40mm。

图 4-138 所示为钻孔 ϕ40mm 操作，图 4-139 所示为钻孔 ϕ40mm 刀路。

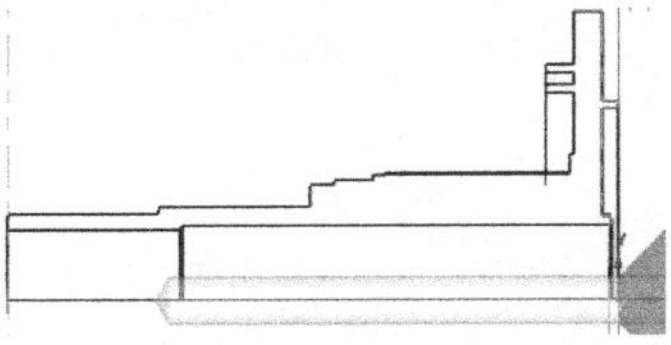

图 4-137　钻孔 ϕ20mm 刀路

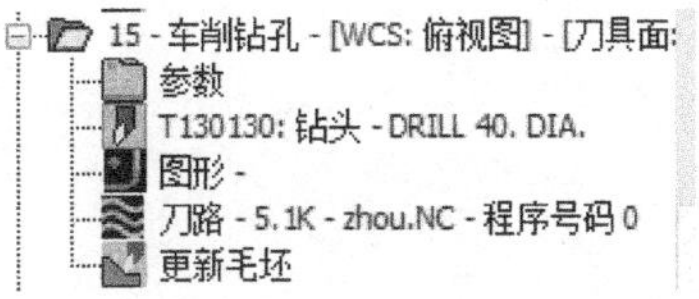

图 4-138　钻孔 ϕ40mm 操作

5）粗镗孔 ϕ62mm。

图 4-140 所示为粗镗孔 ϕ62mm 操作，图 4-141 所示为粗镗孔 ϕ62mm 刀路。

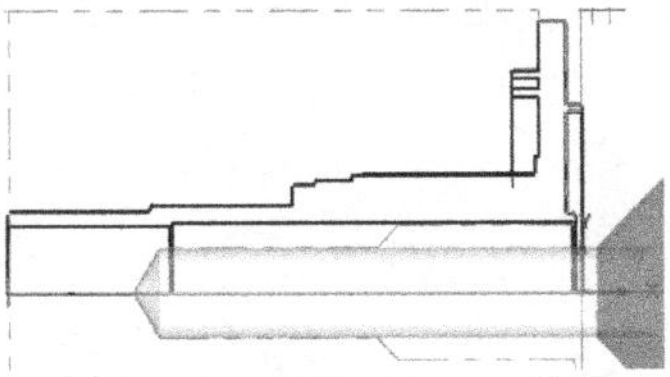

图 4-139　钻孔 ϕ40mm 刀路

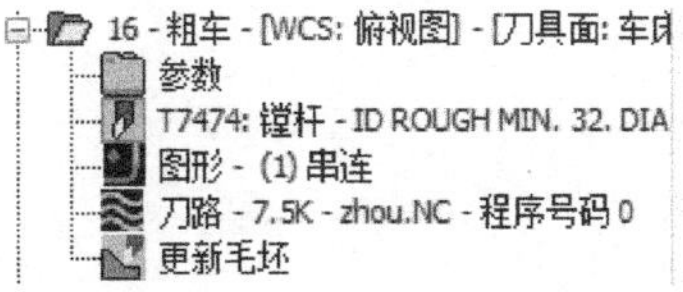

图 4-140　粗镗孔 ϕ62mm 操作

6）精镗孔 ϕ62mm。

图 4-142 所示为精镗孔 ϕ62mm 操作，图 4-143 所示为精镗孔 ϕ62mm 刀路。

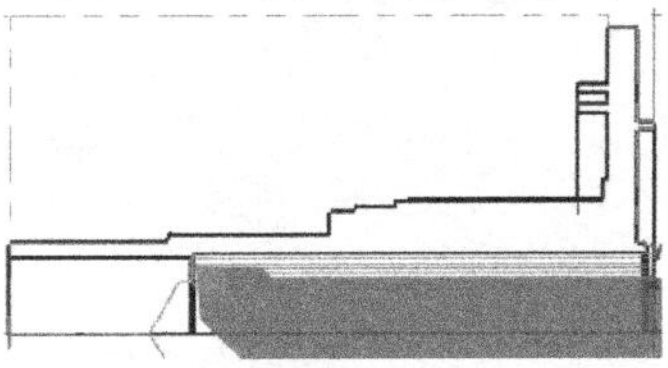

图 4-141　粗镗孔 ϕ62mm 刀路

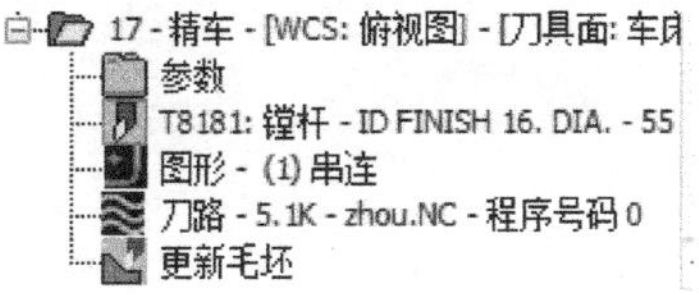

图 4-142　精镗孔 ϕ62mm 操作

6. 实体验证

具体操作参见项目 17。

A 端加工仿真结果如图 4-144 所示，B 端加工仿真结果如图 4-145 所示。

7. 后置处理

具体操作参见项目 17。

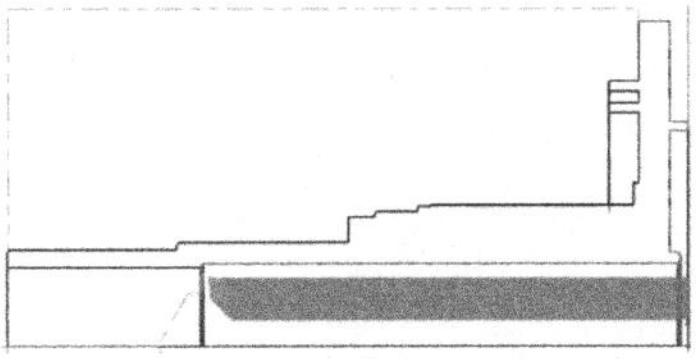

图 4-143　精镗孔 ϕ62mm 刀路

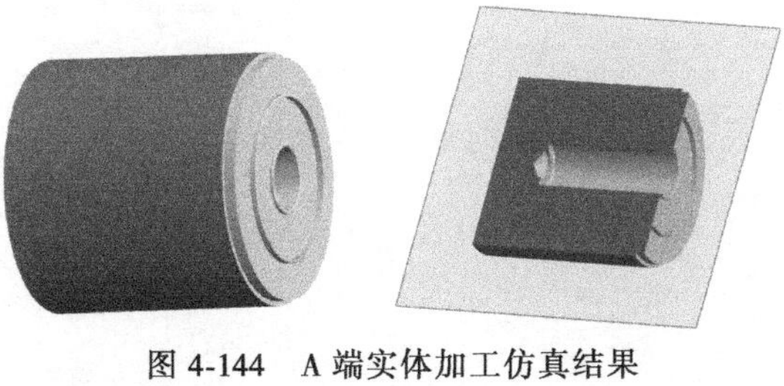

图 4-144　A 端实体加工仿真结果

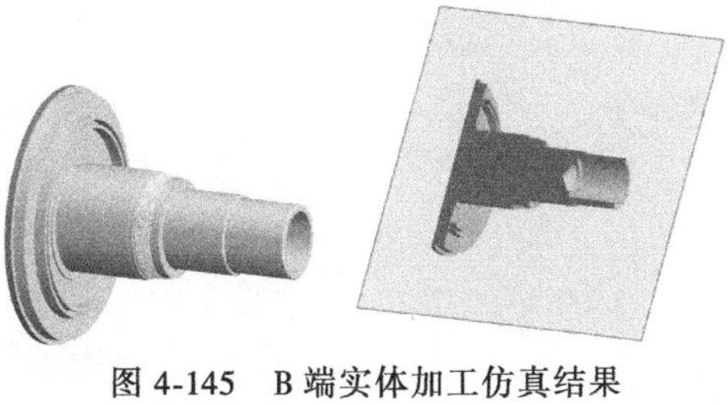

图 4-145　B 端实体加工仿真结果

[工作页 4-2]

项目名称	轴类零件 CAM 实例		
班　级		姓　名	
地　点		日　期	
第__小组成员			

1. 收集信息

【引导问题】

1）轴类零件的工艺特点________________________________。

2）车螺纹的设置方法________________________________。

【查阅资料】

轴类零件的典型加工仿真过程________________________________。

2. 计划组织

小组组别	
设备工具	
组织安排	
准备工作	

3. 项目实施

作业内容	质量要求	完成情况	
		□完成	□未完成
		□完成	□未完成
		□完成	□未完成
		□完成	□未完成

4. 评价反思

在教师指导下，反思自己的工作方式和工作质量。

评价表					
项目	评价指标	自评		互评	
专业技能		□合格	□不合格	□合格	□不合格
		□合格	□不合格	□合格	□不合格
		□合格	□不合格	□合格	□不合格
工作态度		□合格	□不合格	□合格	□不合格
		□合格	□不合格	□合格	□不合格
		□合格	□不合格	□合格	□不合格
个人反思		完成项目的过程中，安全、质量等方面是否达到了最佳，请提出个人的改进建议			
教师评价	教师签字 年　月　日				

项目 19　曲面类零件 CAM 实例

【项目要求】

图 4-146 所示曲面零件为典型的天线零件，完成其 CAM。

a) A面　　b) B面

图 4-146　曲面零件模型

【项目实施】

根据曲面零件模型，先加工 A 面，再加工 B 面，工艺分析表见表 4-3。

表 4-3　工艺分析表

序号	工步内容	刀具	主轴转速 /(r/min)	进给速度 /(mm/min)	背吃刀量 /mm
加工 A 面					
1	对 A 面大曲面进行 3D 曲面粗铣	ϕ16mm 平底刀	10000	2000	2
2	对大曲面轮廓进行 3D 轮廓加工，为精铣加工让出空间，防止撞刀	ϕ16mm 平底刀	10000	2000	2
3	对大曲面进行 3D 曲面精铣	ϕ16mm 球头刀	8000	1000	1
4	对腔内曲面进行 3D 曲面粗铣	ϕ10mm 平底刀	8000	1000	1
5	对腔内曲面进行 3D 曲面精铣	ϕ8mm 球头刀	6000	1000	1
6	对腔内交线进行清角	ϕ4mm 平底刀	2000	100	
7	对方孔进行切削	ϕ16mm 平底刀	2000	80	
8	对方孔的四圆角进行清角	ϕ4mm 平底刀	2000	500	
加工 B 面					
9	对 B 面的大曲面和凸台进行 3D 曲面粗铣	ϕ16mm 平底刀	10000	2000	2
10	对大曲面和凸台进行 3D 曲面精铣	ϕ16mm 球头刀	6000	1000	0.5
11	对大曲面和凸台的交线进行清角	ϕ10mm 球头刀	8000	1000	1
12	用 3D 轮廓加工进行落料	ϕ10mm 平底刀	2000	100	

1. 导入模型

参照项目 17 的模型导入方法。

2. 对模型进行处理

将实体模型从图层1复制到图层8，并在图层8将实体模型转换为曲面模型，再将图层8的曲面模型复制到图层9，并在图层9中生成曲面边界，如图4-147所示。

曲面类零件CAM

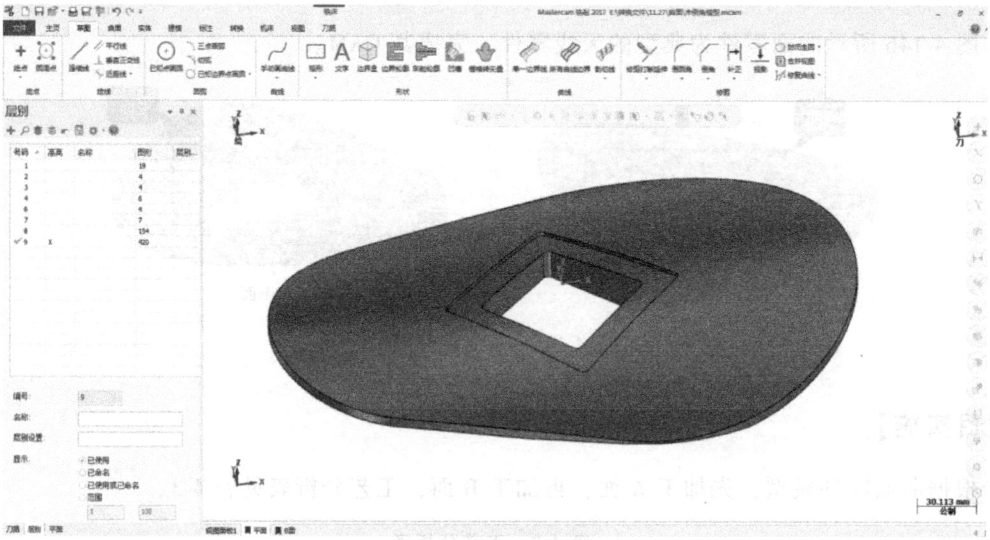

图4-147　处理模型

3. 设定毛坯

单击“草图”菜单，单击“边界盒”，打开对话框，生成线框立方体毛坯，可以在边界盒的基础上对毛坯进行放量，单边留余量25mm，生成的毛坯如图4-148所示。

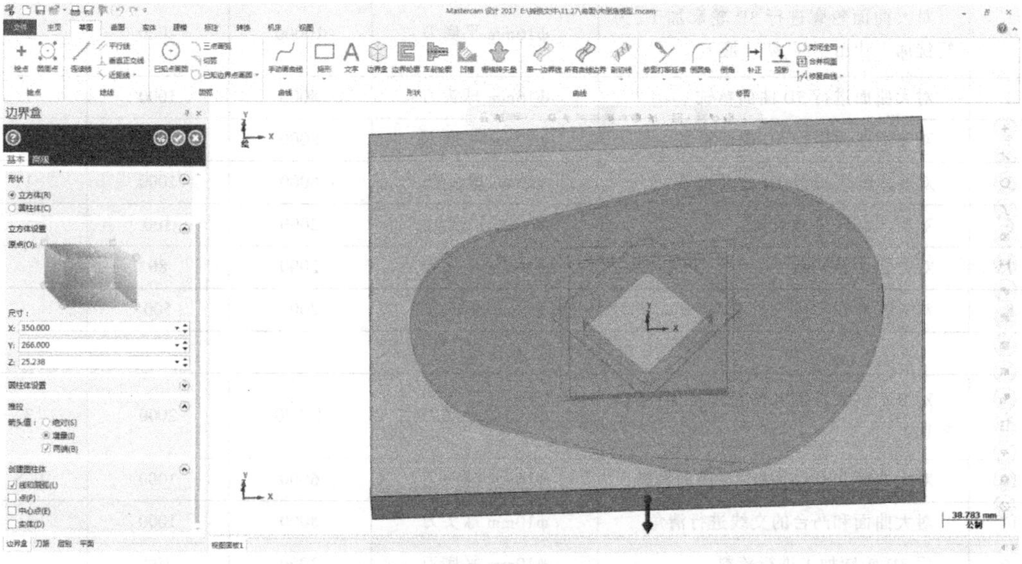

图4-148　毛坯设定

4. 工件坐标系和工作平面的创建

完成一个面所有结构的加工后，需要调面装夹，加工另外一个面的所有结构，所以需要分别建立两个工件坐标系，以便编程和加工时调用。

（1）建立工作平面和工件坐标系 A 选择管理面板中的“平面”选项卡，再单击 ✚ 按钮，在下拉菜单中选择“动态”命令，弹出“动态平面”对话框，并激活动态指针且随鼠标指针移动，捕抓一个毛坯面的中心点，可放置在指定位置。然后利用动态指针的对齐、平移、旋转等操作设置 A 工作平面，确定或完成 A 工作平面的创建，如图 4-149 所示。

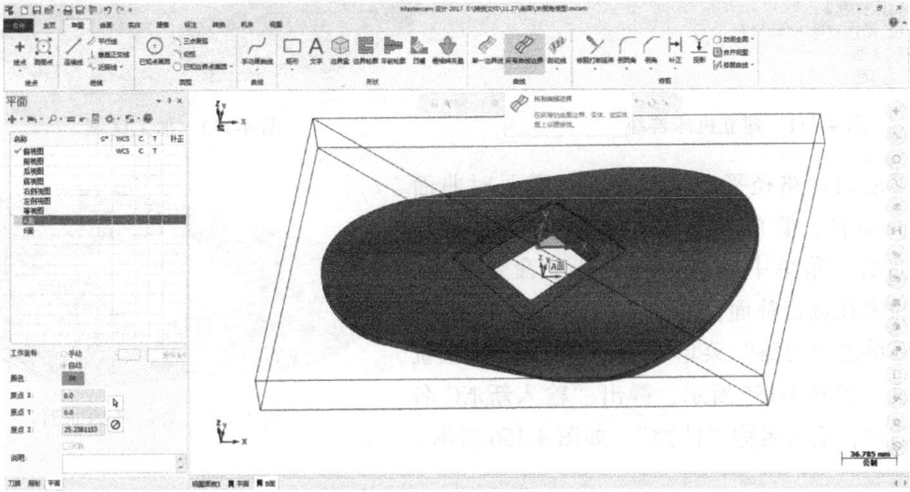

图 4-149 创建 A 工作平面

（2）建立工作平面和工件坐标系 B 用相似的方法可在毛坯的另一个面创建 B 工作平面，如图 4-150 所示。

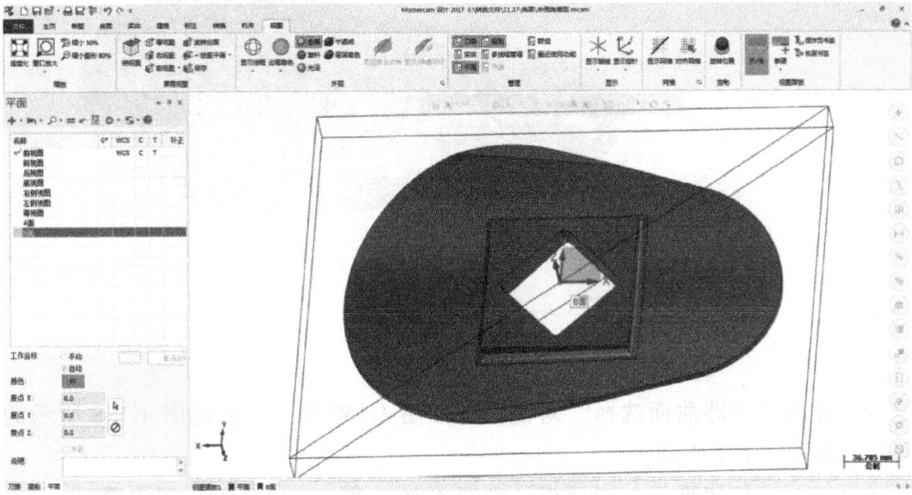

图 4-150 创建 B 工作平面

5. 建立铣削操作群组和模拟刀具路径

（1）建立机床群组 选择管理面板中的“机床”选项卡，再单击“铣床”按钮，弹出下拉菜单，选择默认选项，设定机床群组并建立“A 面”和“B 面”刀具群组，如图 4-151 所示。

（2）加工 A 面

1）创建 3D 平行粗铣削操作。用 ϕ16mm 的平底刀粗加工 B 面浅色区域，如图 4-152 所示。

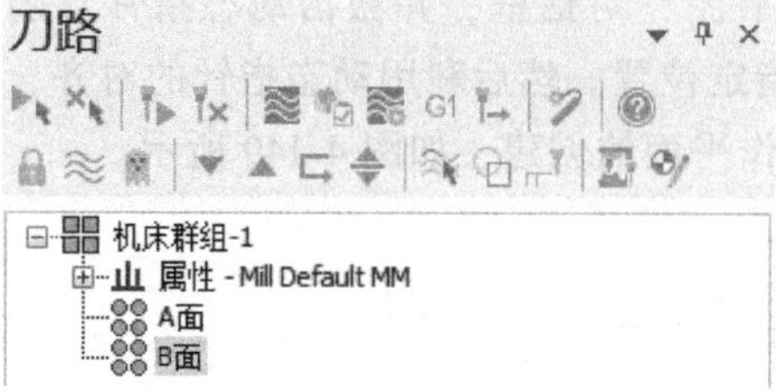

图 4-151　建立机床群组

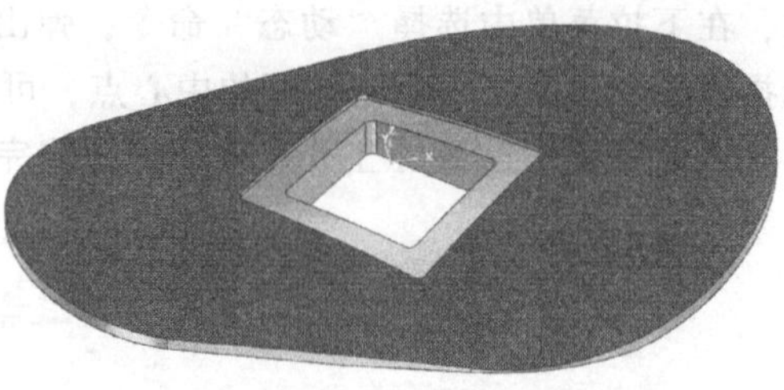

图 4-152　加工区域

为了使刀具路径平顺，不跳刀，需要对曲面进行补面操作。要修补的曲面如图 4-153 所示。单击“曲面”菜单中的“填补内孔”命令按钮，对曲面的内孔进行补面，如图 4-154 所示。

然后单击“刀路”菜单中的 3D“平行”粗铣命令按钮，如图 4-155 所示，弹出“输入新 NC 名称”对话框，输入名称“曲面”，如图 4-156 所示。

图 4-153　要修补的曲面

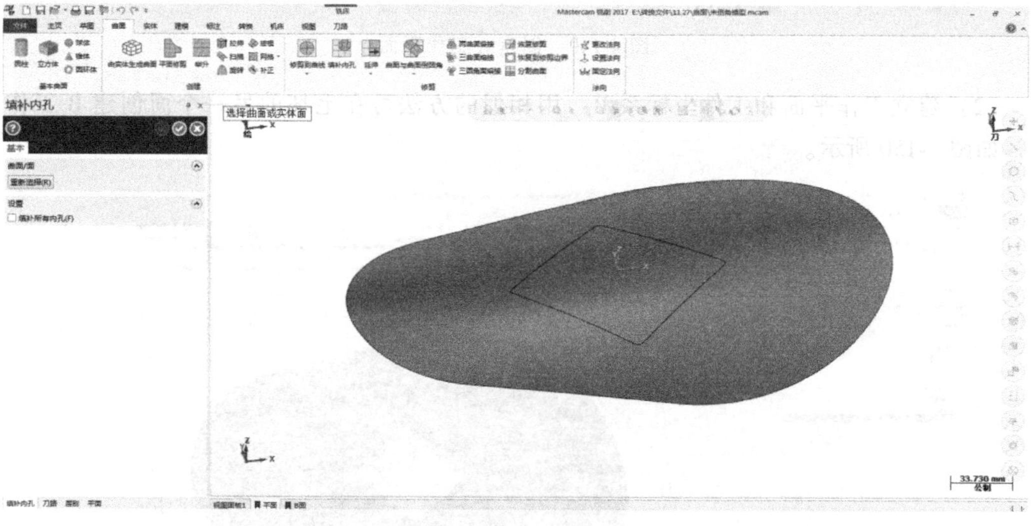

图 4-154　曲面补面

确定后，弹出“刀路曲面选择”对话框，如图 4-157 所示，选择图 4-158 所示的加工区域，切削区域如图 4-159 所示。

然后弹出“曲面粗切平行”对话框，按图 4-160～图 4-162 所示设置参数。

参数设置完成后，生成图 4-163 所示的平行曲面粗切操作和图 4-164 所示的平行曲面粗切刀路。

2）创建第一个 3D 外形铣削操作。为了精铣曲面时 ϕ16mm 的球头刀有足够的边界安全空间，避免与曲面粗加工轮廓发生碰撞，需要在精铣曲面前在曲面的边界用 3D 外形铣削加工轮廓。

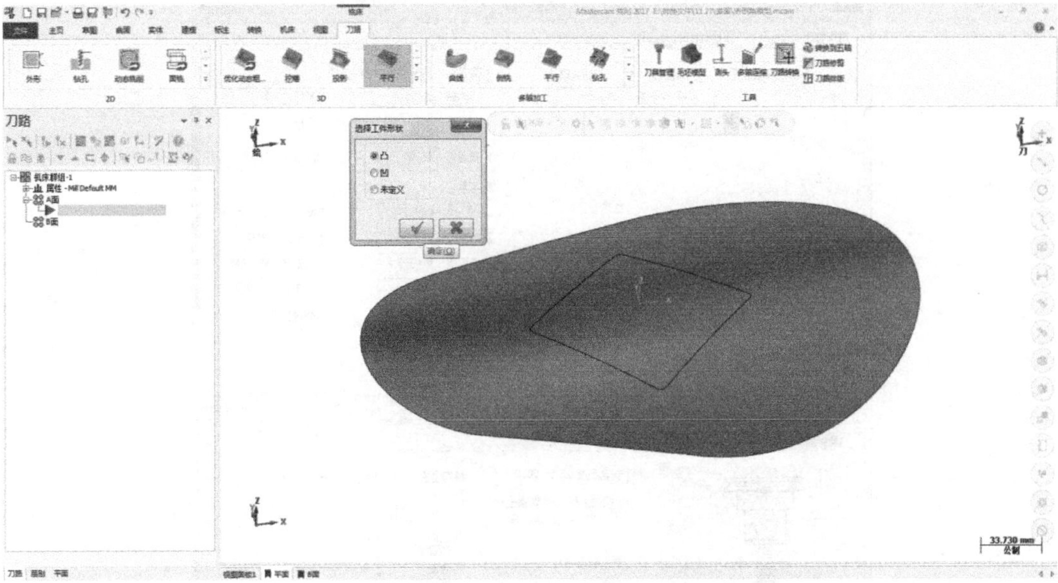

图 4-155　3D“平行”粗铣命令按钮

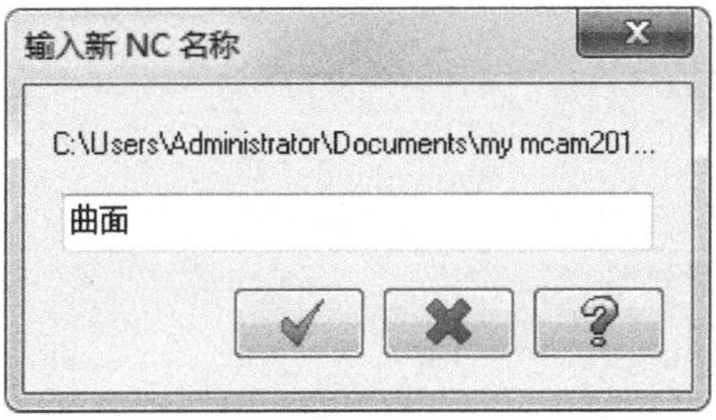

图 4-156　NC 名称

图 4-157　“刀路曲面选择”对话框

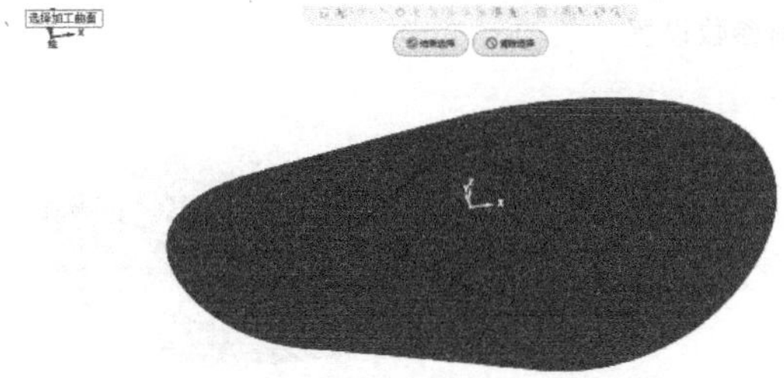

图 4-158　选择加工区域

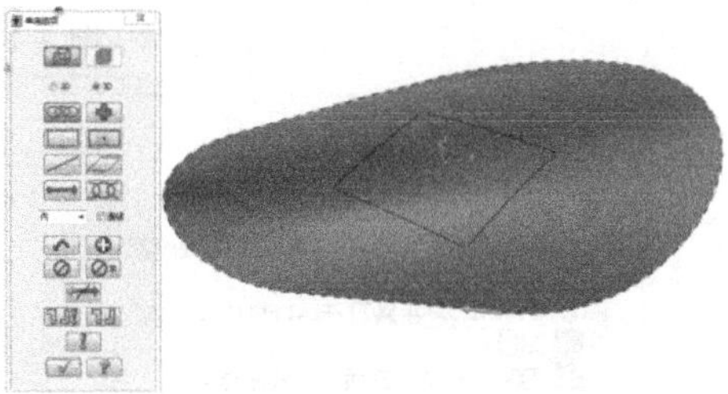

图 4-159　选择切削区域

单击“刀路”菜单中的“外形”命令按钮，串选图 4-165 所示轮廓曲线，确定后弹出“外形铣削”对话框，如图 4-166 所示，对其各参数进行设置，如图 4-167～图 4-169 所示。

参数设置完成后，生成图 4-170 所示的外形铣削操作和图 4-171 所示的外形铣削刀路。

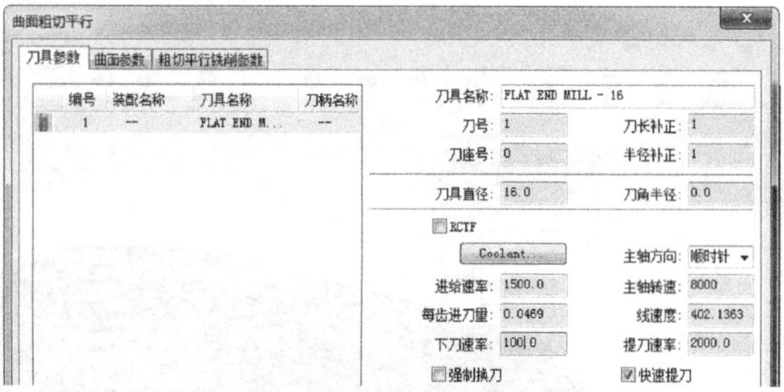

图 4-160　刀具参数设置

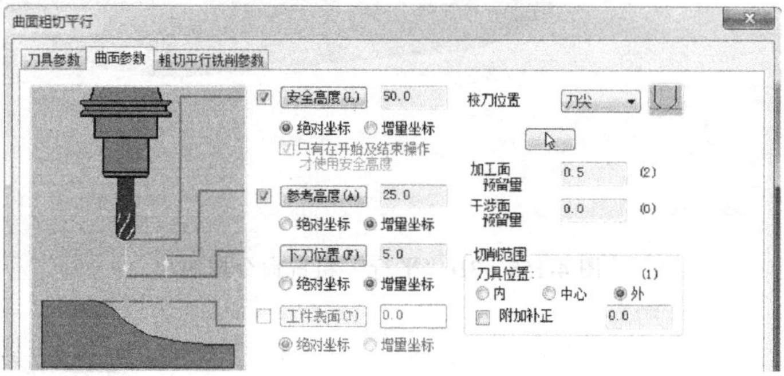

图 4-161　曲面参数设置

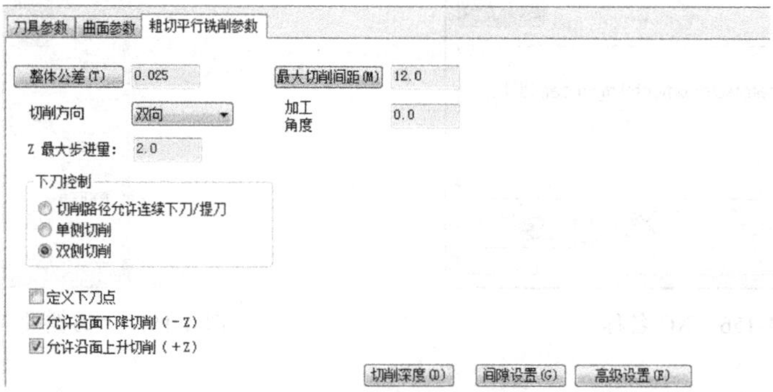

图 4-162　铣削参数设置

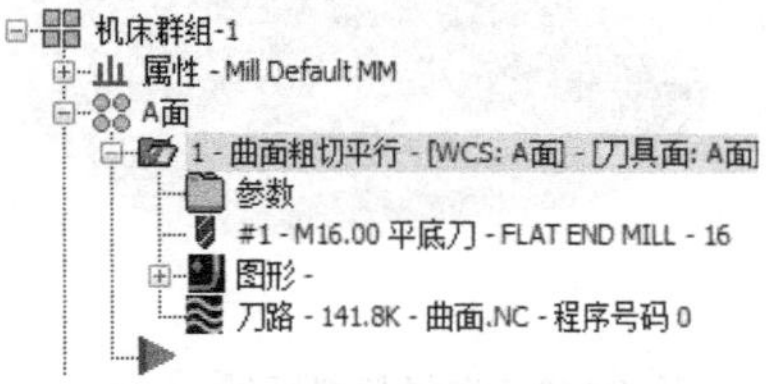

图 4-163　平行曲面粗切操作

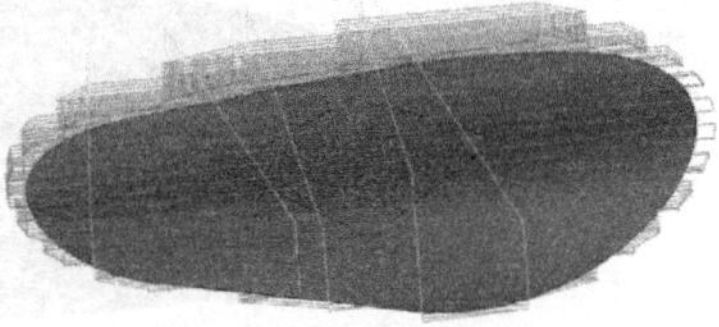

图 4-164　平行曲面粗切刀路

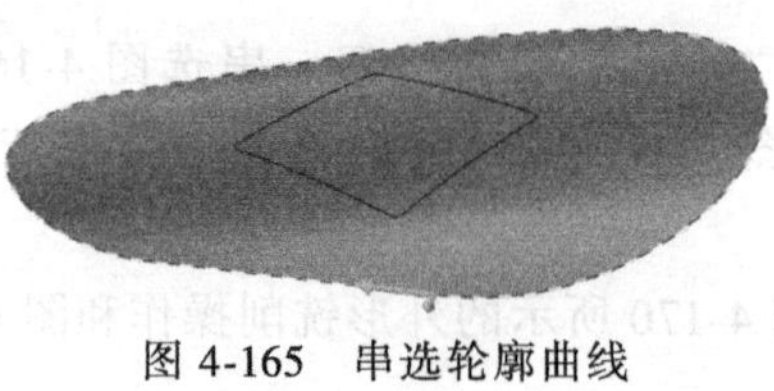

图 4-165　串选轮廓曲线

4

MODULE

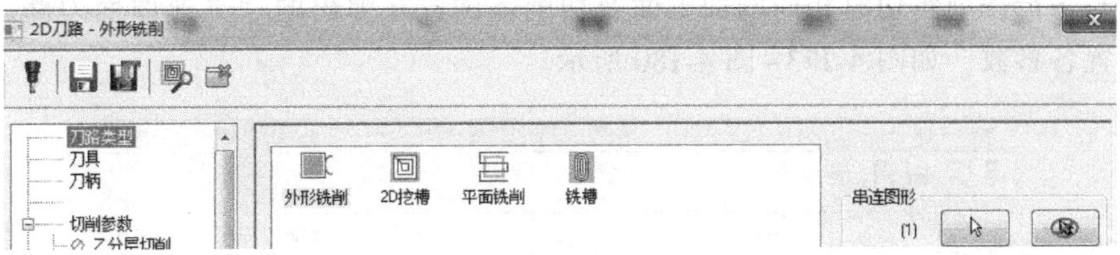

图 4-166 “外形铣削”对话框

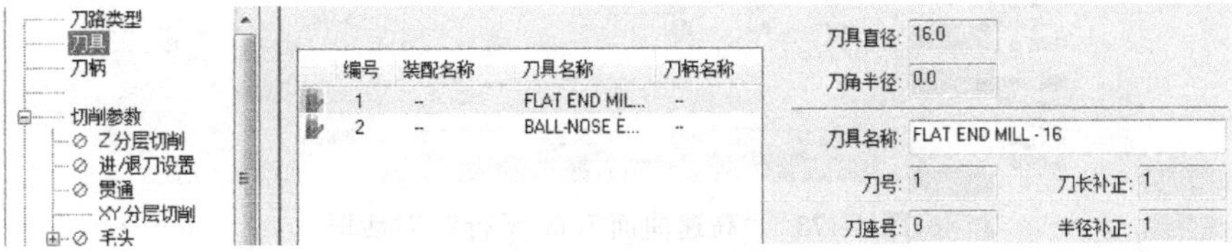

图 4-167 设置刀具参数

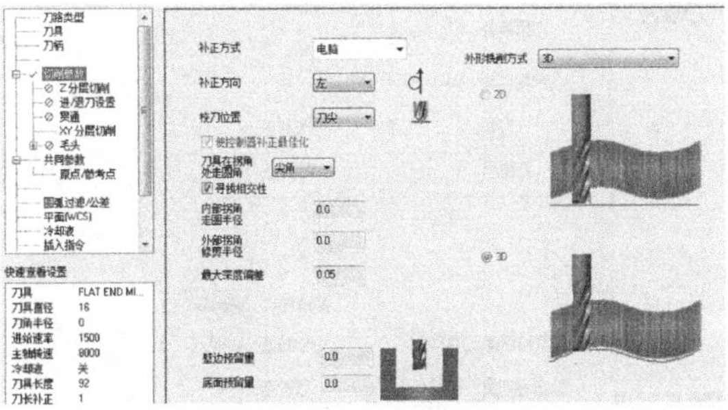

图 4-168 设置切削参数

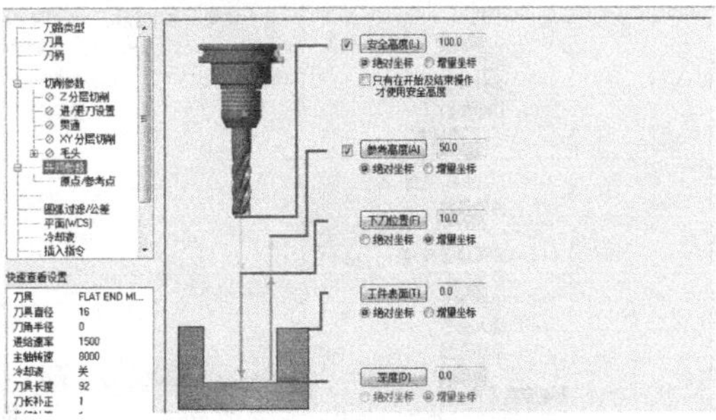

图 4-169 设置共同参数

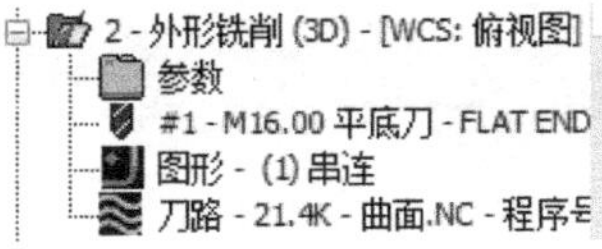

图 4-170 第一个 3D 外形铣削操作

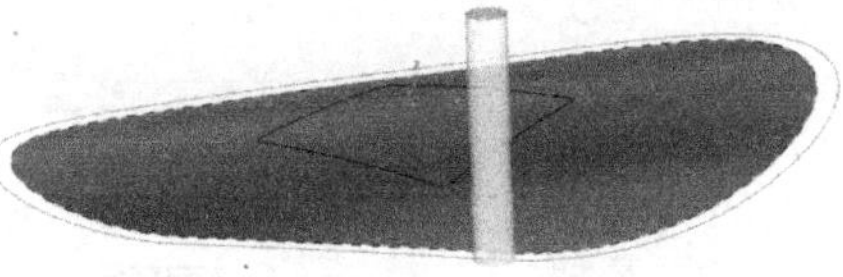

图 4-171 第一个 3D 外形铣削刀路

3）创建 3D 平行精铣削操作。单击“刀路”菜单精切选项卡中的“平行”按钮，如图 4-172 所示。

图 4-172 曲面精切“平行”按钮

选择与平行铣削粗切时相同的加工面及切削范围，在弹出的“高速曲面刀路-平行”对话框中设置各参数，如图 4-173～图 4-180 所示。

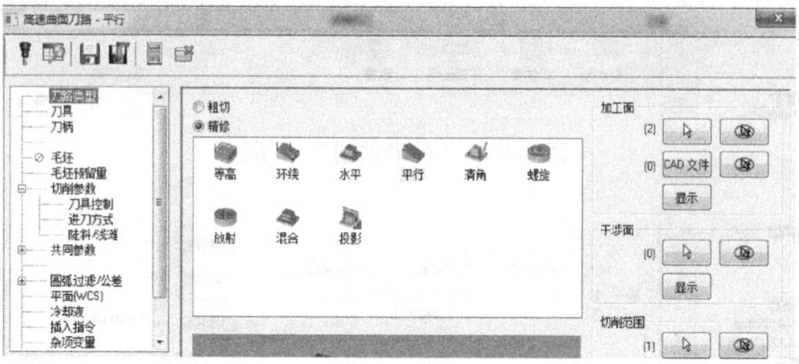

图 4-173 “高速曲面刀路-平行”对话框

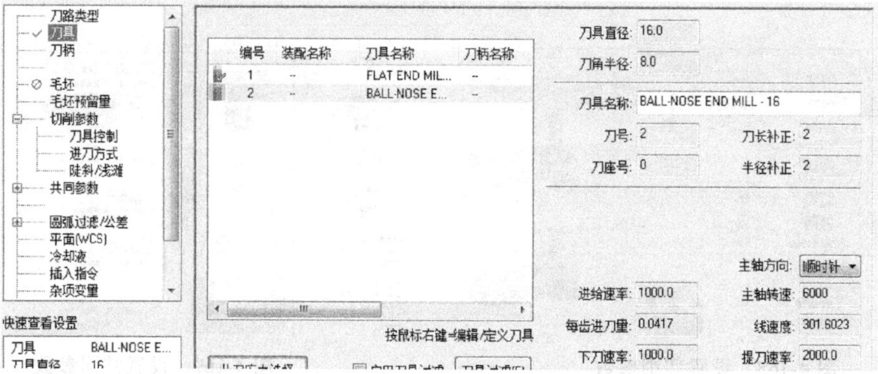

图 4-174 刀具参数设置

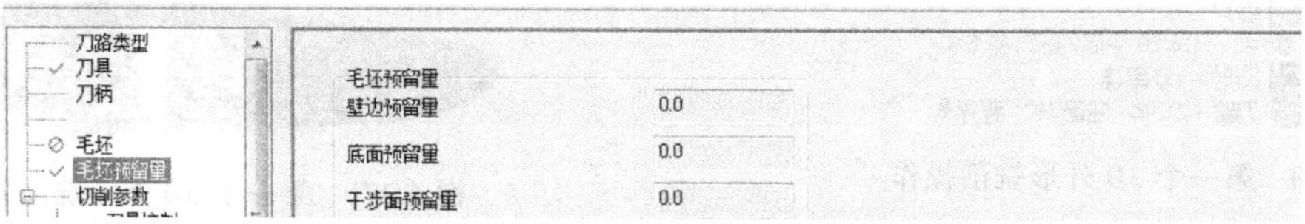

图 4-175 毛坯预留量参数设置

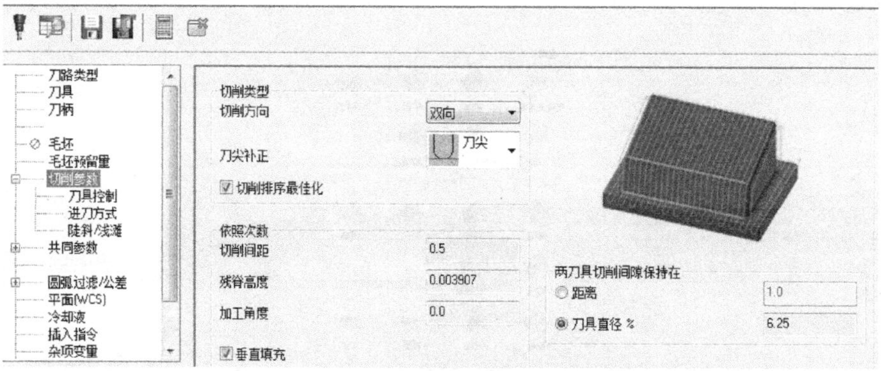

图 4-176 切削参数设置

4

MODULE

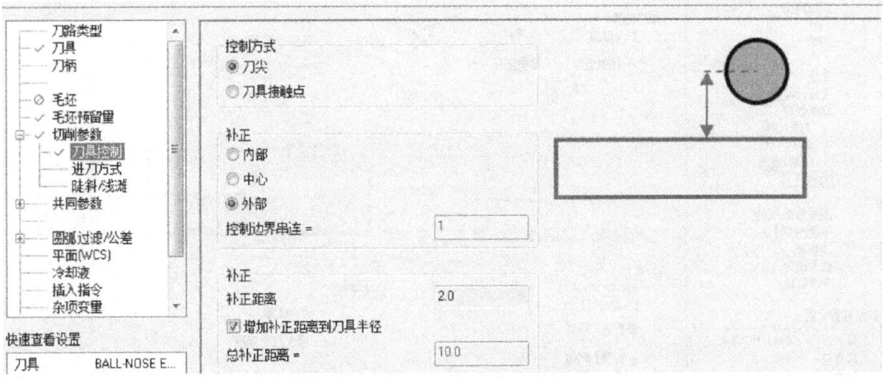

图 4-177　刀具控制设置

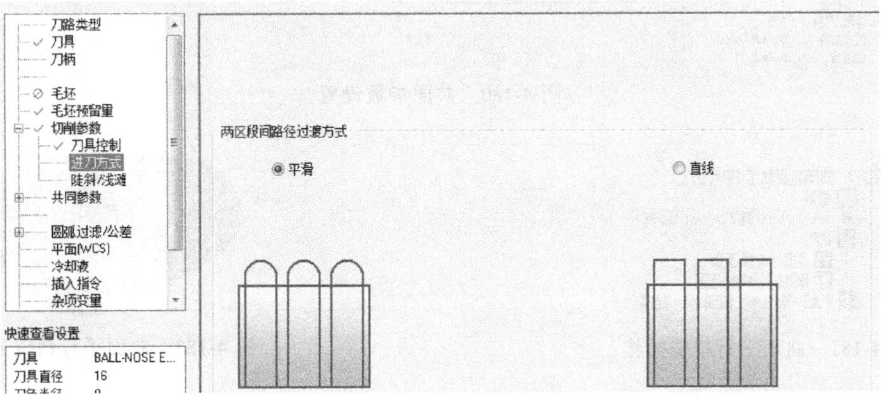

图 4-178　进刀方式设置

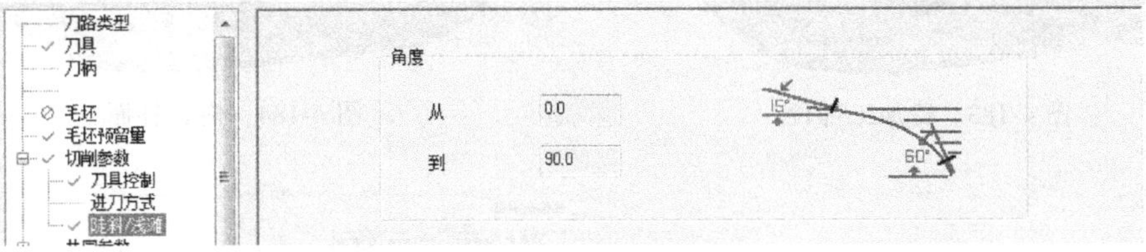

图 4-179　陡斜/浅滩设置

参数设置完成后，生成图 4-181 所示的曲面平行精铣操作和图 4-182 所示的曲面平行精铣刀路。

4）创建 3D 挖槽操作。加工深色曲面部分，如图 4-183 所示。先用“填补内孔”命令补面，补面后如图 4-184 所示。

单击“刀路”选项卡 3D 粗切中的曲面粗切“挖槽”按钮，然后选择加工面和切削范围，如图 4-185 所示，在弹出的“曲面粗切挖槽”对话框中设置参数，如图 4-186～图 4-189 所示。

参数设置完成后，生成图 4-190 所示的 3D 挖槽操作和图 4-191 所示的 3D 挖槽刀路。

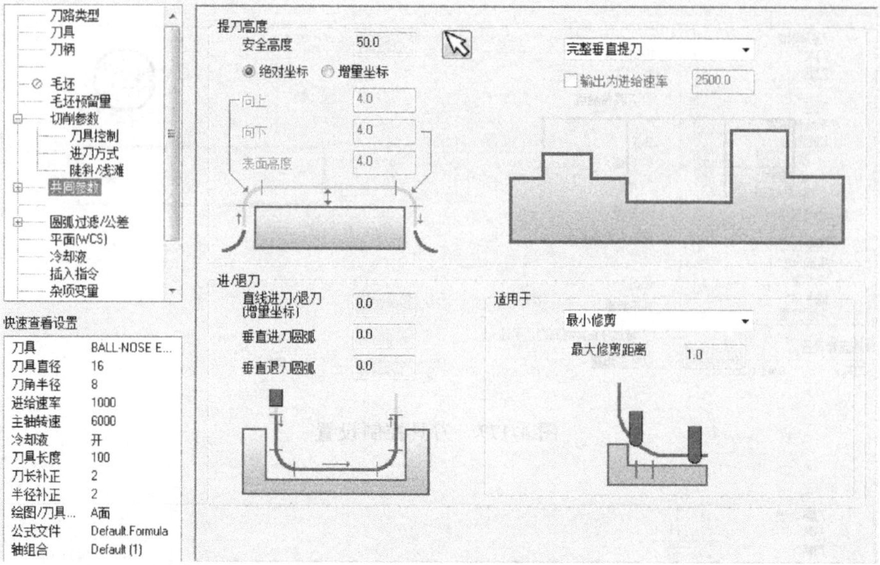

图 4-180　共同参数设置

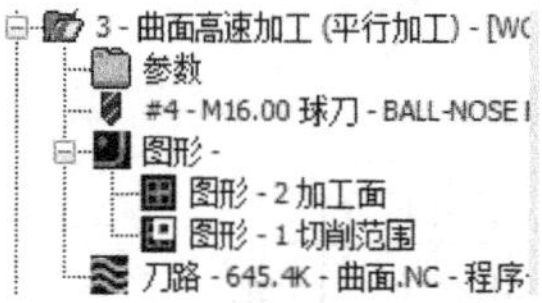

图 4-181　曲面平行精铣操作

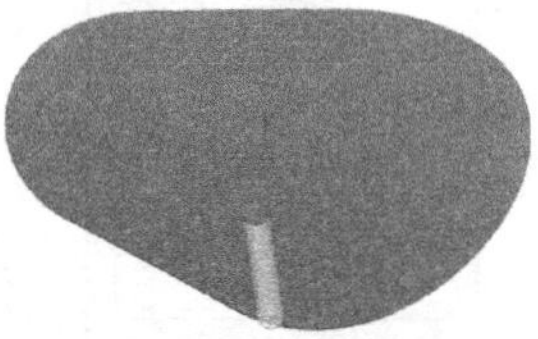

图 4-182　曲面平行精铣刀路

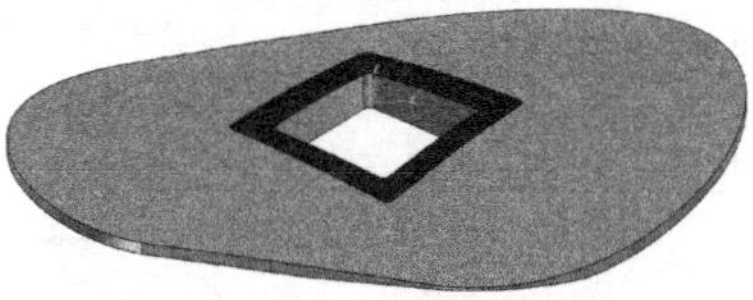

图 4-183　待加工部位

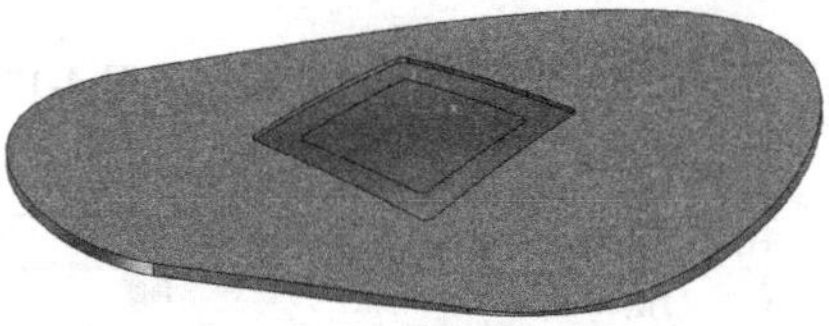

图 4-184　内孔补面

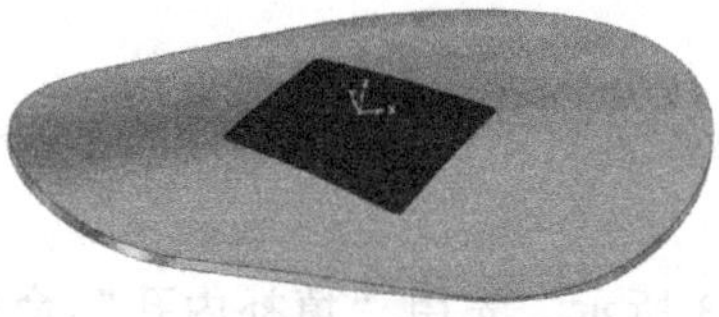

图 4-185　选择加工面和切削范围

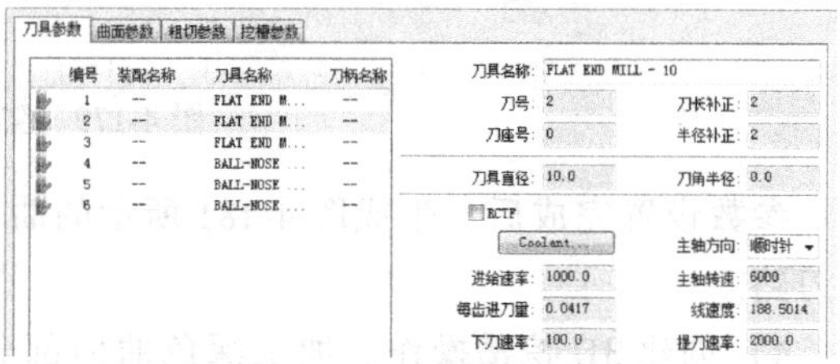

图 4-186　刀具参数设置

5）创建3D环绕精加工操作。单击“刀路”选项卡中的3D“环绕”按钮，如图4-192所示，选择与上一个3D挖槽粗加工相同的加工面和切削范围，在弹出的对话框中，对刀具及切削参数和进刀方式进行设置，如图4-193～图4-195所示，其他参数设置参考3D平行精铣削操作。

4

MODULE

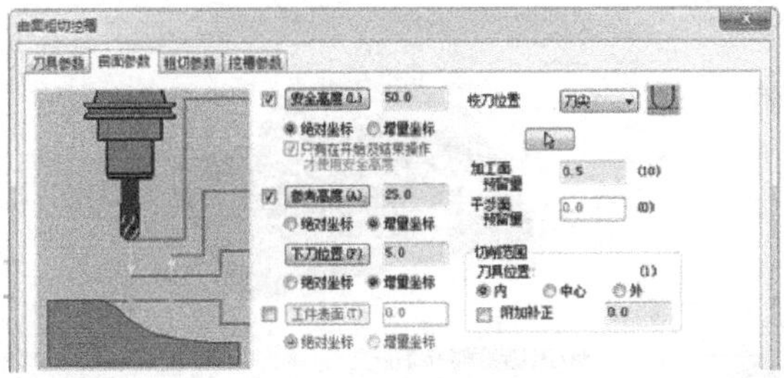

图 4-187 曲面参数设置

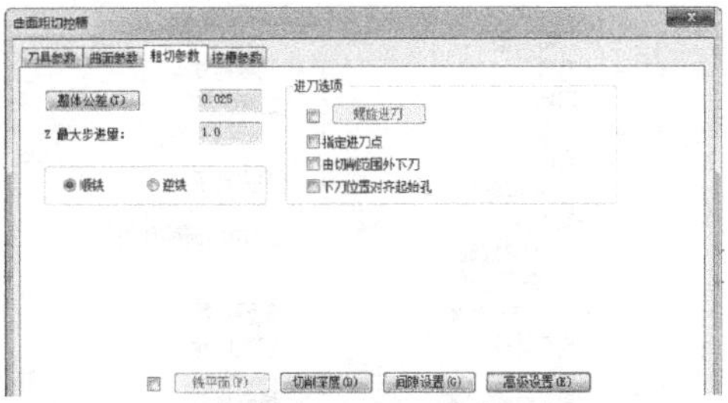

图 4-188 粗切参数设置

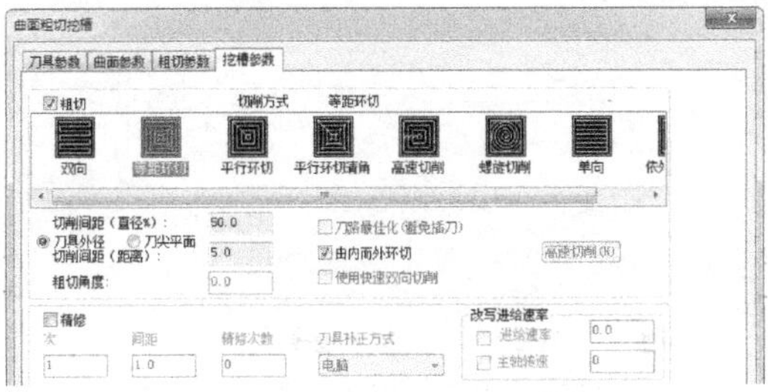

图 4-189 挖槽参数设置

图 4-190 3D 挖槽操作

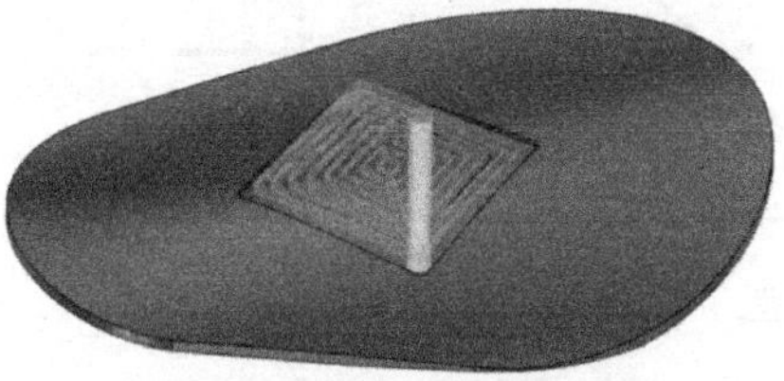

图 4-191 3D 挖槽刀路

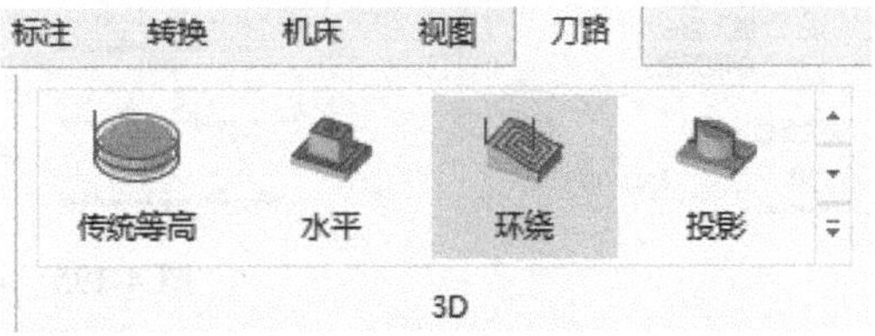

图 4-192 3D“环绕”精加工按钮

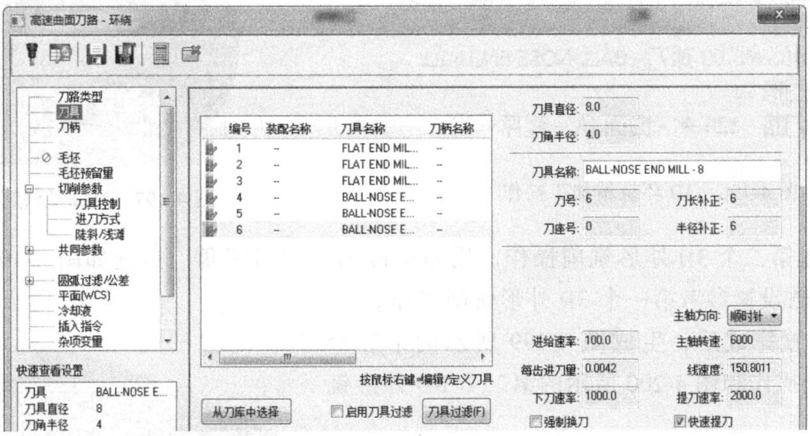

图 4-193 刀具参数设置

参数设置完成后，生成图 4-196 所示的 3D 环绕精加工操作和图 4-197 所示的 3D 环绕精加工刀路。

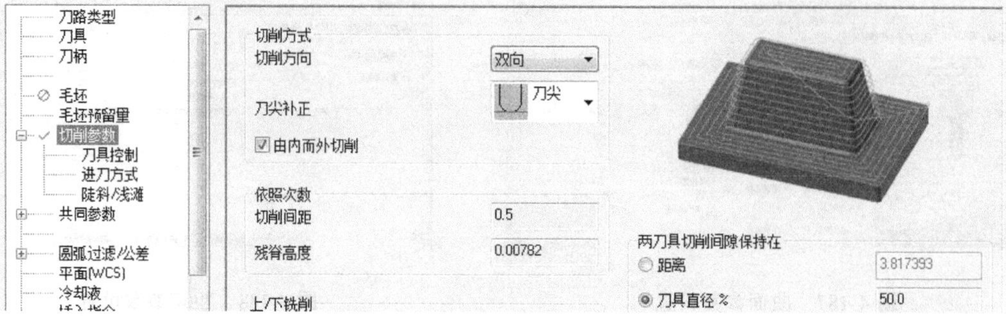

图 4-194　切削参数设置

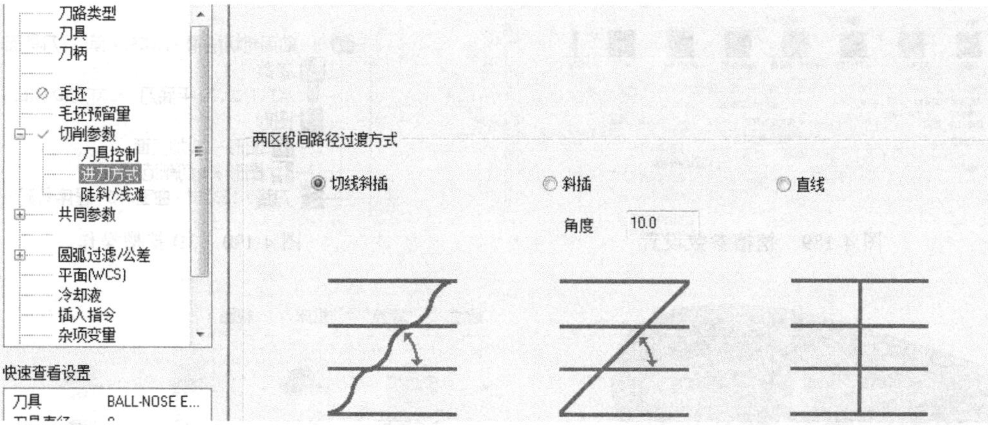

图 4-195　进刀方式设置

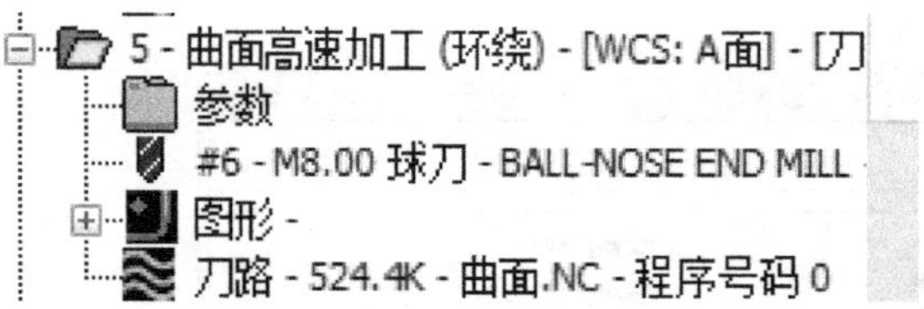

图 4-196　3D 环绕精加工操作

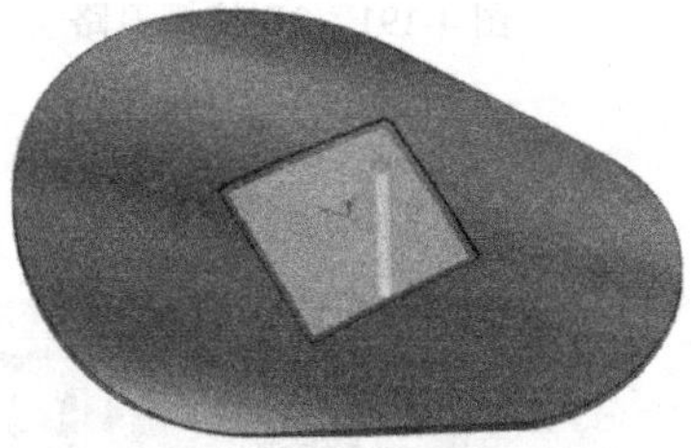

图 4-197　3D 环绕精加工刀路

6）创建第二个 3D 外形铣削操作。用 ϕ4mm 的平底刀清角。串选如图 4-198 所示的线框，其他参数设置参考第一个 3D 外形铣削操作。

参数设置完成后，生成图 4-199 所示的第二个 3D 外形铣削操作和图 4-200 所示的第二个 3D 外形铣削刀路。

7）创建 2D 挖槽操作。用 ϕ6mm 的平底刀加工方孔，其操作和参数设置参考项目 17。

参数设置完成后，生成图 4-201 所示的 2D 挖槽操作和图 4-202 所示的 2D 挖槽刀路。

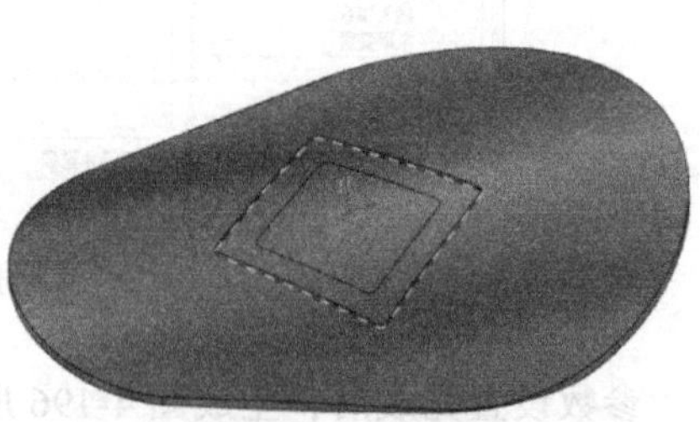

图 4-198　串选线框

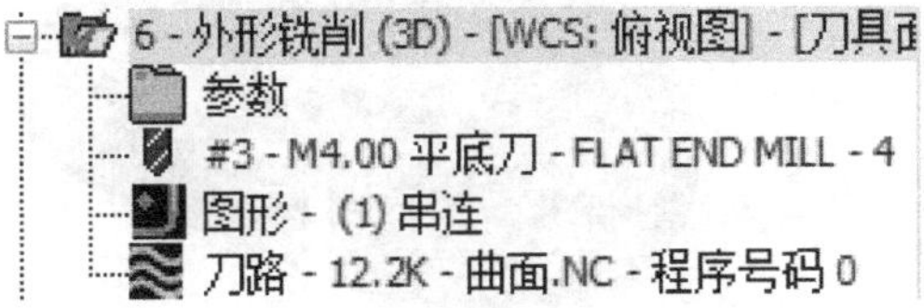

图 4-199 第二个 3D 外形铣削操作

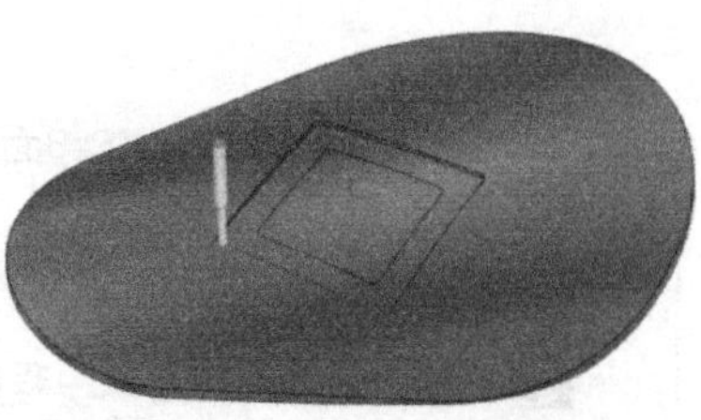

图 4-200 第二个 3D 外形铣削刀路

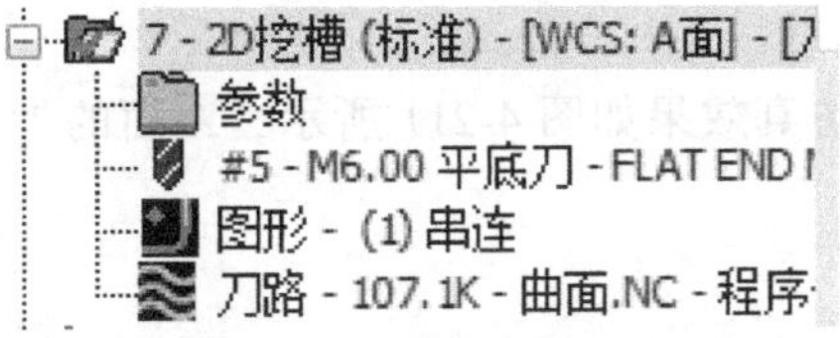

图 4-201 2D 挖槽操作

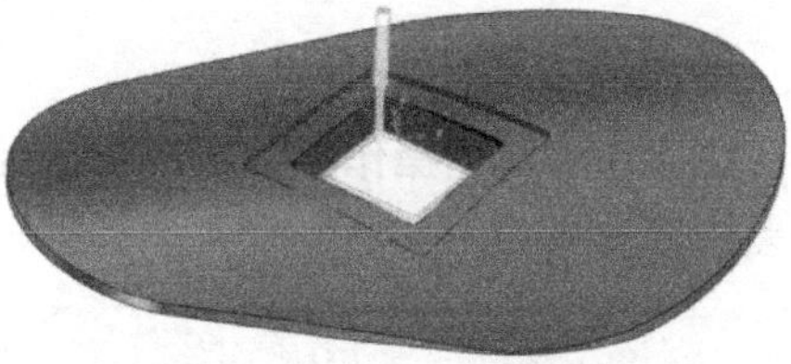

图 4-202 2D 挖槽刀路

（3）加工 B 面

1）先对凸台进行补面，用 ϕ16mm 的平底刀和 3D“区域粗切”方式粗切曲面和凸台，用 ϕ16mm 的球头刀和 3D“混合”方式精铣曲面和凸台，然后用 ϕ10mm 的球头刀和 3D“外形”方式清凸台四周圆角，最后用 ϕ10mm 的平底刀和 3D“外形”方式铣外形、落料。

2）生成的操作和刀路如图 4-203～图 4-210 所示。

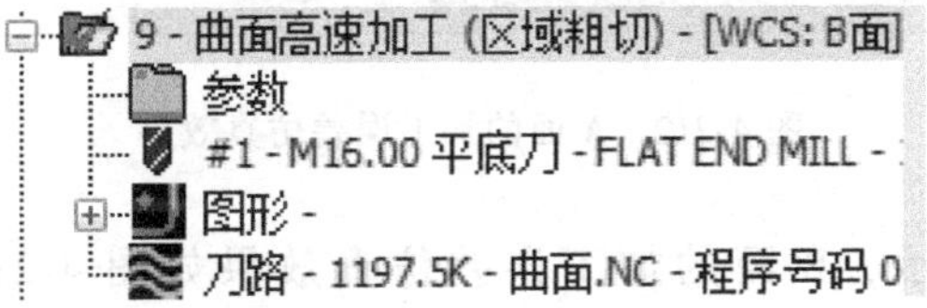

图 4-203 3D 区域粗切操作

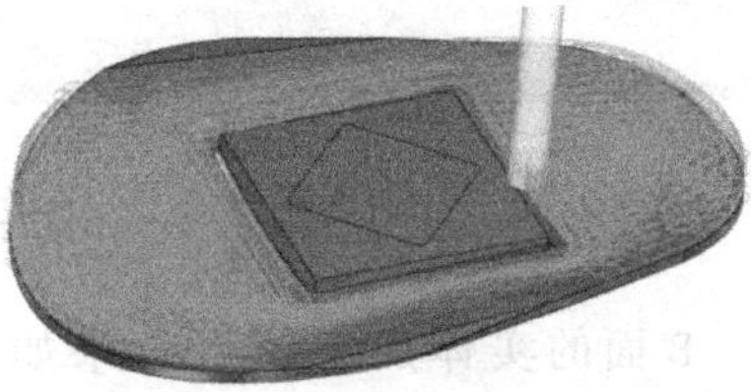

图 4-204 3D 区域粗切刀路

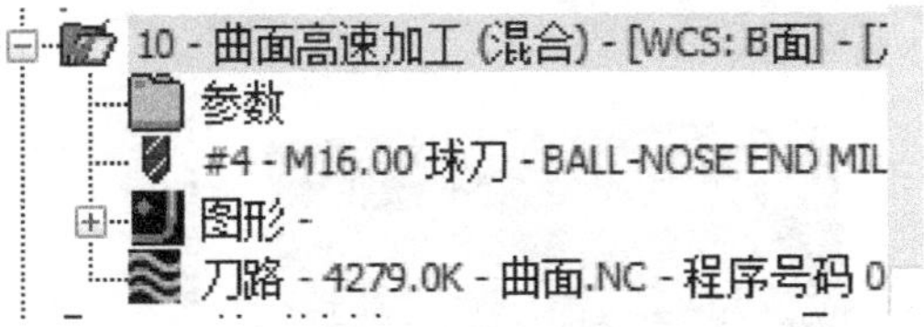

图 4-205 3D 混合精铣操作

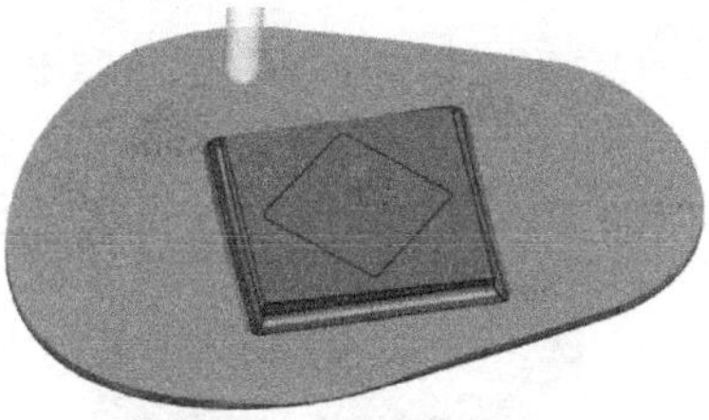

图 4-206 3D 混合精铣刀路

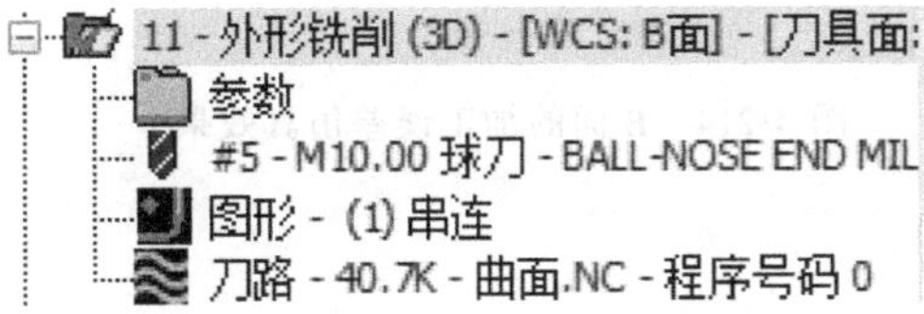

图 4-207 第一个 3D 外形铣削操作

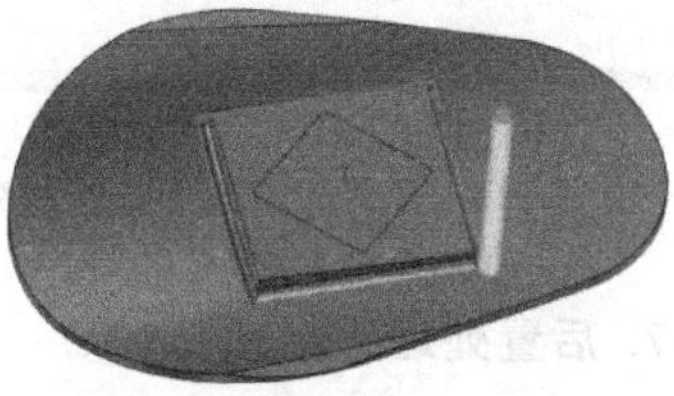

图 4-208 第一个 3D 外形铣削刀路

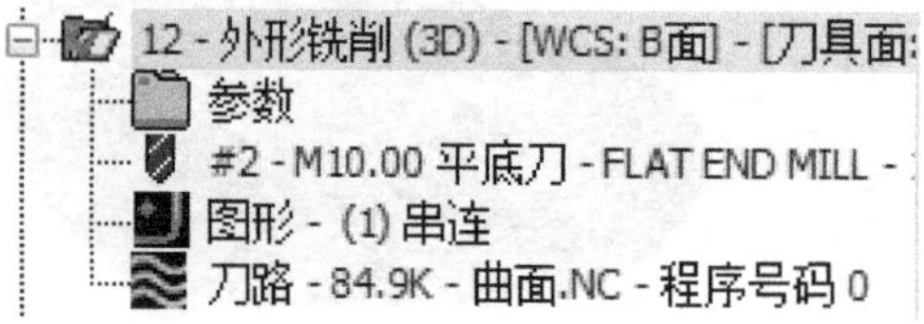

图 4-209　第二个 3D 外形铣削操作

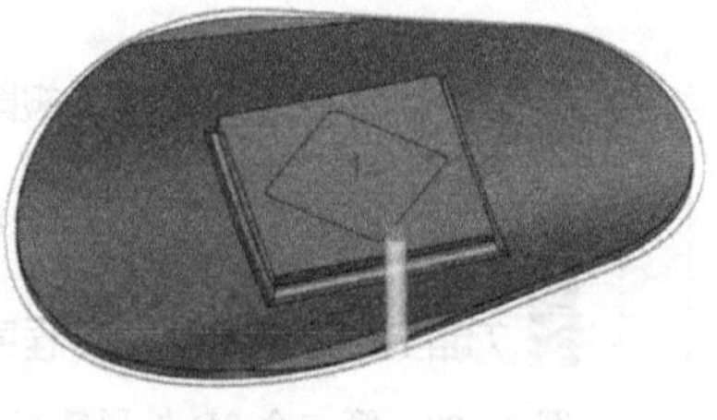

图 4-210　第二个 3D 外形铣削刀路

6. 加工仿真

仿真加工具体操作参见项目 17。A 面的实体加工仿真效果如图 4-211 所示，A 面的加工误差仿真效果如图 4-212 所示。

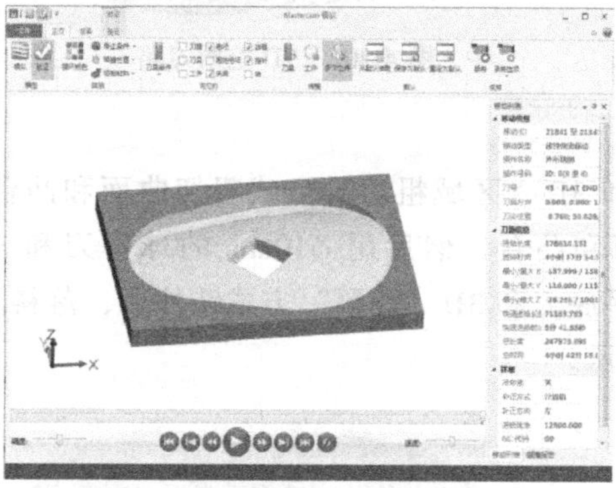

图 4-211　A 面的实体加工仿真效果

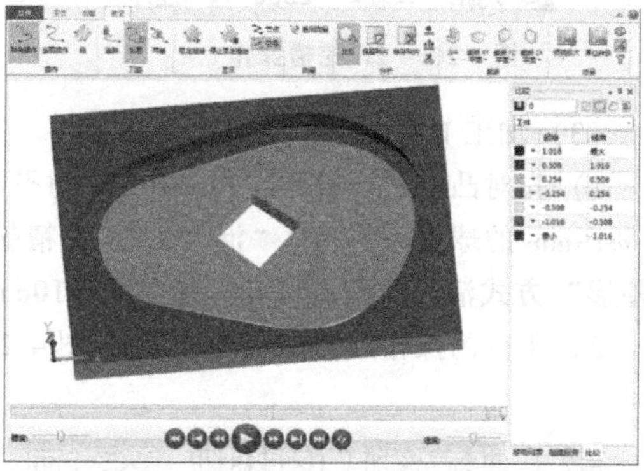

图 4-212　A 面的加工误差仿真效果

B 面的实体加工仿真效果如图 4-213 所示，B 面的加工误差仿真效果如图 4-214 所示。

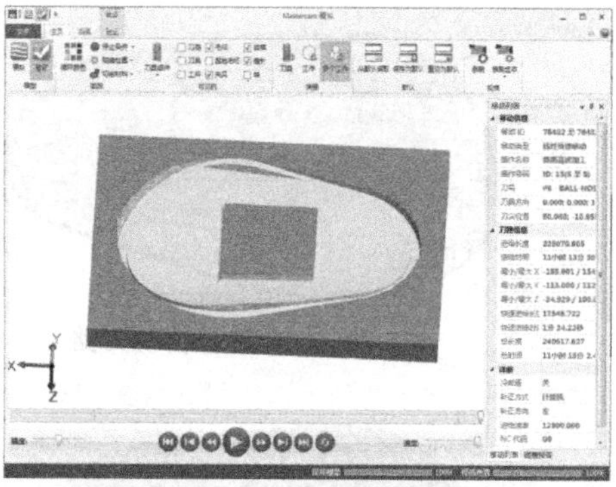

图 4-213　B 面的实体加工仿真效果

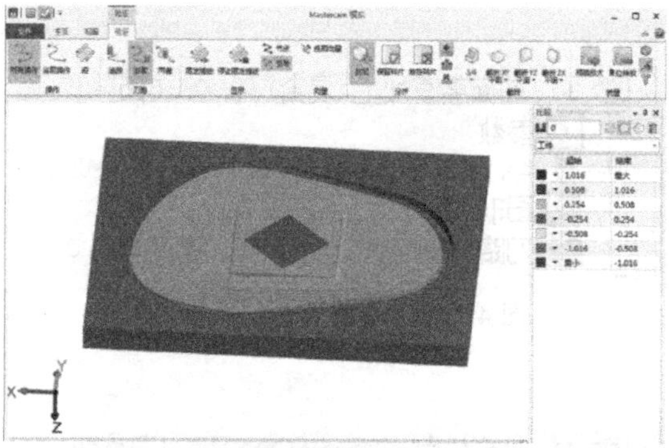

图 4-214　B 面的加工误差仿真效果

7. 后置处理

略。

[工作页 4-3]

项目名称	曲面类零件 CAM 实例		
班　级		姓　名	
地　点		日　期	
第__小组成员			

1. 收集信息

【引导问题】

1）曲面加工的特点______________________________。

2）曲面加工路径设置的注意事项______________________________。

【查阅资料】

曲面零件加工过程仿真______________________________。

2. 计划组织

小组组别	
设备工具	
组织安排	
准备工作	

3. 项目实施

作业内容	质量要求	完成情况	
		□完成	□未完成
		□完成	□未完成
		□完成	□未完成
		□完成	□未完成

4. 评价反思

在教师指导下，反思自己的工作方式和工作质量。

评价表					
项目	评价指标	自评		互评	
专业技能		□合格	□不合格	□合格	□不合格
		□合格	□不合格	□合格	□不合格
		□合格	□不合格	□合格	□不合格
工作态度		□合格	□不合格	□合格	□不合格
		□合格	□不合格	□合格	□不合格
		□合格	□不合格	□合格	□不合格
个人反思		完成项目的过程中，安全、质量等方面是否达到了最佳，请提出个人的改进建议			
教师评价	教师签字 年　月　日				

参 考 文 献

[1] 杨海峰. CAD/CAM 技术应用 [M]. 北京：机械工业出版社，2016.

[2] 钟日铭，等. Creo 3.0 从入门到精通 [M]. 北京：机械工业出版社，2015.

[3] 王军. 计算机辅助工程应用及展望 [J]. 数字技术与应用，2016 (06)：239.

[4] BATHE. 有限元法：理论、格式与求解方法 [M]. 2 版. 轩建平，译. 北京：高等教育出版社，2016.

[5] LOGAN D L. 有限元应用与工程实践系列：有限元方法基础教程（国际单位制版　第五版）[M]. 张荣华，王蓝婧，李继荣，译. 北京：电子工业出版社，2014.

[6] 江丙云，孔祥宏，罗元元. CAE 分析大系：ABAQUS 工程实例详解 [M]. 北京：人民邮电出版社，2014.

[7] 汤涤军，张跃. MSC Adams 多体动力学仿真基础与实例解析 [M]. 2 版. 北京：中国水利水电出版社，2017.

[8] 赵武云，史增录，戴飞，等. ADAMS2013 基础与应用实例教程 [M]. 北京：清华大学出版社，2015.

[9] 韩清凯，罗忠. 机械系统多体动力学分析、控制与仿真 [M]. 北京：科学出版社，2010.

[10] 曹金凤. Abaqus 有限元分析常见问题解答与实用技巧 [M]. 北京：机械工业出版社，2020.

[11] 石亦平，周玉蓉. ABAQUS 有限元分析实例详解 [M]. 北京：机械工业出版社，2006.

[12] 江丙云，孔祥宏，树西，等. ABAQUS 分析之美 [M]. 北京：人民邮电出版社，2018.

[13] 陶文铨. 数值传热学 [M]. 2 版. 西安：西安交通大学出版社，2001.

[14] 陈莛，黄爱华. Mastercam 基础教程 [M]. 4 版. 北京：清华大学出版社，2020.

[15] 陈天祥. 数控加工技术及编程实例 [M]. 北京：清华大学出版社，2005.

[16] 张超英. 数控编程技术：手工编程 [M]. 2 版. 北京：化学工业出版社，2010.

[17] 云中漫步科技 CAX 设计室. Mastercam X4 中文版完全自学一本通 [M]. 北京：电子工业出版社，2011.

[18] 王志斌. 数控铣床编程与操作 [M]. 北京：北京大学出版社，2013.

[19] 辛宗生，魏国丰. 自动化制造系统 [M]. 北京：北京大学出版社，2012.

[20] 马志国. Mastercam 2017 数控加工编程应用实例 [M]. 北京：机械工业出版社，2017.

[21] 陈卫国，陈昊. 图解 Mastercam 2017 数控加工编程基础教程 [M]. 北京：机械工业出版社，2018.